大気放射学の基礎

浅野正二

［著］

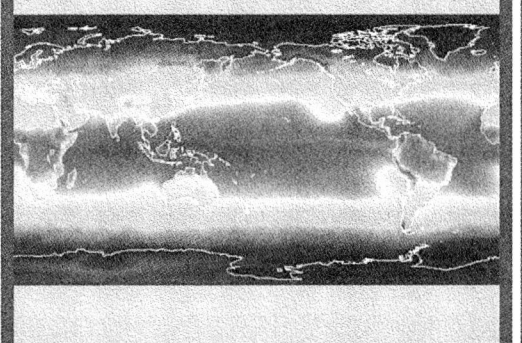

朝倉書店

はじめに

　地球の気象や海象のエネルギー源は，太陽からの放射（電磁波）である．地球が受けた太陽放射のエネルギーは，大気，海洋，地表面におけるさまざまな過程を経て，再び放射（地球放射）の形で宇宙に戻る．地球の気候は，吸収される太陽放射エネルギーと放出される地球放射エネルギーとが釣り合う形で決まっている．大気放射学は，大気–地表面を構成する物質と放射との相互作用およびその効果を研究対象とする．放射は，大気–地表面系におけるエネルギー伝播の重要な担い手であり，宇宙とエネルギーを交換する唯一の手段である．同時に，放射は，相互作用をする物質に関する情報を運ぶという，もうひとつの重要な働きをもつ．物質との相互作用により変質を受けた放射を測定して，その物質に関する情報を探るのがリモートセンシングであり，大気放射学の重要な応用分野のひとつである．近年，地球の温暖化や環境変化などの問題に対する社会の関心が高まるにつれて，これらの諸問題に対処する理論基盤としての大気放射学に寄せられる期待もますます大きくなりつつある．

　著者は，大気放射の研究者としての経歴の最後の8年間を，大学において大気科学の教育に携わる機会を得た．その間に，新入生への「気候変動の仕組み」の講話から，学部生への「大気物理学」や大学院生への「大気放射学特論」の講義など，大気放射に関連した複数の授業を担当した．大気放射学は，気象や気候の大気科学，地球環境科学，大気と地表面のリモートセンシングなどの理論的土台であるので，それぞれの分野の教科書には断片的であれ，必ず大気放射に関する記述が含まれる．だが，初めて学ぶ学生達に薦められる大気放射学の全般を日本語で記述した図書が市販されていないことに気づいた．また，それを求める声が，気象や地球観測などの業務にかかわっている方々からも寄せられた．そこで，定年退職を機に教科書の執筆を思い立った．本書は，気象などの大気科学，地球環境問題，あるいはリモートセンシングなどに関心をもつ読者が大気放射学の基礎を系統的に学ぶための入門書を目指す．よって，本書では大気放射学の最先端の様相や成果を提示するよりも，基本的な概念や手法の解説に重点をおく．

はじめに

　本書は，本文の8章と補足の3章からなる．第1章は，放射の物理法則と伝播過程の定式化を概説する．第2章は，放射計算（あるいは観測）をする際の入力データや境界条件となる太陽放射と大気および地表面の放射特性を概観する．第3章～第6章は，大気と放射の相互作用の各論を扱う．その内容は，気体成分による放射の吸収・射出（3章）と大気微粒子による散乱（5章）の素過程，および大気中の伝達過程（4章，6章）である．前者の素過程を統合する放射伝達理論は，実際の大気中における放射伝達方程式を解く（計算する）という数学的な色彩が濃い分野である．第7章と第8章は，それぞれ大気リモートセンシングおよび気候形成の問題に大気放射学の原理や知識がどのように応用されているかを概観する．補章A～Cはそれぞれ，電磁波と偏光特性，複素屈折率と反射・屈折の法則，放射フラックス測定などの大気放射学の基礎になっている事項について馴染みのない読者のために補足する．また巻末に，大気放射学をさらに深く詳細に学び応用を目指す読者の参考になりそうな教科書を紹介し，引用文献を一括して列記する．大気放射学のエッセンスとその役割を手短に学びたい場合には，まず第1章と第2章および第7章と第8章を読んでほしい．本書によって大気放射学への興味と理解が深まり，読者の研究や業務の推進に役立つならば幸いである．さらに，読者の自然観察に「放射の視点」が加わることにより，自然をより楽しくそして深く理解できるようになったと感じていただけるならば，著者にとってこれほど喜ばしいことはない．

　本書で引用した図表の出典を各キャプションに記した．掲載を許可された著者諸氏や学会，出版社に感謝いたします．なお，本著者がかかわった引用文献の多くは，これまでの研究活動をともにした，先輩・後輩・学生の諸氏，そして同僚および友人たちとの共同研究の成果である．著者の研究生活を支援してくださった皆様に深く感謝いたします．本書の刊行にあたっては，朝倉書店編集部にたいへんお世話になりました．ここに厚く御礼申しあげます．最後に，執筆中励まし支えてくれた家族に感謝し，本書を捧げます．

2010年1月

浅野正二

目 次

1章 放射の基本則と伝達過程 ―― 1
  1.1 放射量の定義　*1*
    1.1.1 放射の名称　*1*
    1.1.2 放射の波動性と粒子性　*3*
    1.1.3 放射の基本量　*3*
      (1) 立体角　*3*
      (2) 放射輝度　*4*
      (3) 放射束密度・放射フラックス　*5*
    1.1.4 大気中での放射過程　*6*
  1.2 黒体放射の法則　*9*
    1.2.1 プランクの法則　*9*
    1.2.2 ウィーンの変位則　*11*
    1.2.3 ステファン・ボルツマンの法則　*12*
    1.2.4 キルヒホッフの法則　*12*
    1.2.5 レイリー・ジーンズ近似　*14*
    1.2.6 輝度温度　*14*
  1.3 放射伝達過程の定式化　*14*
    1.3.1 放射伝達方程式　*14*
    1.3.2 散乱位相関数　*16*
    1.3.3 放射源関数　*18*
    1.3.4 ビーア・ブーゲー・ランバートの法則　*19*
    1.3.5 光学的厚さ　*20*
  1.4 平行平面大気近似　*21*
    1.4.1 平行平面大気の放射伝達方程式　*21*
    1.4.2 形式解　*23*
    1.4.3 放射による気層の加熱・冷却　*24*

1.4.4　非散乱大気の放射伝達への応用　*25*

2章　太陽と地球の放射パラメータ ——————————— *28*
　2.1　太陽放射と太陽定数　*28*
　　　2.1.1　太陽放射スペクトル　*28*
　　　2.1.2　太陽定数　*30*
　　　2.1.3　太陽定数の変動　*31*
　2.2　太陽-地球の位置関係　*32*
　　　2.2.1　地球の軌道　*32*
　　　2.2.2　大気外日射量の分布　*34*
　　　2.2.3　大気光路　*37*
　2.3　地球大気の放射特性　*38*
　　　2.3.1　大気の鉛直構造　*38*
　　　2.3.2　分子大気の放射特性　*39*
　　　2.3.3　エーロゾルと雲の光学特性　*41*
　2.4　地表面の放射特性　*45*
　　　2.4.1　地表面熱収支　*45*
　　　2.4.2　地表面の反射特性　*46*
　　　　（1）　地表面の反射パターン　*46*
　　　　（2）　双方向反射関数　*47*
　　　　（3）　地表面アルベド　*47*
　　　　（4）　分光アルベド　*49*
　　　　（5）　地表面アルベドの広域分布　*51*
　　　2.4.3　地表面の赤外射出率　*53*
　　　　（1）　光線射出率　*53*
　　　　（2）　フラックス射出率　*54*

3章　気体吸収帯 ————————————————————— *56*
　3.1　気体分子の吸収帯　*56*
　3.2　エネルギー準位と双極子モーメント　*58*
　3.3　吸収線の形成　*61*

3.3.1　2原子分子の回転遷移　*61*
　3.3.2　2原子分子の振動遷移　*63*
　3.3.3　2原子分子の振動-回転遷移　*64*
　3.3.4　多原子分子の振動-回転帯　*66*
　3.3.5　2原子分子の電子遷移　*69*
3.4　吸収線形　*71*
　3.4.1　吸収線の表現　*71*
　3.4.2　吸収線の広がり　*73*
　　(1)　ドップラー効果による広がり　*73*
　　(2)　分子衝突による広がり　*74*
　　(3)　ドップラー効果と分子衝突による線幅の比較　*75*
　　(4)　吸収線パラメータ　*76*
3.5　連続吸収帯　*77*
　3.5.1　水蒸気の連続吸収帯　*77*
　3.5.2　太陽放射連続スペクトル　*79*
3.6　局所熱力学的平衡　*81*

4章　気体吸収帯における赤外放射伝達 ―――― *84*

4.1　赤外放射フラックスの計算　*84*
4.2　波数積分　*88*
　4.2.1　波数帯放射フラックス　*88*
　4.2.2　ライン-バイ-ライン計算法　*89*
　4.2.3　バンド透過関数法　*90*
　　(1)　散光透過関数　*90*
　　(2)　透過関数の積の法則　*91*
4.3　透過関数のバンドモデル　*94*
　4.3.1　孤立した吸収線モデル　*94*
　　(1)　吸収線等価幅　*94*
　　(2)　弱吸収近似　*95*
　　(3)　ローレンツ線形吸収線の等価幅　*96*
　　(4)　強吸収近似　*96*

4.3.2　重合した線群の透過関数モデル　*97*
　　　（1）バンドモデル　*97*
　　　（2）レギュラーバンドモデル　*97*
　　　（3）ランダム（統計）モデル　*98*
　　4.3.3　不均質大気への適用　*100*
　　　（1）スケーリング近似　*100*
　　　（2）カーティス・ゴドソン近似　*101*
　4.4　相関 k 分布法　*102*
　　4.4.1　k 分布法　*102*
　　4.4.2　相関 k 分布法　*104*
　4.5　晴天大気の赤外放射伝達　*107*
　　4.5.1　赤外放射冷却率　*107*
　　4.5.2　モデル大気の赤外放射冷却率　*109*

5章　大気微粒子による光散乱　―――――――――――――― *112*
　5.1　大気粒子と散乱過程　*112*
　5.2　光散乱過程の定式化　*115*
　5.3　レイリー散乱　*119*
　　5.3.1　レイリー散乱理論　*119*
　　5.3.2　空気分子によるレイリー散乱　*122*
　5.4　ミー散乱　*125*
　　5.4.1　ミー散乱理論　*125*
　　5.4.2　ミー散乱の特性　*128*
　　　（1）ミー散乱光の角度分布　*128*
　　　（2）消散係数，散乱係数，吸収係数　*131*
　　5.4.3　非球形粒子による散乱との比較　*135*
　5.5　幾何光学近似　*136*
　5.6　多分散粒子系による散乱　*140*

6章　散乱大気における太陽放射の伝達　―――――――――― *144*
　6.1　散乱大気の放射伝達方程式　*144*

6.2　放射伝達方程式の近似解法　*151*
　　　　6.2.1　2流近似　*151*
　　　　6.2.2　相似則　*154*
　　6.3　数値解法　*158*
　　　　6.3.1　離散座標法　*158*
　　　　6.3.2　倍増-加算法　*160*
　　　　6.3.3　モンテカルロ法　*165*
　　6.4　散乱大気の放射伝達特性　*166*

7章　大気リモートセンシングへの応用 ———————— *172*
　　7.1　大気リモートセンシングとは　*172*
　　7.2　直達太陽光の分光測定によるリモートセンシング　*174*
　　　　7.2.1　ドブソン法によるオゾン全量の推定　*174*
　　　　7.2.2　エーロゾル粒径分布の抽出　*176*
　　7.3　反射太陽光の分光測定による大気リモートセンシング　*180*
　　7.4　赤外地球放射の分光測定による大気リモートセンシング　*185*
　　7.5　マイクロ波放射による大気リモートセンシング　*190*
　　　　7.5.1　マイクロ波リモートセンシングの特徴　*190*
　　　　7.5.2　宇宙からのマイクロ波リモートセンシングの原理　*193*

8章　放射平衡と放射強制力 ———————————————— *197*
　　8.1　全球の放射平衡　*197*
　　　　8.1.1　放射平衡温度　*197*
　　　　8.1.2　大気の温室効果　*199*
　　　　8.1.3　全球熱収支　*202*
　　8.2　放射平衡大気の温度分布　*205*
　　　　8.2.1　灰色大気の温度分布　*205*
　　　　8.2.2　現実的大気の温度分布　*206*
　　　　8.2.3　温室効果気体による気温変化　*208*
　　8.3　放射強制力　*210*
　　　　8.3.1　放射強制力と気候感度　*210*

8.3.2　温室効果気体の放射強制力　*213*

　　8.3.3　人間活動に起因する放射強制力　*215*

　8.4　雲とエーロゾルの放射強制力　*217*

　　8.4.1　雲の放射強制力　*217*

　　8.4.2　エーロゾルの放射強制力　*220*

　　　（1）直接放射効果　*220*

　　　（2）間接放射効果　*224*

補章A　電磁波と偏光　―――――――――――――――――　*227*
補章B　複素屈折率と反射・屈折の法則　―――――――――　*235*
補章C　放射フラックスの測定　―――――――――――――　*242*

さらに学ぶための参考書　―――――――――――――――――　*247*
引　用　文　献　―――――――――――――――――――――　*250*
索　　　　引　―――――――――――――――――――――　*259*

1章　放射の基本則と伝達過程

本章では，本書で扱う放射を定義し，放射を定量的に記述するための物理量を導入する．また，黒体放射に関する基本法則を復習し，大気放射学との関連を学ぶ．そして，大気中における放射の伝播を記述するために，エネルギー保存則に基づく放射伝達方程式を導入し，地球大気への適用を考察する．

1.1　放射量の定義

1.1.1　放射の名称

放射（radiation）とは電磁波の総称であり，輻射（ふくしゃ）と表記されることもある．電磁波は図 1.1 のように，波長によって領域別の名称で呼ばれる．このうち，地球大気での放射過程に関して重要な領域は，紫外線から，可視光線，赤外線，およびマイクロ波にかけての領域である．なお，'光' は，通常人間の目に感じることのできる可視光線を意味し，太陽光をプリズムに通したときに現れるように，波長の短い方から，紫，青，緑，黄，橙，赤の色に分かれる．ただし，光の色は波長とともに連続的に変わり，また，人間の色彩感覚には個人差があるので，可

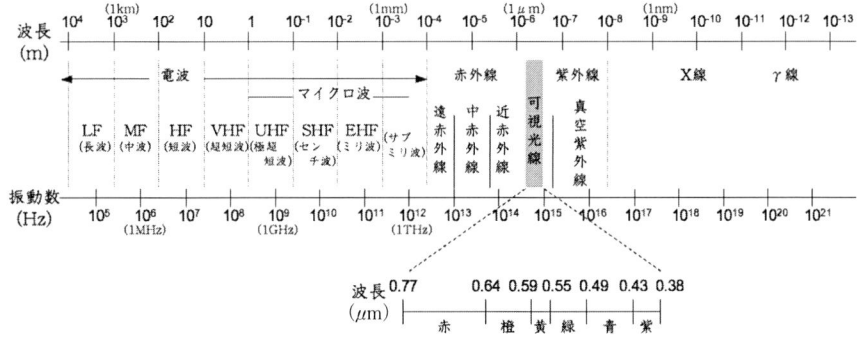

図 1.1　放射（電磁波）の呼称と波長および振動数（『理科年表 2008』より改変）

視光線の限界と色の境界の波長は大まかなものである．

電磁波の識別には，真空中における波長 λ，振動数（周波数）$\tilde{\nu}$，または波数 ν が用いられる．三者の間には，電磁波伝播の位相速度（光速度）を c とすると，

$$\lambda = \frac{c}{\tilde{\nu}}\ ; \qquad \nu = \frac{\tilde{\nu}}{c} = \frac{1}{\lambda} \tag{1.1}$$

なる関係がある．電磁波は真空中を $c = 2.99792458 \times 10^8\,\mathrm{ms^{-1}}$ の光速度（光速）で伝播する．大気放射の分野では，放射は一般に波長 λ で記述される．波長の単位として，可視光では nm（ナノメートル：$1\,\mathrm{nm} = 10^{-9}\,\mathrm{m}$）や μm（マイクロメートル：$1\,\mu\mathrm{m} = 10^{-6}\,\mathrm{m}$）が常用される．また，紫外線域ではオングストローム Å（Ångström：$1\,\mathrm{Å} = 10^{-10}\,\mathrm{m}$）が用いられることもある．一方，赤外分光学では，赤外スペクトルを表すのに波数 ν（単位：cm^{-1}）が使われる．この波数の単位はカイザー（Kayser）とも呼ばれる．マイクロ波領域では周波数（振動数）$\tilde{\nu}$ で表すことが一般的で，GHz（ギガヘルツ：$1\,\mathrm{GHz} = 10^9\,\mathrm{Hz}$）の単位が用いられる．

気象の分野で問題にするのは主に太陽からやってくる放射と，大気−地表面系が出す放射である．前者を太陽放射（solar radiation），後者を地球放射（terrestrial radiation）と呼ぶ．これは，放射源で分類した呼称である．また，地球に入射する太陽放射エネルギーの 99% 以上は $4\,\mu\mathrm{m}$ より短い波長域に，逆に，地球放射エネルギーのほとんどは $3\,\mu\mathrm{m}$ より長い波長域にあるので，それぞれを短波（長）放射，長波（長）放射と呼ぶこともある．さらに，気象分野では，太陽放射をしばしば日射と呼んでいる．一方，地球放射は主に赤外線領域にあるので，赤外線放射あるいは赤外放射と呼ばれる．この赤外放射は，地球物質の熱エネルギーが転化したものであることから，太陽起源の赤外線放射と区別するため，ときには熱赤外線と呼ばれることもある．放射の用語と使われ方は必ずしも統一されておらず，現在でも混用がみられる．たとえば，地球放射は広義には地表面が放出する放射（地表面放射（surface radiation）という）と大気が射出する放射（大気放射（atmospheric radiation）という）の両方を含むが，ときに狭い意味で前者に限って使われることもある．他方，'大気放射' の用語は，「大気放射学」のように大気中における放射を意味するものとして，太陽放射と地球放射の両方を含めて用いられることもある（浅野，2005a）．本書では特に限定しないかぎり，大気放射の呼称をこの意味で用いる．これらを表 1.1 にまと

1.1 放射量の定義

表1.1 大気放射の呼称

総称	大気放射	
放射源	太陽放射	地球放射 (大気放射＋地表面放射)
通称	短波(長)放射 日射	長波(長)放射 赤外(線)放射 熱赤外線
主要波長域 (エネルギー＞99％)	紫外—可視—近赤外 (0.2〜4 μm)	中赤外—遠赤外 (3〜100 μm)

めた．

1.1.2 放射の波動性と粒子性

　放射は，電磁波であるので波動の性質をもつ一方で，粒子の集団としての性質を呈する．この粒子は光子 (photon) と呼ばれる．1個の光子のエネルギーは振動数 ν に比例することが知られている．すなわち，波長の短い光子ほど大きなエネルギーをもっている．放射と大気や地表面を構成する物質との相互作用において，放射を波として，あるいは光子として扱う方が便利であるかは，放射の波長に対する物質の大きさと相互作用の種類による．放射の波動性が顕著に現れる現象には，反射，屈折，回折，干渉，偏光などがある．これらについて馴染みのない読者は，補章Aと補章Bを参考にしてほしい．エーロゾルや雲粒子などの大気粒子による放射の散乱過程には，これらの波動現象が内包されている（第5章を参照）．他方，粒子（光子）としての性質が卓越する現象には，気体分子による放射の吸収と射出があり，この過程は量子力学により記述される．そこでは，吸収・射出される光子のエネルギーは飛び飛びの不連続な値のみが許される（第3章を参照）．

1.1.3 放射の基本量
(1) 立体角

　本項では放射を定量的に記述するのに必要な概念を導入する．放射の強さを表すのに，単位の立体角 (solid angle) に含まれる放射エネルギーの大きさを用いるので，先に立体角を定義する．立体角 ω は，半径 r の球面上に円錐体で張られる面積 σ を半径の2乗で割った値，$\omega = \sigma/r^2$ として定義され，ステラジアン

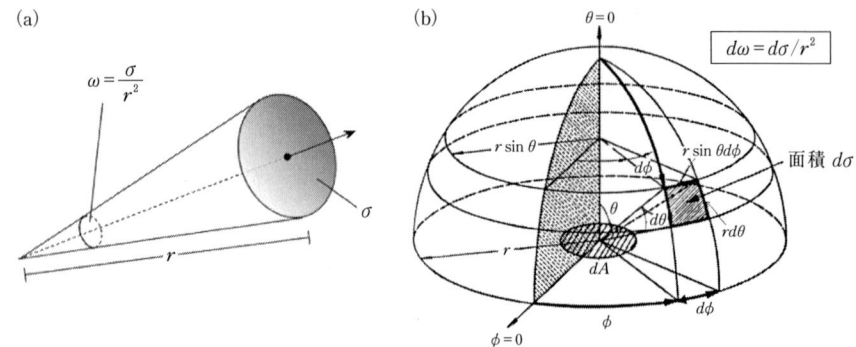

図 1.2 (a) 立体角 ω の定義と (b) 極座標系における微小立体角 $d\omega$ の定義

sr (steradian) の単位で表される (図 1.2 (a))．したがって，図 1.2 (b) のように，極座標系で表される半径 r の球面上の天頂角 θ と方位角 ϕ で規定される方向において，微小な角度差 $d\theta$ および $d\phi$ で張られる錐体の微小面積 $d\sigma$ をみる場合の微小立体角 $d\omega$ は次式で与えられる．

$$d\omega = \frac{d\sigma}{r^2} = \sin\theta d\theta d\phi \tag{1.2}$$

この定義によると，地上に設置した全天日射計 (図 1.2 (b) の面積 dA に対応) が天空をみる立体角は，半球全体に対する立体角に相当し，2π sr となる．

(2) 放射輝度

ある面 dA を通して，その法線方向と角 θ を成す方向の立体角 $d\omega$ の錐体内を進む放射 (これを pencil of radiation と呼ぶ) を考える (図 1.2 (b) を参照)．波長が λ と $\lambda+d\lambda$ との間にある放射が dt 時間あたりに面 dA を通過する場合の放射が運ぶエネルギー dE_λ は，

$$dE_\lambda = I_\lambda (\cos\theta dA) d\omega d\lambda dt \tag{1.3}$$

で与えられる．ここに，I_λ は，波長 λ の放射の強さを表す比例定数であり，放射輝度 (radiance) または放射強度 (radiant intensity) と呼ばれる．ある単一波長 λ の放射 (これを単色光 (monochromatic radiation) と呼ぶ) の強度は，

$$I_\lambda = \frac{dE_\lambda}{\cos\theta dA d\omega d\lambda dt} \tag{1.4}$$

として定義される．したがって，その物理次元は，［エネルギー/面積/時間/立体

角/波長]であり，[W m^{-2} sr^{-1} μm^{-1}]などの単位で表される．ここに，単位Wはワット（watt）であり，[エネルギー/時間]の次元をもつ．(1.4) 式に角度 θ が含まれていることからわかるように，放射輝度は，場所のみの関数ではなく，進行方向にも依存する．特に，ある地点において，放射輝度が方向によらず一定の場合には，放射場は等方的（isotropic）であるという．なお，放射が平行光線の場合には $d\omega \to 0$ であるので，(1.4) 式で定義される放射輝度の概念は成り立たなくなる．この場合には，光線に垂直な面を通る放射エネルギーの大きさ（次項の放射束密度）で光線の強さを記述する．これは，太陽放射が大気上端に入射する場合などに適用される（第6章参照）．

(3) 放射束密度・放射フラックス

面 dA を通して半球側へ流れる放射エネルギーの大きさを放射束密度（radiant flux density），または，単に放射フラックス（radiant flux）と呼ぶ．波長 λ の放射束密度 F_λ は，面 dA を通過する放射輝度 I_λ のその面に垂直な成分を半球の全立体角 Ω について積分したものとして定義される．すなわち，次式で定義される．

$$F_\lambda \equiv \int_\Omega I_\lambda \cos\theta d\omega \tag{1.5}$$

その物理次元は，[エネルギー/面積/時間/波長]となり，[W m^{-2} μm^{-1}]などの単位で表される．図1.2 (b) を参照すると，極座標表示では，

$$F_\lambda = \int_0^{2\pi}\int_0^{\pi/2} I_\lambda(\theta,\phi)\cos\theta \sin\theta d\theta d\phi \tag{1.6}$$

と書き表せる．特に，等方的な放射場の場合には，$F_\lambda = \pi I_\lambda$ となる．

全波長にわたって積算した放射束密度 F は，単色光の放射束密度 F_λ を波長について積分して得られる．すなわち，$F = \int_0^\infty F_\lambda d\lambda$．

これまでは波長 λ の単色光の放射束密度 F_λ について述べてきたが，振動数 $\tilde{\nu}$，あるいは波数 ν で表した単色光の放射束密度（$F_{\tilde{\nu}}$ あるいは F_ν）は，

$$F_{\tilde{\nu}} d\tilde{\nu} = F_\lambda d\lambda \quad \text{より，} \quad F_{\tilde{\nu}} = \left|\frac{d\lambda}{d\tilde{\nu}}\right| F_\lambda = \left(\frac{c}{\tilde{\nu}^2}\right) F_{\lambda(\tilde{\nu})} \tag{1.7a}$$

および，

$$F_\nu d\nu = F_\lambda d\lambda \quad \text{より，} \quad F_\nu = \left|\frac{d\lambda}{d\nu}\right| F_\lambda = \left(\frac{1}{\nu^2}\right) F_{\lambda(\nu)} \tag{1.7b}$$

なる関係式にて変換される．同様の関係は，放射輝度 I_λ の変換に対しても成り立つ．

なお，国際放射委員会では，放射フラックスの呼称を対象に応じて使い分けるように勧告している．すなわち，ある面を通過していく放射に対しては放射束密度とするが，地表面を日射が照射する場合のように，面に入射する放射に対しては放射照度（irradiance）と呼ぶ．他方，地表面から出ていく赤外放射のように，ある面から射出される放射フラックスに対しては，radiant exitance（放射発度）と呼ぶ．なお，後者の「放射発度」の訳語は会田（1982）の提案である．ただし，これらを厳密に使い分けるのは煩わしいので，誤解を招かないかぎり，現在でも放射フラックスで通すこともある．そして，水平な面を通して上向き（天空方向）および下向き（地表面方向）に通過する放射束に対して，それぞれ上向き放射フラックス（upward radiant flux）および下向き放射フラックス（downward radiant flux）と呼んでいる．また，上向き放射フラックスと下向き放射フラックスとの差を正味放射フラックス（net radiant flux）と呼ぶ．

1.1.4　大気中での放射過程

放射は大気中を伝播する間に，大気を構成する物質により吸収（absorption）や散乱（scattering）を受けて減衰する．散乱による減衰と吸収による減衰を合わせて消散（extinction）と呼ぶ．他方，考慮している方向への放射に，地表面や大気物質から射出（emission）される放射が加わることもある．散乱，吸収および射出は放射と大気物質との相互作用のもとになる重要な素過程であるので，太陽放射の伝播を例に，その様相を概観しておく．図1.3は，晴天時に地上で太陽を直接見たときの太陽放射フラックスの波長分布（スペクトル）を表し，大気外でのスペクトルからの変化の様相を示した図である．最下部の線が，地表面でのスペクトルであり，複雑な様相を呈している．それに至るまでに，まず，紫外線から可視光線，近赤外線域にかけて，空気分子によって散乱されて短い波長ほど強く減衰する．さらに，可視光域から近赤外線域の飛び飛びの波長帯において，さまざまな気体成分に吸収されていること（黒く塗りつぶした部分）が示されている．図中のレイリー散乱は空気分子による散乱を意味する．散乱された太陽光は，あらゆる方向に拡散して明るい空をつくる．散乱がなければ，星空にぎらぎら輝く太陽を見ることになる．散乱にあずかる大気要素としては，空気分子

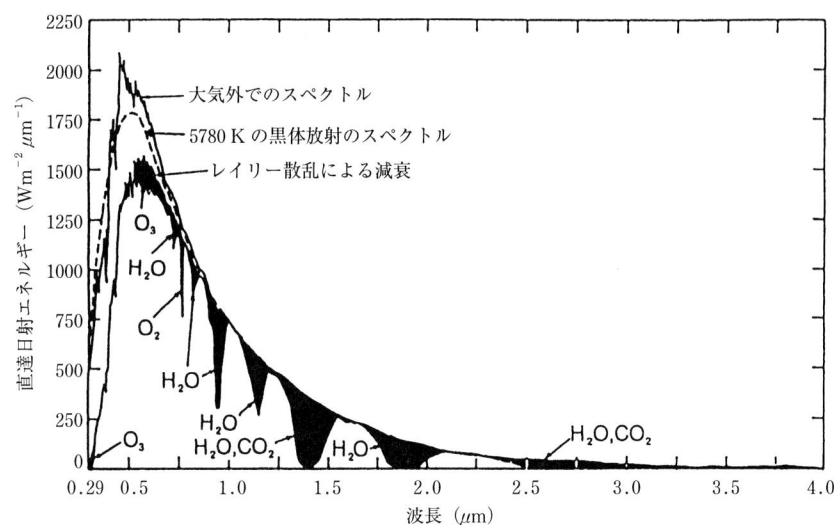

図 1.3 晴天時の大気外および地表面における直達太陽放射のスペクトル (Iqbal, 1983, Fig. 6.14.3 を一部改変).
影を付した部分は鉛直気柱中の気体成分による吸収を表す．地表面におけるスペクトルは，太陽が天頂にあるときの可降水量 2 cm，オゾン量 350 DU の場合の計算値．

に加えて，エーロゾルや雲粒子がある．太陽放射は，気体成分や地表面などにより吸収されるか，あるいは宇宙空間へ反射されてしまうまで，大気中で多数回の散乱を受け拡散してゆく．これを多重散乱 (multiple scattering) の過程という．粒子による太陽放射の散乱はすべての波長で連続的に起こるが，散乱の強さと様相は，散乱粒子の波長に対する相対的大きさと光学特性（複素屈折率で表される．補章 B 参照）に依存して大きく異なる．散乱過程の詳細は，第 5 章で述べる．

他方，放射の吸収にあずかる気体成分の主なものは，水蒸気 (H_2O), 二酸化炭素 (CO_2), オゾン (O_3) などである．これらの気体成分による吸収は，吸収帯 (absorption bands) と呼ばれる気体成分ごとに特定の波長帯で起こる（第 3 章参照）．このうち，H_2O と CO_2 による太陽放射の吸収は，近赤外領域の波長域において離散的に起きる．O_3 による吸収も特定の波長帯で起きており，可視域で比較的弱い吸収があるが，主な吸収は紫外線域で顕著である．成層圏オゾンによる強い吸収の結果，$0.28\,\mu m$ より短い波長の紫外線は地表にはほとんど達しない（図 1.3 参照）．気体成分により吸収された太陽放射は，熱エネルギーに変わ

り，大気を直接加熱する．

　地表面や大気で吸収された太陽放射エネルギーの一部は地球放射としてよみがえる．地球放射の大部分は赤外線領域にあり，そこでの気体成分による吸収と射出も気体に固有の特定の波長で起きる．すなわち，気体による放射の吸収と射出は同じ波長で起きる．図1.4に，晴天時に地上で観測された大気が射出する放射スペクトルの例を示す．天頂方向からの狭義の大気放射は，H_2O や O_3，CO_2 の吸収帯に対応した波長域で強い．特に，H_2O の吸収帯においては，気温と湿度が高いほど強くなっている．なお，波長 $10\sim12\,\mu m$ の領域には強い吸収帯がなく，地球大気は比較的透明であるので，この波長域は大気の窓領域（atmospheric window）と呼ばれている．ただし，窓領域における大気放射は弱いが，まったくゼロというわけではない．この領域のバックグラウンドの弱い連続吸収スペクトルは，水分子の重合体による放射，あるいは遠方にある数多くの強い吸収線の裾の部分の重なりなどと考えられている（3.5節参照）．逆に，地表面放射の多くは，この'窓'から大気をほぼ素通りして宇宙空間へ逃げていく．気体成分による吸収と射出の過程については，第3章で詳しく述べる．なお，地表面においても放射は反射や吸収を受けるが，その波長依存の様相は気体成分の場合とかなり異なる．地表面の放射特性については，第2章で述べる．

　Bohren and Clothiaux（2006）は，彼らの著書の中で放射（光子）の射出と吸

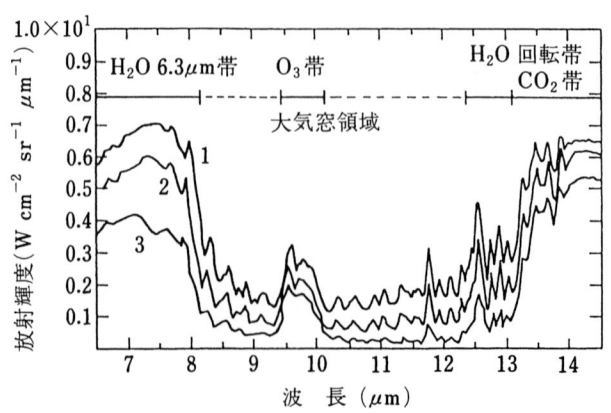

図1.4　天頂方向からの大気放射の波長分布（Arnold and Simmons, 1968を一部改変）
異なる気温・湿度での観測値．1：22.4℃，58%，2：17.5℃，46%，3：2.7℃，56%．

収を誕生（birth of photons）と死（death of photons），そして散乱をその間の生存活動（life of photons）にたとえている．太陽で生まれ地球に入射した太陽放射が大気散乱により全球に拡散し，多様な経路を経てついには大気と地表面で吸収され，それらを暖める熱となって消える．暖められた地表面や大気からは地球放射として赤外線放射が再生する．地球放射は大気-地表面系の中での変転や転生を経てついには宇宙へ帰る．太陽放射と地球放射はその生涯において，自然環境や気候，気象・海象の形成，生命活動などに大きな役割を果たしている（第8章参照）．大気放射学は，太陽放射の地球入射と地球放射の宇宙放出との間に起きる放射の誕生，転生，死のドラマチックな生涯の物理過程とその効果を探究する学問分野である．

1.2 黒体放射の法則

1.2.1 プランクの法則

本節では，物質と放射の相互作用を理解するうえで有用な黒体放射の概念とそれに関連する放射の基本則を復習する．黒体（black body）とは入射するすべての波長の放射を完全に吸収する理想的な物体をいう．また，黒体は同じ温度では

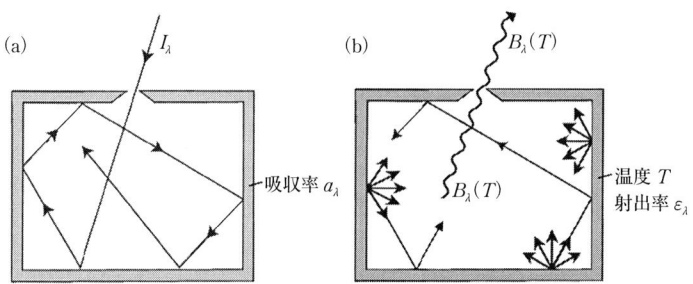

図1.5 不透明で熱平衡状態にある壁面からなる空洞内の放射場の模式図
(a) 黒体空洞：外部からの入射光 I_λ は，吸収率 $0 < a_\lambda < 1$ の壁面で多重回の反射と吸収を受けて減衰し，最終的には完全に吸収される．この過程を式で表すと次のように書ける．空洞内の放射強度 $= I_\lambda - a_\lambda I_\lambda - a_\lambda(1-a_\lambda)I_\lambda - a_\lambda(1-a_\lambda)^2 I_\lambda - \cdots = I_\lambda - a_\lambda I_\lambda / \{1-(1-a_\lambda)\} = 0$．すなわち，空洞内に入射した放射は完全に吸収されて，空洞内は真っ暗になる．
(b) 空洞放射：射出率 $0 < \varepsilon_\lambda < 1$ の壁面で囲まれた熱平衡状態にある空洞内部の放射場は，絶対温度 T の壁面からの射出光にそれが壁面で多重回の反射を受けた成分が合わさって，最終的には黒体放射 $B_\lambda(T)$ に等しくなる．1.2.4項のキルヒホッフの法則をもとにこの過程を式で表すと次のように書ける．空洞内の放射強度 $= \varepsilon_\lambda B_\lambda + (1-\varepsilon_\lambda)\varepsilon_\lambda B_\lambda + (1-\varepsilon_\lambda)^2 \varepsilon_\lambda B_\lambda + \cdots = \varepsilon_\lambda B_\lambda / \{1-(1-\varepsilon_\lambda)\} = B_\lambda$．

他のどんな物体よりも多くの放射を出すことができる．黒体から射出される放射を黒体放射（blackbody radiation）と呼ぶ．黒体は現実には存在しない理想的なものであるが，黒体放射は等温の不透明な壁面で囲まれた空洞内の放射として実現される（図 1.5 参照）．黒体放射の場は等方的である．

19 世紀後半から 20 世紀初頭にかけて，溶鉱炉の温度をそれが発する光のスペクトル計測から知ろうとした工業的な要請によって，黒体放射のスペクトル分布を理論的に解明することを目指して多くの研究がなされた．プランク（Max Planck）は，1900 年にすべての温度領域での黒体放射スペクトルを統一的に表すことに成功した．これは，プランクの法則（Planck's law of radiation）と呼ばれる．この法則を導くにあたりプランクは，壁面からの放射は振動数 $\tilde{\nu}$ に比例する最小単位のエネルギー（$h\tilde{\nu}$）が集まったもので，その最小単位の整数倍の飛び飛びの値のみをとるとする「エネルギー量子」の仮説を導入した．この考えは，1905 年のアインシュタイン（A. Einstein）による「光量子論」の創出に発展した．それ以前には，放射エネルギーは任意の連続的な値をとりうると考えられていた．そして，ウィーン（W. Wien）は，低温かつ振動数が高い領域において実験とよく合う理論式（Wien's law of radiation；1896）を提唱していた．ここでは，黒体放射の研究の歴史とは逆の順序になるが，プランクの法則をもとにして，大気放射への応用で重要な黒体放射に関する法則を復習する．

プランクの法則によると，絶対温度 T の黒体放射輝度 $B_\lambda(T)$ の波長 λ で表したスペクトル分布は，次式の関数形で表現できる．

$$B_\lambda(T) = \frac{2hc^2}{\lambda^5 \{\exp(hc/\kappa_B \lambda T) - 1\}} \tag{1.8a}$$

ここに，

$h = 6.62607 \times 10^{-34}$ J s；　　プランク定数（Planck constant）
$\kappa_B = 1.38065 \times 10^{-23}$ J K^{-1}；　　ボルツマン定数（Boltzmann constant）

である（『理科年表 2008』による）．(1.8a) 式は，プランク関数（Planck function）と呼ばれる．波数 ν 表示では，(1.7b) を考慮すると，

$$B_\nu(T) = \frac{2hc^2\nu^3}{\exp(hc\nu/\kappa_B T) - 1} \tag{1.8b}$$

となる．すなわち，黒体の放射輝度は，絶対温度と波長（振動数，波数）の関数

1.2 黒体放射の法則

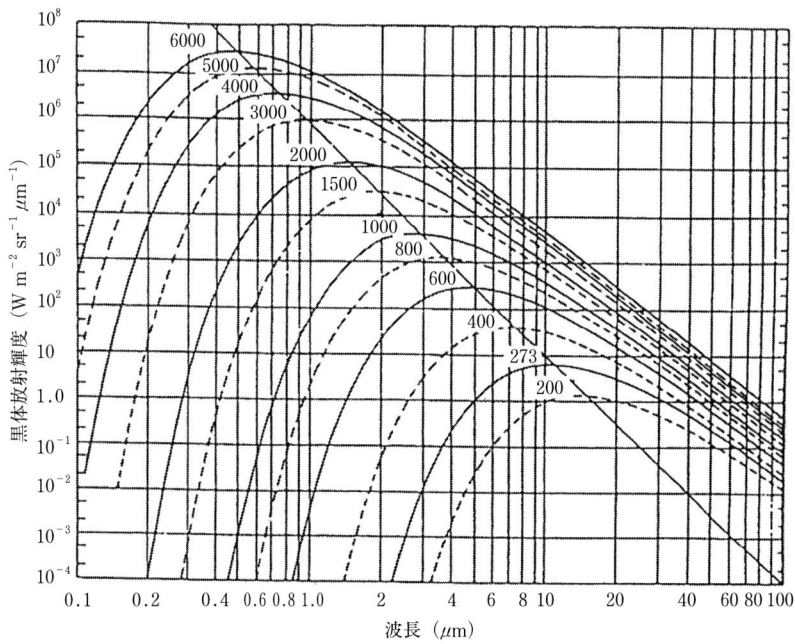

図 1.6 いろいろな温度のプランク関数の波長分布
極大点を結ぶ直線は，ウィーンの変位則に対応する．

である．プランク関数は，低温・高振動数の領域ではウィーンの放射式を再現し，また，高温・低振動数の領域では後出（1.2.5項）のレイリー・ジーンズの放射則になる．図1.6に，さまざまな絶対温度 T に対するプランク関数を波長の関数として示す．これらの分布曲線は，それぞれの温度のときの図1.5（b）の空洞穴から出てくる放射エネルギーの波長分布に対応する．太陽放射のスペクトルは，厳密には黒体放射のスペクトルに一致しないが，可視光域から近赤外線域にかけての波長分布は約 $T=5780$ K の黒体放射スペクトルでほぼ近似できる（図1.3参照）．一方，宇宙空間へ放射される地球放射のスペクトルは，$T=255$ K の黒体放射のそれに相当する（8.1.1項参照）．

1.2.2 ウィーンの変位則

図1.6にみられるように，ある温度 T でのプランク関数は，ある特定の波長で極大値をとる．その波長 $\lambda_{\max}$ では $dB_\lambda(T)/d\lambda=0$ となることを考慮すると，

μm 単位の λ_{max} と黒体温度 T との間には，

$$\lambda_{max} = \frac{C}{T}, \quad \text{ただし} \quad C = 2897[\mu\text{m K}] \qquad (1.9)$$

なる関係があることが導かれる．つまり，黒体放射の輝度が最大となる波長 λ_{max} は，その絶対温度に反比例する．これをウィーンの変位則（Wien's displacement law；1893）という．図 1.6 の極大値を結ぶ直線は，(1.9) の関係を満たす．これは温度上昇とともに溶鉱炉の中の鉄の色が赤黒から橙，さらには黄などに変わることに対応する．

1.2.3 ステファン・ボルツマンの法則

黒体面から射出される放射輝度を全波長にわたって積算した値 $B(T)$ は，プランク関数を波長範囲 $0\sim\infty$ にわたって積分することにより，

$$B(T) = \int_0^\infty B_\lambda(T) d\lambda \qquad (1.10)$$

と書ける．この積分は，$B(T)$ が T^4 に比例する結果を導く．また，黒体放射は等方的であるから，全波長で積分した放射フラックス F_{BB} は，

$$F_{BB} = \pi B(T) = \sigma T^4 \qquad (1.11)$$

で与えられる．ここに，σ はステファン・ボルツマン定数（Stefan-Boltzmann constant）と呼ばれる変換定数であり，その値は $\sigma = 5.66961 \times 10^{-8}\,\text{W m}^{-2}\text{K}^{-4}$ である．すなわち，黒体面から射出される放射フラックスの全波長にわたる積分値は，絶対温度の 4 乗に比例する．これは，ステファン・ボルツマンの放射則（Stefan-Boltzmann law of radiation；1884）と呼ばれ，黒体放射の全エネルギーを表す重要な基本則である．

1.2.4 キルヒホッフの法則

キルヒホッフの法則（Kirchhoff's law；1859）は，熱平衡の状態にある物質が放射を授受する際の基本的関係を表す法則であり，「物質の吸収係数 k_λ^a と射出係数 j_λ の比は，物質の種類や性質に関係なく，その温度と放射の波長のみに依存する」と主張する．この物理的意味を理解するため，不透明な壁面で囲まれた空洞内の放射場を考える（図 1.5（b）参照）．壁面-空洞系は，外界とは熱の出入

りがなく，それ自身の均一な温度と等方放射場で特徴づけられる熱力学的な平衡状態に達しているとする．この場合，たとえ壁面が黒体ではないとしても（すなわち放射を一部反射するとしても）壁面における射出と多重反射の結果，空洞内の放射場は黒体放射となる．熱力学的平衡の状態にあるので，壁面は吸収する放射量（$k_\lambda^a B_\lambda(T)$）と等しい量の放射（j_λ）を射出する．これにより，

$$\frac{j_\lambda}{k_\lambda^a} = B_\lambda(T) \tag{1.12}$$

の関係が成り立つ．すなわち，壁面の吸収係数k_λ^aと射出係数j_λの比は，黒体放射輝度のプランク関数で与えられ，温度と波長のみに依存する．

いま，熱力学的平衡状態にある物質の波長λの放射に対する吸収率（absorptivity）a_λを，プランク関数$B_\lambda(T)$に対する吸収された放射強度の比として定義する．また，射出率（emissivity）ε_λを$B_\lambda(T)$に対する射出された放射強度j_λの比として定義すると，(1.12) 式は吸収率と射出率とが等しくなることを意味する．すなわち，

$$a_\lambda = \varepsilon_\lambda \tag{1.13}$$

である．すべての波長で$a_\lambda = \varepsilon_\lambda = 1$であるような理想的物体を黒体という．一方，すべての波長で$0 < a_\lambda = \varepsilon_\lambda = $一定値$< 1$であるような物体を灰色体（gray body）と呼んでいる．第2章でみるように，地表面（地面や海面など）は，赤外放射に対してはほぼ黒体あるいは灰色体として近似される．

以上のことから，熱力学的平衡状態にある物質は，放射を吸収する（$a_\lambda > 0$）性質をもつならば，吸収率と同じ値の射出率で同じ波長の放射を射出することがわかる．射出される放射輝度は，その絶対温度と波長でのプランク関数と射出率の値の積として与えられる．地球大気は，鉛直方向の温度勾配をもつので，厳密には熱力学的平衡の状態にないが，多くの吸収帯では約70 kmより低い高度では，その場その場でほぼ熱力学的平衡の状態にあるとみなせる（詳細は第3章で議論する）．これを局所熱力学的平衡（LTE：local thermodynamic equilibrium）の近似という．この場合，赤外放射の局所的な授受に対して，キルヒホッフの法則を適用することができる．以下，本書では，大気はLTE近似が成り立つことを前提とする．

1.2.5 レイリー・ジーンズ近似

マイクロ波などの長い波長（$\lambda \gtrsim 1\,\mathrm{mm}$）の放射に対しては，プランク関数は次式で近似できる．

$$B_\lambda(T) \approx \left(\frac{2c\kappa_\mathrm{B}}{\lambda^4}\right)T \tag{1.14}$$

すなわち，マイクロ波域の黒体放射輝度は温度 T に比例する．この関係式は，レイリーとジーンズが与えた黒体放射エネルギーの分布則（Rayleigh-Jeans' law of radiation；1905）と同形である．ただし，レイリー・ジーンズの放射則は，波長 $\lambda \to 0$ で無限大に発散し，ウィーンの変位則やステファン・ボルツマンの法則と合わない．(1.14) 式の近似式は，マイクロ波域の放射伝達の計算を簡単化するのに役立つ（7.5.2 項参照）．

1.2.6 輝度温度

物体から射出される放射の強度 I_λ を黒体からの放射輝度とみなしたときに，

$$T_B = B_\lambda^{-1}(I_\lambda) \tag{1.15}$$

の関係式で決まる物体の温度 T_B を黒体相当の輝度温度（brightness temperature）という．(1.15) 式は，観測される放射輝度 I_λ が同じ波長での絶対温度 T_B の黒体の放射輝度に等しいとおいて，プランク関数から温度 T_B を逆算することを意味する．赤外線放射温度計などで放射体を黒体とみなして測られる温度が，これに相当する．

1.3 放射伝達過程の定式化

1.3.1 放射伝達方程式

本節では，大気中での放射の伝達過程（radiative transfer）を定式化する．図 1.7 に示すように，大気中に断面積 $d\sigma$，長さ ds の微小な気柱を考え，これに波長が λ と $\lambda+d\lambda$ の間にある強度 I_λ の放射が dt 時間に立体角 $d\omega$ で入射するとする．入射方向に進む放射は，この気柱を通過する間に散乱や吸収を受けて，その放射強度が $I_\lambda + dI_\lambda$ に変わるとする．気柱の密度を ρ，単位質量あたりの消散係数を k_λ^e と表すならば，入射した放射が気柱を通過する間に消散（吸収＋散乱）されるエネルギーは，$k_\lambda^e I_\lambda \rho\, ds\, d\sigma\, d\omega\, d\lambda\, dt$ で与えられる．これは放射エネルギーの

1.3 放射伝達過程の定式化

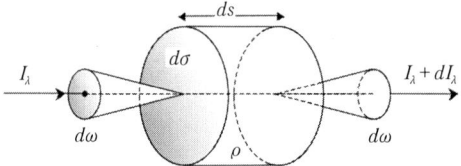

図 1.7 放射伝達過程の概念図

変化量 $\{I_\lambda d\sigma d\omega d\lambda dt - (I_\lambda + dI_\lambda) d\sigma d\omega d\lambda dt\}$ に等しいので（(1.3) 式参照），この微小気柱による放射強度の減衰は，

$$dI_\lambda(減衰) = -k_\lambda^e I_\lambda \rho ds \tag{1.16}$$

と書き表せる．ここに，k_λ^e は質量消散係数（mass extinction coefficient），または質量消散断面積（mass extinction cross section）と呼ばれる．その物理次元は，［面積/質量］である．これに密度を掛けた $k_\lambda^e \rho$ は，単位体積あたりの消散係数すなわち体積消散係数（volume extinction coefficient）であり，その次元は［面積/体積］すなわち［1/長さ］となる．

他方，この微小気柱を通過している間に，気柱内で生じる射出によって進行方向の放射が強まる．また，他のあらゆる方向から考えている方向への散乱光が加わり，放射は強められる．この射出と散乱による放射の増強分 dI_λ（増強）を表す係数 j_λ を導入する．これを質量射出係数（mass emission coefficient），または，放射源係数（source function coefficient）と名づけると，放射の増強分は，微小気柱の質量に比例するので，

$$dI_\lambda(増強) = +j_\lambda \rho ds \tag{1.17}$$

と表せる．2つの過程が同時に進行しているとすれば，正味としての放射強度の変化量は，

$$dI_\lambda = -k_\lambda^e I_\lambda \rho ds + j_\lambda \rho ds \tag{1.18}$$

と書ける．ここで，放射源関数（source function）J_λ を，

$$J_\lambda \equiv \frac{j_\lambda}{k_\lambda^e} \tag{1.19}$$

と定義して導入すると，(1.18) 式は，

$$\frac{dI_\lambda}{k_\lambda^e \rho ds} = -I_\lambda + J_\lambda \tag{1.20}$$

と書き表せる．これを放射伝達方程式（radiative transfer equation）と呼ぶ．この方程式は，大気中を伝播する間に吸収，射出，散乱を受けて変化する放射エネルギーの保存則を表し，放射伝達過程を計算する際の基本となる重要な式である．

1.3.2 散乱位相関数

次に，散乱がある場合の放射強度の変化を定式化する（図1.8参照）．立体角 $d\omega'$ 内の強度 I_λ の入射光が，微小体積 $d\sigma ds$ により散乱されるとしたとき，1回の散乱で消散される放射エネルギーは，

$$k_\lambda^e I_\lambda \rho d\sigma ds d\omega' d\lambda dt = k_\lambda^e I_\lambda dm d\omega' d\lambda dt \tag{1.21}$$

と書ける．ただし，右辺の $dm = \rho d\sigma ds$ は微小気柱の質量である．これ以降，入射光側の方角や立体角をダッシュ（′）の付いた記号で表す．入射光から失われた，すなわち，消散された放射エネルギーのうち，入射光の進行方向と角 Θ を成す方向の立体角 $d\omega$ 内に散乱される割合は，散乱の強さの角度分布を表す関数 $P(\cos \Theta)$ を導入することにより，

$$P(\cos \Theta)\left(\frac{d\omega}{4\pi}\right) k_\lambda^e I_\lambda dm d\omega' d\lambda dt \tag{1.22}$$

と書き表せる．$P(\cos \Theta)$ を散乱位相関数（scattering phase function）と呼ぶ．また，角 Θ を散乱角（scattering angle）という．散乱角は，入射光の進行方向

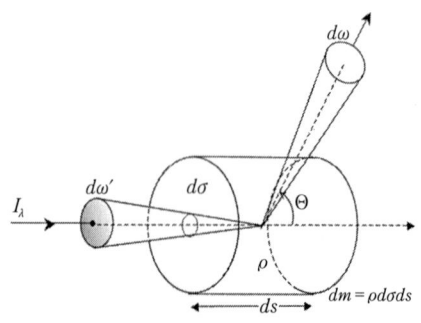

図1.8 散乱過程の概念図

（前方）から測った散乱光の進行方向を表す角度である．したがって，入射方向と同じ方向への散乱の場合は $\Theta = 0°$ であり，逆方向（後方）への散乱の場合には，$\Theta = 180°$ となる．

さて，すべての方向へ散乱されるエネルギーの割合は，(1.22)式を散乱方向の全立体角 Ω について積分したものであるので，

$$k_\lambda^e I_\lambda dm d\omega' d\lambda dt \int_\Omega P(\cos\Theta)\left(\frac{d\omega}{4\pi}\right) \tag{1.23}$$

と書ける．このとき，

$$\int_\Omega P(\cos\Theta)\left(\frac{d\omega}{4\pi}\right) = 1 \tag{1.24}$$

ならば，(1.21) と (1.23) は一致する．この場合，散乱位相関数は，1 に規格化されているといい，散乱過程での放射エネルギーの消散は，純粋の散乱によってのみ生じ，エネルギーの実質的な損失（吸収）はないことを意味する．吸収を伴う一般的な散乱過程に対しては，

$$\int_\Omega P(\cos\Theta)\left(\frac{d\omega}{4\pi}\right) = \varpi \leq 1 \tag{1.25}$$

となる．これで定義される ϖ を単散乱アルベド（single scattering albedo）と呼ぶ．この量は，また次式の形でも定義できる．

$$\varpi = \frac{k_\lambda^s}{k_\lambda^e} = \frac{k_\lambda^s}{k_\lambda^s + k_\lambda^a} \tag{1.26}$$

ここで，k_λ^s は質量散乱係数（mass scattering coefficient）と呼ばれ，純粋な散乱効果の大きさを表す係数である．これは，(1.25) と (1.26) を組み合わせた，

$$k_\lambda^s \equiv \int_\Omega k_\lambda^e P(\cos\Theta)\left(\frac{d\omega}{4\pi}\right) \tag{1.27}$$

の関係式で定義される．また，(1.26) 右辺の分母の k_λ^a は，質量吸収係数（mass absorption coefficient）と呼ばれ，質量消散係数と質量散乱係数の差である．したがって，吸収のない（$k_\lambda^a = 0$）純散乱の場合，単散乱アルベドは $\varpi = 1$ となる．この場合は保存性散乱（conservative scattering）と呼ばれ，入射光は散乱されてあらゆる方向に拡散するが，散乱の前後で放射エネルギーは保存される．逆に，散乱のない（$k_\lambda^s = 0$）純吸収の場合には，$\varpi = 0$ となる．一方，$0 < \varpi < 1$ の場合には，微小気柱内で散乱と同時に吸収もあり，$(1-\varpi)$ の割合で吸収された

放射は熱エネルギーに変換される．なお，すべての方向に同じ強さ（確率）で散乱する等方性散乱の場合には，散乱位相関数は $P(\cos\Theta) = $ 一定値となる．大気粒子による散乱では，一般に，粒子が入射光の波長に比べて大きくなるほど，入射光の進行方向（前方）により強く散乱される角度分布になる（第5章参照）．

1.3.3 放射源関数

1.3.1項で，微小気柱を通過する放射強度を増強する効果に射出と散乱の寄与があることをみた．両方の効果を含めた広義の射出係数 j_λ を用いると，微小気柱から dt 時間に立体角 $d\omega$ 内に射出される放射エネルギーは $j_\lambda dm d\omega d\lambda dt$ で与えられる．ところで，散乱のない吸収大気（$\varpi = 0 ; k_\lambda^e = k_\lambda^a$）で局所熱力学的平衡（LTE）の近似が成り立つ場合には，キルヒホッフの法則（1.12）により，$j_\lambda = k_\lambda^a B_\lambda(T)$ であるので，（1.19）で定義される放射源関数は，

$$J_\lambda = J_\lambda^{(a)} \equiv \frac{j_\lambda}{k_\lambda^a} = B_\lambda(T) \tag{1.28}$$

となる．ここに，$J_\lambda^{(a)}$ は，吸収大気の放射源関数であることを表し，LTE 近似が成り立つ大気ではプランク関数で与えられる．

他方，吸収のない散乱大気（$\varpi = 1 ; k_\lambda^e = k_\lambda^s$）の場合，あらゆる方向から入射した放射エネルギーのうち考慮している方向に散乱される割合は，微小気柱からその方向に射出されるエネルギーに等しくなるので，（1.23）を参照すると射出係数 j_λ は，

$$j_\lambda = k_\lambda^s \int_\Omega I_\lambda P(\cos\Theta) \left(\frac{d\omega'}{4\pi} \right) \tag{1.29}$$

と書ける．したがって，この場合の放射源関数は，

$$J_\lambda = J_\lambda^{(s)} \equiv \frac{j_\lambda}{k_\lambda^s} = \int_\Omega I_\lambda P(\cos\Theta) \left(\frac{d\omega'}{4\pi} \right) \tag{1.30}$$

となる．ここに，$J_\lambda^{(s)}$ は，散乱大気の放射源関数であることを表す．

実際の大気中での散乱を考える場合，極座標系を用いて放射の進行方向を天頂角と方位角で表示すると便利である．図1.9において，入射光の進行方向を (θ', ϕ')，散乱光の方向を (θ, ϕ) と表せば，それらの間の散乱角 Θ の余弦 $\cos\Theta$ は，球面三角の余弦定理により，

1.3 放射伝達過程の定式化

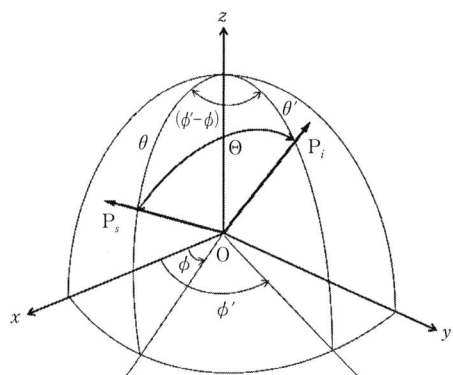

図 1.9 極座標系における入射方向（OP_i）および散乱方向（OP_s）と散乱角 Θ の関係図
点 P_i および P_s の極座標はそれぞれ (θ', ϕ') および (θ, ϕ) で与えられる．

$$\cos\Theta = \cos\theta\cos\theta' + \sin\theta\sin\theta'\cos(\phi - \phi') \tag{1.31}$$

で与えられる．散乱位相関数および放射輝度の角度変数も天頂角と方位角に直すと，散乱大気の放射源関数 $J_\lambda^{(s)}$ は，

$$J_\lambda^{(s)} = \frac{1}{4\pi}\int_0^{2\pi}\int_0^{\pi} P(\theta, \phi; \theta', \phi') I_\lambda(\theta', \phi') \sin\theta' d\theta' d\phi' \tag{1.32}$$

と書き表せる．

吸収と散乱の過程が共存する大気（$0<\varpi<1$）の場合には，微小気柱における散乱と吸収は，それぞれ独立の過程である（つまり，散乱された放射が微小気柱内で吸収されることはない）ので，放射源関数はそれぞれの効果の和として，

$$J_\lambda = (1-\varpi)J_\lambda^{(a)} + \varpi J_\lambda^{(s)} = (1-\varpi)B_\lambda(T) + \varpi J_\lambda^{(s)} \tag{1.33}$$

で与えられる．すなわち，単散乱アルベド ϖ の値により，吸収の放射源関数 $J_\lambda^{(a)}$ と散乱の放射源関数 $J_\lambda^{(s)}$ の寄与の割合が決まる．

1.3.4 ビーア・ブーゲー・ランバートの法則

放射の射出がない場合（$J_\lambda = 0$）には，放射伝達方程式 (1.20) は，

$$\frac{dI_\lambda}{k_\lambda^e \rho ds} = -I_\lambda \tag{1.34}$$

と書ける．いま，気柱の $s=0$ 点に入射する放射輝度を $I_\lambda(0)$ としたとき，気柱内を $s=s^*$ の距離を通過した放射の強度 $I_\lambda(s^*)$ は，(1.34) を積分して，

$$I_\lambda(s^*) = I_\lambda(0)\exp\left[-\int_0^{s^*} k_\lambda^e \rho ds\right] \tag{1.35}$$

となる．気層は均質（k_λ^e が場所によらず一定）であるとし，次式で定義される路程長（path length），

$$u^* = \int_0^{s^*} \rho ds \tag{1.36}$$

を導入すると，

$$I_\lambda(s^*) = I_\lambda(0)\exp[-k_\lambda^e u^*] \tag{1.37}$$

を得る．この式は，射出のない均質な吸収層を透過する放射輝度は指数関数的に減衰することを表す．発見者の名を付けて，それぞれビーア（Beer）の法則，ブーゲー（Bouguer）の法則，あるいはランバート（Lambert）の法則と呼ばれることもあるが，ここでは3者の連名で，ビーア・ブーゲー・ランバートの法則と呼ぶことにする．波長 λ の単色光線 I_λ が距離 $0\sim s^*$ 間の気柱を通過する場合の透過率（monochromatic beam transmissivity）t_λ は，次式で定義される．

$$t_\lambda(0, s^*) \equiv \frac{I_\lambda(s^*)}{I_\lambda(0)} \tag{1.38}$$

これは，(1.37) のビーア・ブーゲー・ランバートの法則により，

$$t_\lambda(0, s^*) = \exp[-k_\lambda^e u^*] \tag{1.38'}$$

となる．(1.38′) の関係式には方向に対する依存性は含まれていないので，同様の指数関数型の減衰は，均質な吸収層を透過する単色光の放射フラックスにも適用できる．

1.3.5 光学的厚さ

次に，消散係数 k_λ^e と密度 ρ が場所場所で変わるような一般の気層における (1.34) の放射伝達を考える．ここで，k_λ^e と ρ との積を光路上の点 s_a と点 s_b の

間で積分した量として定義される光学的厚さ (optical thickness) を $\tau_\lambda(s_a, s_b)$ と表記して導入する．すなわち，

$$\tau_\lambda(s_a, s_b) \equiv \int_{s_a}^{s_b} k_\lambda^e \rho ds \tag{1.39}$$

と定義する．これを導入すると，解 (1.35) は，

$$I_\lambda(s^*) = I_\lambda(0) \exp[-\tau_\lambda(0, s^*)] \tag{1.40}$$

と書き直せる．この光路に沿った単色光の透過率 $t_\lambda(0, s^*)$ は，次式のように書ける．

$$t_\lambda(0, s^*) = \exp[-\tau_\lambda(0, s^*)] \tag{1.41}$$

大気が光学的に厚い場合，大気を N 個の気層に分け，各気層の光学的厚さを，$\tau_\lambda(0, s_1)$, $\tau_\lambda(s_1, s_2)$, $\cdots$, $\tau_\lambda(s_{N-1}, s_N)$ としたとき，大気全体の光学的厚さ $\tau_\lambda(0, s_N)$ は，各気層の光学的厚さの和，すなわち，

$$\tau_\lambda(0, s_N) = \tau_\lambda(0, s_1) + \tau_\lambda(s_1, s_2) + \cdots + \tau_\lambda(s_{N-1}, s_N) \tag{1.42}$$

で与えられる．したがって，大気全層の透過率 $t_\lambda(0, s_N)$ は，

$$\begin{aligned}t_\lambda(0, s_N) &= \exp[-\tau_\lambda(0, s_N)] \\ &= t_\lambda(0, s_1) \cdot t_\lambda(s_1, s_2) \cdot \cdots \cdot t_\lambda(s_{N-1}, s_N)\end{aligned} \tag{1.43}$$

となり，各気層の透過率の積として与えられる．

1.4 平行平面大気近似

1.4.1 平行平面大気の放射伝達方程式

地球大気は，局所的にみた場合には水平方向の広がりに対して鉛直方向の厚さは薄いので，平板状の気層とみなすことができる．特に晴天大気の場合には，鉛直方向に比べて水平方向には温度や大気物質は比較的一様に分布しているので，このような大気層を水平方向には均質な薄い平板状の気層の重なりとして扱うことは便利で精度のよい近似である．これを平行平面大気 (plane-parallel atmosphere：P-P 大気) 近似と呼んでおり，実用上多くの放射伝達計算で使われている．ただし，この近似は，雲などの水平方向にも不均質な媒質内での放射

伝達を問題にする場合には，そのまま適用することはできない．3次元的に不均質な媒質における放射伝達の研究は，数値モデルや衛星リモートセンシングの高解像度化の進展に伴いその重要度が増しているが，本書の範疇を超える問題なので扱わない．

さて，水平方向に均質な平行平面大気での放射伝達を考える場合には，大気層に垂直な天頂方向 z を基準にして，極座標 (θ, ϕ) を用いて放射の進行方向を表すと便利である．極座標系において θ 方向の微小距離は $ds = dz/\cos\theta$ と表示できることを考慮すると，放射伝達方程式（1.20）は，

$$\frac{\cos\theta \cdot dI_\lambda(z;\theta,\phi)}{k^e_\lambda \rho dz} = -I_\lambda(z;\theta,\phi) + J_\lambda(z;\theta,\phi) \qquad (1.44)$$

と書き表せる．ここで，

$$\mu \equiv \cos\theta \qquad (1.45)$$

$$d\tau_\lambda \equiv -k^e_\lambda \rho dz \qquad (1.46)$$

なる関係式で定義される方向余弦 μ および微小光学的厚さ $d\tau_\lambda$ を導入すると，(1.44) は次式のように書き直せる．

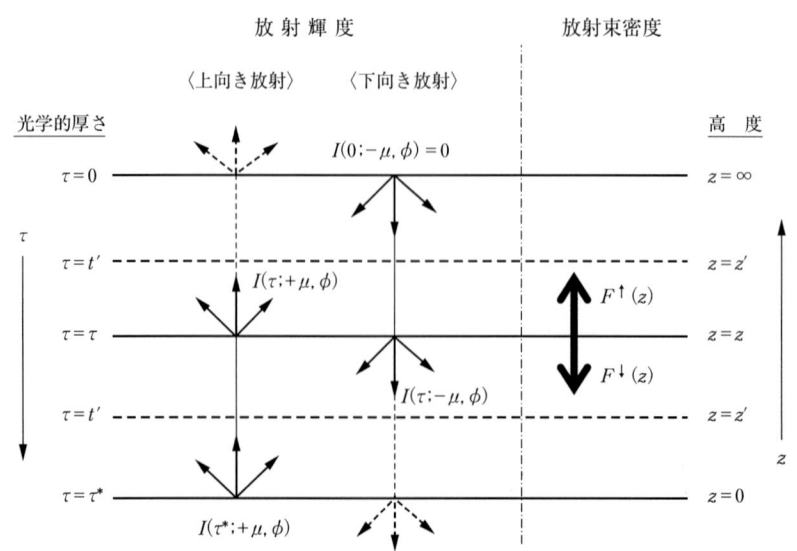

図1.10 平行平板大気における放射伝達の概念図

1.4 平行平面大気近似

$$\mu \frac{dI_\lambda(\tau;\mu,\phi)}{d\tau_\lambda} = I_\lambda(\tau;\mu,\phi) - J_\lambda(\tau;\mu,\phi) \qquad (1.47)$$

これが平行平面大気の放射伝達方程式の基本形である．なお，光学的厚さの定義式（1.46）で負の符号が付いているのは，光学的厚さ τ_λ の増加方向を鉛直座標 z とは逆方向に，つまり，考慮している大気層の上端から下向きにとる慣例によったものである（図 1.10 参照）．同様に慣用として，下向き方向（$\pi/2 < \theta \leq \pi$）に対しても，(1.45) の方向余弦 μ の値を $0 < \mu \leq 1$ の正値に限定し，負号を付けて $-\mu$ と表す．そして，上向きおよび下向き方向の放射輝度をそれぞれ $I_\lambda(\tau;+\mu,\phi)$ および $I_\lambda(\tau;-\mu,\phi)$ と標記する．ただし，上向き方向余弦（$+\mu$）のプラス記号はしばしば省略される．

1.4.2 形　式　解

平行平面大気の放射伝達方程式（1.47）の一般解を求めよう．まず，図 1.10 に示された大気層内の任意の光学的厚さ τ の高度 z における上向き放射輝度（upward radiance）を求める．(1.47) の両辺に $e^{-\tau/\mu}$ を掛けて，大気層の下端（$\tau = \tau^*$）から考慮している高度（$\tau = \tau$）まで光学的厚さについて積分することにより，次式の解を得る．

$$\begin{aligned}I_\lambda(\tau;+\mu,\phi) = &\ I_\lambda(\tau^*;+\mu,\phi)\exp\left[-\frac{(\tau^*-\tau)}{\mu}\right] \\ &+ \int_\tau^{\tau^*} J_\lambda(t;+\mu,\phi)\exp\left[-\frac{(t-\tau)}{\mu}\right]\frac{dt}{\mu}, \quad (0 < \mu \leq 1)\end{aligned} \qquad (1.48)$$

ここに，$I_\lambda(\tau^*;+\mu,\phi)$ は大気層の下端に上向きの (μ,ϕ) 方向に入射する放射輝度であり，境界条件により与えられる．右辺の第 1 項は入射光 $I_\lambda(\tau^*;+\mu,\phi)$ が減衰しながら考慮している高度まで達した分を表し，第 2 項は途中の各高度で (μ,ϕ) 方向に射出された放射が，距離に応じた減衰を受けながら $\tau = \tau$ まで達した分の総和を表す．特に，大気上端（$\tau = 0$）での上向き放射輝度 $I_\lambda(0;+\mu,\phi)$ は人工衛星などから観測される放射輝度に相当する（図 4.1 参照）．

同様にして，下向き放射輝度（downward radiance）に対する解は，次式のように求まる．

$$I_\lambda(\tau;-\mu,\phi) = I_\lambda(0;-\mu,\phi)\exp\left[-\frac{\tau}{\mu}\right]$$
$$+ \int_0^\tau J_\lambda(t;-\mu,\phi)\exp\left[-\frac{(\tau-t)}{\mu}\right]\frac{dt}{\mu}, \quad (0 < \mu \leq 1) \tag{1.49}$$

ここに，$I_\lambda(0;-\mu,\phi)$ は，考慮している大気層の上端に下向きの $(-\mu,\phi)$ 方向に入射する放射の強度を表し，境界条件によって与えられる．$\tau=0$ の高度として実際の大気の上端をとる場合には，そこへ入射する拡散放射はないので，$I_\lambda(0;-\mu,\phi)=0$ としてよい．右辺の意味は，(1.48) において積分する気層を $\tau=\tau$ の高度より上の層とし，方向を下向きに置き換えたものと同様である．大気下端（$\tau=\tau^*$）における放射輝度 $I_\lambda(\tau^*;-\mu,\phi)$ は，地表面において観測する天空からの放射輝度に相当する（図 1.4 参照）．

現実の大気の問題では，(1.48) および (1.49) の右辺の放射源関数を含む積分は，一般には解析的に解けない．特に，散乱過程が含まれる場合の放射源関数は ((1.32) 参照)，その中にあらゆる方向の放射輝度を含んでいるので，原理的にはすべての高度における放射輝度の解が得られた後でなければその値を知ることができない形になっている．つまり，散乱過程が含まれる場合には，任意高度の放射輝度に対して大気全層が影響を及ぼす．また，(1.48) および (1.49) の解を気体吸収帯について波長積分する場合にも，別種の困難さが伴う．このような問題の計算には数値積分の手法が必要となる．これについては，それぞれ第 6 章および第 4 章で述べる．

1.4.3 放射による気層の加熱・冷却

前項において平行平面大気内の任意の高度 $(z=z(\tau))$ における上向きおよび下向きの放射輝度を求めた．(1.6) を参照すると，その高度における上向き放射フラックス $F_\lambda^\uparrow(z)$ および下向き放射フラックス $F_\lambda^\downarrow(z)$ は，これらの放射輝度の鉛直成分を積分して，それぞれ次式で与えられる．

$$F_\lambda^\uparrow(z) = \int_0^{2\pi}\int_0^1 I_\lambda(\tau(z);+\mu,\phi)\mu d\mu d\phi \tag{1.50a}$$

$$F_\lambda^\downarrow(z) = \int_0^{2\pi}\int_0^1 I_\lambda(\tau(z);-\mu,\phi)\mu d\mu d\phi \tag{1.50b}$$

いま，上向き放射フラックス $F_\lambda^\uparrow$ と下向き放射フラックス $F_\lambda^\downarrow$ の差として正味放

射フラックス F_λ^net を定義すると，$F_\lambda^\text{net} > 0$ の場合は高度 z の面を通した正味の上向き放射エネルギーの流量があることを意味する．高度 z（光学的厚さ τ_λ）と $z + \Delta z$（$\tau_\lambda - \Delta \tau_\lambda$）との間の厚さ Δz の気層をとり，この気層における放射エネルギーの出入りを考える．気層の上面および下面を通した放射エネルギーの出入りの収支 $\Delta F_\lambda^\text{net}(z)$ は，

$$\begin{aligned}\Delta F_\lambda^\text{net}(z) &= \left[F_\lambda^\uparrow(z+\Delta z) - F_\lambda^\downarrow(z+\Delta z)\right] - \left[F_\lambda^\uparrow(z) - F_\lambda^\downarrow(z)\right] \\ &= F_\lambda^\text{net}(z+\Delta z) - F_\lambda^\text{net}(z)\end{aligned} \quad (1.51)$$

で与えられる．$\Delta F_\lambda^\text{net}(z)$ の値が正〔負〕の場合は，この気層内において正味として上向き放射エネルギーの流出〔流入〕があることに対応する．放射エネルギーの流出（発散）は，気層から熱エネルギーの一部が放射となって失われたことに相当し，これにより気層は冷却する．他方，流入すなわち収束した放射エネルギーは，熱エネルギーに変換されて気層を加熱する．波長範囲 $\lambda \sim \lambda + \Delta \lambda$ の放射の収束〔発散〕に伴う気層の温度の時間変化率 $\partial T / \partial t$ は，放射加熱〔冷却〕率（radiative heating〔cooling〕rate）と呼ばれ，次式で与えられる．

$$\left.\frac{\partial T}{\partial t}\right|_{\Delta \lambda} = -\frac{1}{C_p \rho_a}\left(\frac{\Delta F_\lambda^\text{net}(z)}{\Delta z}\right)\Delta \lambda \quad (1.52)$$

ここに，C_p は気層の定圧比熱，ρ_a は空気の密度である．(1.52) の右辺が正値の場合が加熱，負値の場合が冷却を意味する．

1.4.4 非散乱大気の放射伝達への応用

平行平面大気における放射伝達の応用例として，散乱のない，局所熱力学的平衡の状態にある大気における放射伝達を考える．これは，晴天大気における赤外放射やマイクロ波放射の伝達の問題に対応する．この場合の放射源関数は，(1.28) によりプランク関数で与えられる．黒体放射の射出は等方的であるので，平行平面大気内の放射場は方位角に無関係になり，方向に関しては天頂角のみの関数となる．したがって，(1.47) の放射伝達方程式は次式のように書ける．

$$\mu \frac{dI_\lambda(\tau; \mu)}{d\tau} = I_\lambda(\tau; \mu) - B_\lambda(T(\tau)) \quad (1.53)$$

これはシュヴァルツシルトの式（Schwarzschild's equation）と呼ばれる．赤外

放射の場合，この式の大気上端における上向き放射輝度に対する解は，(1.48)により次式で与えられる．

$$I_\lambda(\tau=0;+\mu) = B_\lambda(T_s)\exp\left[-\frac{\tau^*}{\mu}\right] + \int_0^{\tau^*} B_\lambda(T(t))\exp\left[-\frac{t}{\mu}\right]\frac{dt}{\mu} \quad (1.54)$$

ここで，右辺第1項は，大気下端の境界条件として，地表面温度 T_s での黒体放射の入射を仮定したことを意味する．$I_\lambda(\tau=0;+\mu)$ は，人工衛星から観測される地球放射の強度を与える．

先にビーア・ブーゲー・ランバートの法則により，単色光の透過率は光路間の光学的厚さの指数関数 (1.41) で与えられることをみた．ここで，高度 z_1 と z_2 (ただし，$z_2 \geq z_1$) の気層を μ 方向に進む波長 λ の放射の透過率を表す光線透過関数 (beam transmission function) $\mathcal{T}_\lambda(z_1, z_2;\mu)$ を次式により導入する．

$$\mathcal{T}_\lambda(z_1, z_2;\mu) \equiv \exp\left[-\frac{\tau_\lambda(z_1, z_2)}{\mu}\right] = \exp\left[-\frac{\{\tau_\lambda(z_1)-\tau_\lambda(z_2)\}}{\mu}\right], \quad (z_1 \leq z_2) \quad (1.55)$$

また，大気上端で観測される上向き放射に対する光線透過関数の高度 z による変化率を表す荷重関数 (weighting function) $W_\lambda^\uparrow(z;\mu)$ を次式により定義する．

$$W_\lambda^\uparrow(z;\mu) \equiv \frac{d\mathcal{T}_\lambda(z,\infty;\mu)}{dz} = \frac{d}{dz}\exp\left[-\frac{\tau_\lambda(z)}{\mu}\right] \quad (1.56)$$

ここに，$\mathcal{T}_\lambda(z,\infty;\mu)$ は大気上端と高度 z の間を μ 方向に進む放射の光線透過関数である．上式は，(1.46) を考慮すると，

$$W_\lambda^\uparrow(z;\mu) = -\frac{1}{\mu}e^{-\tau_\lambda/\mu}\frac{d\tau_\lambda(z)}{dz} = \frac{k_\lambda^e \rho(z)}{\mu}\mathcal{T}_\lambda(z,\infty;\mu) \quad (1.57)$$

と書き表せる．すなわち，上向き放射の荷重関数は，高度 z における体積消散係数 ($k_\lambda^e \rho(z)$) と透過関数 $\mathcal{T}_\lambda$ の積に比例する．いま仮に，水蒸気のように放射の吸収・射出に関与する吸収気体の密度の高度分布 $\rho(z)$ がスケールハイト H で指数関数的に減少すると，光学的厚さも同様に，$\tau(z) = \tau^*\exp[-z/H]$ の形で変化する．この場合の鉛直方向 ($\mu = +1$) の透過関数 $\mathcal{T}_\lambda$ および荷重関数 $W_\lambda^\uparrow$ の高度分布を図1.11 に模式的に示す．高度が高くなるにつれて密度は急速に減少するのに対して，透過関数は増大する．$W_\lambda^\uparrow$ は，ρ と $\mathcal{T}_\lambda$ の積が最大となる途中の高度において極大値をとる．また，この高度は，透過関数が最も急激に変化する高度に対応することが示されている．

さて，(1.54) は，荷重関数を導入すると，次式のように書ける．

1.4 平行平面大気近似

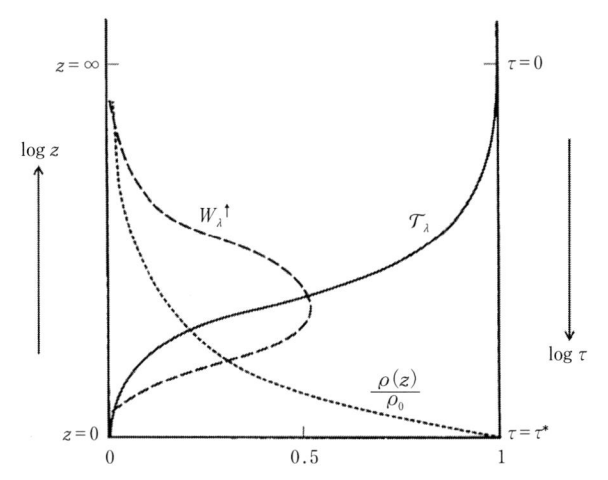

図1.11 吸収気体の密度 $\rho(z)$ が高度で指数関数的に減少する場合の上向き放射の透過関数 $\mathcal{T}_\lambda$ と荷重関数 $W_\lambda^\uparrow$ の高度分布の関係を表す模式図

$$I_\lambda(z=\infty;+\mu) = B_\lambda(T_s)\exp\left[-\frac{\tau^*}{\mu}\right] + \int_0^\infty B_\lambda(T(z')) W_\lambda^\uparrow(z';\mu)dz' \quad (1.58)$$

この式の右辺第2項は,荷重関数 $W_\lambda^\uparrow(z;\mu)$ の重みを付けた黒体放射輝度（プランク関数）の大気全層にわたる総和を表す.したがって,荷重関数の値が極大となる高度からの寄与が大きい.この性質を大気観測に利用したものに,人工衛星から放射輝度を測定して気温分布を推定するリモートセンシングの原理がある.これについては,第7章で詳述する.

下向き放射輝度に対しても（1.58）と同様に表記ができる.たとえば,地表面で観測される下向き放射輝度 $I_\lambda(z=0;-\mu)$ は次式のように書き表せる.

$$I_\lambda(z=0;-\mu) = \int_0^\infty B_\lambda(T(z')) W_\lambda^\downarrow(z';\mu)dz' \quad (1.59)$$

ただし,$W_\lambda^\downarrow(z;\mu)$ は,地表面で観測される下向き放射に対する荷重関数であり,次式で定義される.

$$W_\lambda^\downarrow(z;\mu) \equiv \frac{d\mathcal{T}_\lambda(0,z;\mu)}{dz} = \frac{k_\lambda^e \rho(z)}{\mu}\mathcal{T}_\lambda(0,z;\mu) \quad (1.60)$$

2章　太陽と地球の放射パラメータ

本章では，大気中における放射伝達過程を解く（計算する）際の入力データや境界条件となる大気上端に入射する太陽放射および地表面の放射特性について概説する．また，地球大気の鉛直構造と光学特性についても概観する．

2.1　太陽放射と太陽定数

2.1.1　太陽放射スペクトル

前章でみたように，太陽放射はガンマ（γ）線から電波までの広い波長範囲にわたっているが，地球に入射する太陽放射エネルギーの99%は$0.25\,\mu m$から$4\,\mu m$までの波長域に含まれる．全エネルギーの約半分（47%）が可視光線（visible）域（$0.38 \sim 0.77\,\mu m$）に含まれており，残りの大部分（46.6%）は赤外線（infrared）域（波長$>0.77\,\mu m$）である．紫外線（ultraviolet）域（$<0.38\,\mu m$）に含まれるエネルギーは，7%弱にすぎない．太陽放射エネルギーの波長分布は，波長$0.47\,\mu m$付近に最大値をもつほぼ連続なスペクトルであり，その主要な波長域のスペクトルは，絶対温度が約5780Kの黒体放射スペクトル（すなわちプランク関数）で近似できる（図1.3参照）．実際には図2.1にみられるように，その温度のプランク関数は，可視域と近赤外域の太陽放射スペクトルをかなりよく再現するが，特に紫外線域では合わない．また，詳細に分光測定すると，紫外域から可視域の連続スペクトルに多数の暗線（吸収線）や輝線が重なって現れる．これらの暗線は，1814年に発見したドイツの物理学者の名前を冠してフラウンホーファー線（Fraunhofer lines）と呼ばれている．これは，太陽の表面とされる光球（photosphere）から放射された連続スペクトルがその外側の温度の低い層を通過する際に，種々の原子やイオンによって吸収されて暗線となって現れたものである．さらに，太陽大気と称される外側の彩層（chromosphere）やコロナ（corona）からの発光が輝線スペクトルとして重な

2.1 太陽放射と太陽定数

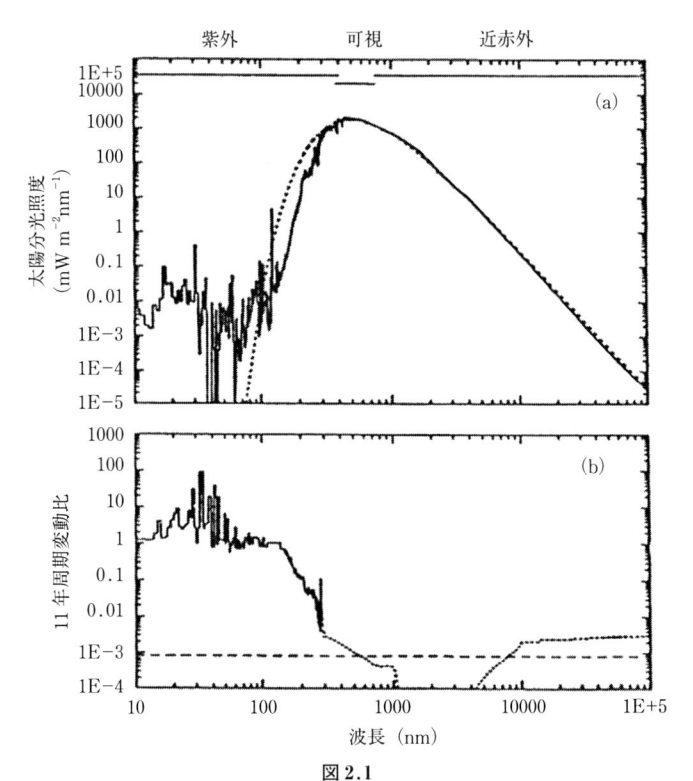

図 2.1
(a) 太陽照度スペクトルの観測値（実線）と温度 5770 K の黒体放射スペクトル（点線）の比較．(b) 太陽照度スペクトルの太陽活動の極大期と極小期における変動幅（(極大値 − 極小値)/極小値）の観測値（実線）および推定値（点線）．破線は太陽定数の変動幅を示す（Lean, 1991, Fig. 2）．

る．主な太陽吸収線と輝線の特性は，たとえば国立天文台編「理科年表」（丸善）などにまとめられている．一方，世界放射センター（Word Radiation Center）による太陽放射標準スペクトルの詳細な数値データは，世界気候研究計画（WCRP）の放射観測マニュアル（WCRP/WMO, 1986）や米国再生可能資源データセンター（Renewable Resource Data Center）の web（http://rredc.nrel.gov/solar/spectra/am0/）などに公開されている．太陽放射の連続スペクトルの起源については，3.5.2 項で述べる．

2.1.2 太 陽 定 数

地球は太陽のまわりを約 365 日の周期で楕円軌道上を公転している．その平均距離 $d_\oplus$ は，1.496×10^8 km であり，これを 1 天文単位［AU］という．地球が太陽に最も近い近日点（1.471×10^8 km；0.983 AU）を通過するのは北半球が冬の 1 月 3 日頃であり，最も遠い遠日点（1.521×10^8 km；1.017 AU）に達するのは夏の 7 月 4 日頃である（図 2.4 参照）．地球が受ける太陽放射エネルギーは，地球と太陽との間の距離の 2 乗に反比例して変わるので，北半球が冬の時期の方が夏の時期より多い．その差は最大で約 7% に達する．地球と太陽が平均距離 $d_\oplus = 1$ AU にあるとき，大気上端において太陽光線に垂直な単位面積が単位時間に受ける全波長の太陽放射エネルギー（照度）を太陽定数（solar constant）S_0 と呼ぶ．現在最も信頼されている太陽定数の値は $S_0 = 1366\pm1$ W m^{-2} であり，近年の人工衛星による観測値である．太陽定数は，地球上のさまざまな自然現象のエネルギー源の大きさを支配する基本的量であるので，20 世紀初頭のスミソニアン天文台における S. P. Langley（1834-1906）や C. G. Abbot（1872-1973）などの先駆者による測定以来，その正確な値を決めるのに多大の努力が払われてきた．1965 年以前は高山での観測に頼っていたが，水蒸気などによる吸収の補正に限界があった．その後，気球や航空機，さらにはロケットなどの高高度飛行

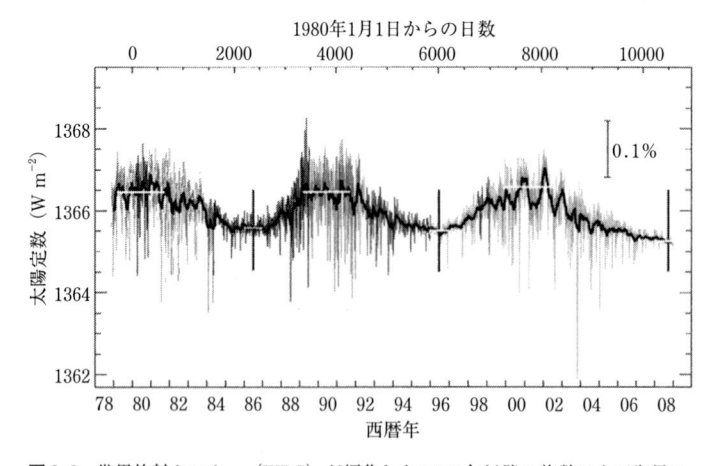

図 2.2　世界放射センター（WRC）が編集した 1978 年以降の複数の人工衛星による太陽定数観測値の時間変動
日々の測定値（灰色線）と 81 日の移動平均値（黒線）．太陽定数の 0.1% の変動幅を縦線で示す．（データ出典：PMOD-WRC, ftp://ftp.pmodwrc.ch/）

体からの観測に移行した．1978 年に人工衛星 Nimbus-7 に絶対空洞放射計（補章 C 参照）などを搭載した NASA による ERB（Earth Radiation Budget）計画によって大気圏外からの観測が始まった．それ以来，多くの人工衛星が打ち上げられ，現在も大気圏外での太陽定数の観測が続いている（Fröhlich, 2006）．図 2.2 は，複数の人工衛星による観測値を合成して得られた太陽定数の時間変動を示す．図には日々の測定値とともに移動平均値（黒線）が示されている．上記の太陽定数 $S_0 = 1366 \text{ W m}^{-2}$ は，観測期間の平均値として求められた．

2.1.3 太陽定数の変動

近年の人工衛星による観測から，地球に入射する太陽放射は決して不変ではなく，太陽活動に関連したさまざまな時間スケールで変動していることが明らかになった（たとえば，Fröhlich and Lean, 2004）．特に紫外線域において変動が大きい．一方，可視から近赤外域のエネルギー分布の主要部における変動は比較的小さい（図 2.1 (b) 参照）．図 2.3 に，太陽活動の指標とされる黒点数（sunspot number）の過去 250 年間における変動を示す．約 11 年周期の変動が顕著である．また，数十〜100 年周期の長期の変動も認められる．図 2.2 の太陽定数にも約 11 年周期の変動が検出されており，その変動幅は太陽定数の約 0.08％（約 1.1 W m^{-2}）と見積もられている．図 2.2 と図 2.3 (b) とを比較すると，太陽定数は，黒点数が多い時期に極大となり，黒点数の少ない時期に極小となっている．つまり，太陽定数と黒点数の時間変化には正の相関がみられる．黒点（sunspots）は，太陽光球面において周囲より温度が低いために暗く見える部分であるので，この正の相関は一見不合理に思える．太陽活動が活発で黒点が多く現れるときには，同時にその周辺に白斑（faculae）と呼ばれる高温で明るく輝く部分も増大する．黒点よりも白斑の増大の効果の方が勝る結果として，11 年周期をもつ正の相関になるとされている．さらに，太陽定数には，太陽の自転などに伴う振幅が 3 W m^{-2}（〜0.2％）程度の短周期の変動も検出されている（図 2.2 参照）．一方，11 年周期を超える長期の経年変化については，図 2.2 の観測期間のデータからは有意な変化は認められず，確実な値を得るにはなお長期の観測が必要である．太陽活動に起因する太陽放射の紫外線強度や全エネルギー（太陽定数）の変動が，地球の気候にどのように影響するかについて，さまざまな研究がなされている（たとえば，Foukal et al., 2006）．

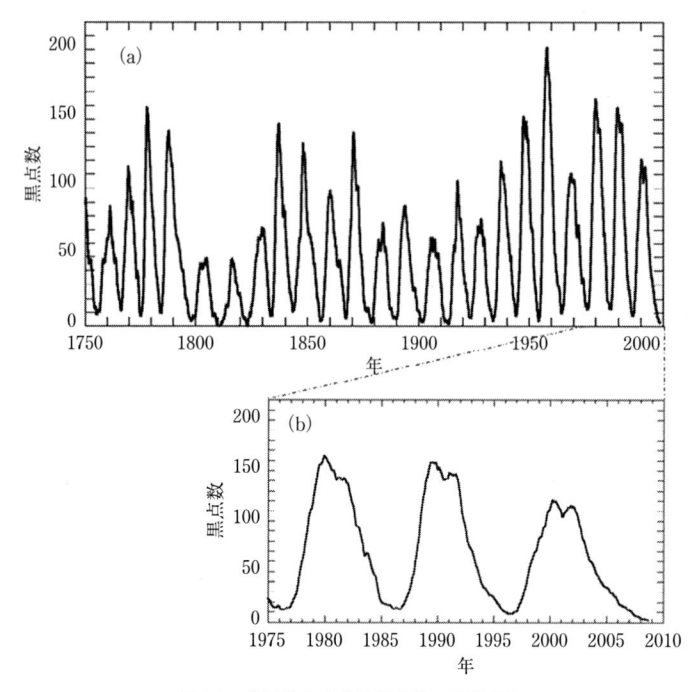

図 2.3 月平均した太陽黒点数の時間変化
(a) 1750 年〜現在．(b) 1975 年〜現在．（データ出典：NO　　／NGDC, http:// ngdc　noaa　gov/stp/solar/)

2.2 太陽-地球の位置関係

2.2.1 地球の軌道

地球は太陽をひとつの焦点とする離心率 $e = 0.01637$ の楕円軌道を 1 年で 1 周（公転）している．したがって，太陽と地球の間の距離は日々変わる．地球が受ける太陽放射エネルギーは距離の 2 乗に反比例するので，最大となる近日点（0.983 AU）と最小となる遠日点（1.017 AU）とでは，その量に約 7% の差がある．また，ほぼ球形である地球はそれ自身が 1 日で 1 回転（自転）している．自転軸は，公転面（黄道面）に対して約 23.5° 傾いている．これが，気候に季節変化をもたらす原因である．このように太陽-地球の位置関係の変化に伴って，地球上のある特定の地点に入射する太陽放射量は，時々刻々変化する．現在の地球の軌道要素を模式図（図 2.4）にまとめる．地球上のある特定の地点や日時に

2.2 太陽-地球の位置関係

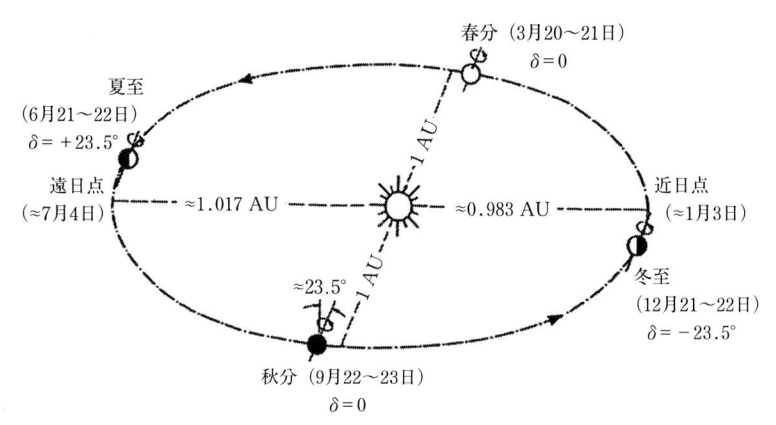

図 2.4 現在の地球軌道要素の模式図 (Iqbal, 1983, Fig. 1.2.1)
δ は黄道傾斜角.

入射する太陽放射量を求めるには,地球から見た太陽の位置を知る必要がある.日々の太陽-地球間距離や太陽の赤経・赤緯などの値は,たとえば「理科年表」に記載されている.また,1月1日を初日とした1年の通日数をパラメータとして,それらを簡便に計算する種々の略算式が提唱されている.日本では海上保安庁水路部が刊行している「天測暦」のもとになっている「惑星位置略算式」が有名である(たとえば,長沢,1981).

　地球の軌道要素には,太陽系の他天体との引力による摂動,および地球が完全球体でないことによる首振り運動などの永年変動がある.たとえば,公転軌道の離心率 e は,93000〜97000年の周期で現在よりも円に近い $e=0.01$ から,より潰れた楕円の $e=0.05$ の範囲内で変化する.地球の自転軸の傾きである黄道傾斜角は,約41000年の周期で約 $21.8°$〜$24.5°$ の間で変わる.また,春分・秋分点は約21000年周期の歳差によって少しずつ移動する.軌道要素の永年変動が,地球の受ける太陽放射エネルギーに変化をもたらし,気候の長期的な変動を引き起こす可能性が考えられる.余談であるが,旧ユーゴスラビア生まれセルビア人の天文学者ミランコビッチ (M. Milankovitch, 1875-1958) は,地球軌道の変動に伴い夏季の高緯度地方 (65°N) に入射する日射量の変化を計算し,その約10万年周期の変化がヨーロッパ・アルプスの氷河の消長と対応することを示した.また,その変動が新生代第四紀 (Quaternary) の氷期・間氷期の時間変化と整合することを示し,地球軌道要素の永年変動による日射量の変化が第四紀の気候変

動の要因であるとする説（ミランコビッチ仮説）を提唱した．彼は数理気候学の開拓者であり，一連の研究成果は，1941年刊行の『気候変動の天文学理論と氷河時代（和訳本タイトル）』に集大成された．コンピュータのない時代に，複雑で膨大な計算がよくもできたものと驚かされる．その後の研究により，軌道要素の永年変動のみに起因する日射量の変化幅は，氷期・間氷期の気温変化をもたらすには不十分であることが示された．ただし，最近の数値モデルを用いた研究によると，軌道要素の変動に加えて気候系内部のフィードバック効果を考慮すれば，氷床コア分析などから観測されている氷期・間氷期のサイクルを再現できることが示された（たとえば，阿部・山中，2007）．つまり，軌道要素の変動は万年スケールの気候変動のトリガーとなるが，さらに，いろいろな相互作用やフィードバック作用の増幅効果が働いて，氷期・間氷期のサイクルが生じると考えられる．

2.2.2 大気外日射量の分布

地球から見た太陽の位置と太陽定数（または，標準照度スペクトル値）が与えられると，地球大気の上端に入射する日射量（または分光照度）を計算することができる．たとえば，緯度φの地点において大気上端の単位水平面に入射する全波長の太陽放射量は，時間で変わる太陽天頂角θ_0と太陽-地球間距離$d(t)$の関数となり，

$$F(t,\varphi) = \left(\frac{d_\oplus}{d(t)}\right)^2 S_0 \cos\theta_0(t,\varphi) \tag{2.1}$$

で与えられる．ここに，S_0および$d_\oplus$は，太陽定数および太陽-地球間平均距離である．太陽天頂角θ_0は，図2.5の天球に球面三角法を適用すると，緯度φおよびその日時の太陽赤緯δと時角hの関数として，

$$\cos\theta_0 = \sin\varphi\sin\delta + \cos\varphi\cos\delta\cos h \tag{2.2}$$

と書き表せる．ここに，時角$h(t,\varphi)$は地球自転によって変わる太陽の方位を表し，太陽南中時の方位（子午線）から西向きに測った角度を時間の単位に換算したものである．時角の1時間は$2\pi/24$ラジアン（$=15°$）の角度に対応する．太陽-地球間距離$d(t)$や赤緯$\delta(t)$の1日の間における変化量は小さいので，多くの場合，1日の間では一定と近似できる．これらの日々の値は，前項で触れた「理科年表」や「惑星位置略算式」などから得ることができる．

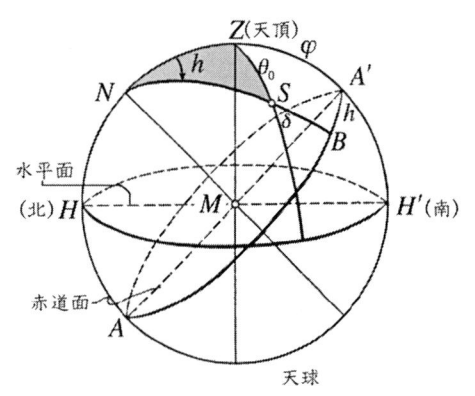

図 2.5 観測地点（中心点 M）および太陽（S）の位置関係を表す天球座標
h は時角，円弧 $ZA'H'$ は子午線を表す．

応用例として，大気上端の水平面に入射する1日あたりの太陽放射量の緯度分布を求めてみる．この量は，地球の放射収支（第8章参照）を見積もるうえでの基本となる量であるので，その分布が地球の公転でどの程度変化するかを調べておくことは重要である．さて，緯度 φ の地点における1日積算の水平面日射量 $Q(\varphi)$ は，(2.1) 式を日照のある日の出から日没まで積分した量であるので，

$$Q(\varphi) = \int_{日の出}^{日没} F(t, \varphi) dt$$
$$= S_0 \left(\frac{d_\oplus}{d(t)}\right)^2 \int_{日の出}^{日没} \cos \theta_0 (t, \varphi) dt \tag{2.3}$$

と書き表せる．すなわち，太陽天頂角 θ_0 を日の出から日没までの時間について（時角に変換して）積分すればよい．積分の結果は，

$$Q(\varphi) = \frac{S_0}{\pi} \left(\frac{d_\oplus}{d(t)}\right)^2 [\sin\varphi \sin\delta \cdot H + \cos\varphi \cos\delta \sin H] \tag{2.4}$$

となる．ここに，H は半日長（日の出から南中，または南中から日没まで）の時角（単位：rad）であり，

$$\cos H = -\tan\varphi \tan\delta \tag{2.5}$$

なる関係式で与えられる．

このようにして求めた日積算水平面日射量 Q（単位は $\mathrm{W\,m^{-2}}$）の緯度別年変

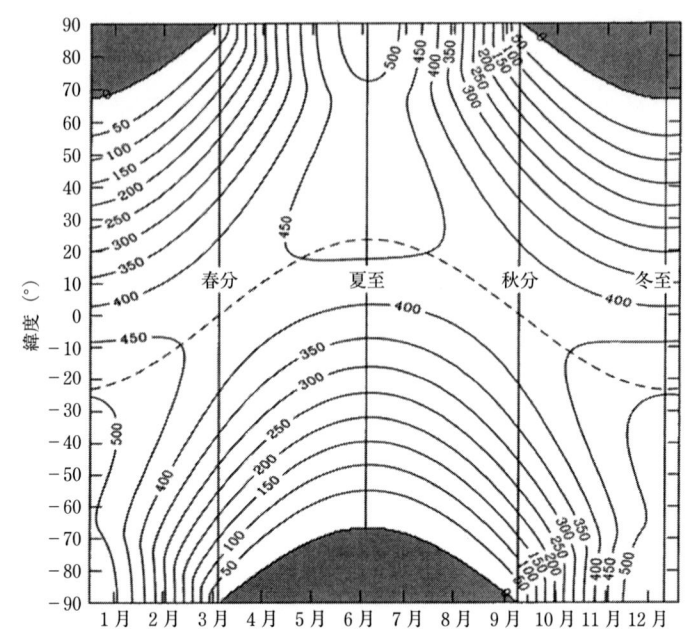

図 2.6 大気上端における1日あたりの水平面日射量の月日および緯度に関する分布図 (Liou, 2002, Fig. 2.8)
日射量の単位は W m^{-2} であり,等値線間隔は 50 W m^{-2} である.破線は太陽の赤緯を表す.影の部分は極夜で日射がないことを表す.

化を図 2.6 に示す.高緯度地方の影の付いた部分は,極夜で日照がないことを表す.高緯度地方ほど季節変化の大きい1年周期の変化が卓越している.赤道地方では,太陽が春分と秋分の2回赤道を横切るので,振幅は小さいが日射量に半年周期の変化がみられる.日平均日射量の極大は,夏半球の極地方に現れている.これは,この地方ではこの時期に白夜となり,1日中日照があることによる.ただし,その極大値は,公転の楕円軌道のせいで,近日点に近い1月初めの南極上空の方が,遠日点に近い7月初めの北極上空よりも大きい.同様に,日射量の南北半球における月-緯度分布図にも非対称性がみられる.図 2.6 を横軸に沿って積算した年平均の水平面日射量の緯度分布は,南北両半球でほぼ同じ形で,赤道で最大値をとり,最小値となる極へ向けて単調減少する分布となる(後出の図 8.4 参照).

2.2.3 大気光路

地球大気の空気密度は高度が下がるとともに指数関数的に増大する（図2.7参照）．それに伴い，大気上端に入射した太陽光線は大気中を通過する間に，空気の屈折効果により，その進行方向が密度の大きな方へ次第に曲げられる．いま，天頂角 θ_0 で入射する太陽光線の光路を考える．太陽光線が大気上端から高度 z の点 $s(z)$ まで斜めに進む間に通過する空気の量は，第1章の（1.36）で導入した路程長を用いて，

$$m_a(z) = \int_{s(z)}^{s(\infty)} \rho_a ds \tag{2.6}$$

と書ける．ここに，ρ_a は空気密度を表す．m_a は，光路上の空気量（optical airmass）を与えるので，絶対エアマス（空気量）と呼ばれる．これが大気層を垂直に進む場合のエアマスの何倍にあたるかを示す指標として，次式で定義される相対エアマスを導入する．

$$m_r(z) = \frac{\int_{s(z)}^{s(\infty)} \rho_a ds}{\int_z^\infty \rho_a dz} \tag{2.7}$$

空気密度が一様で屈折のない平行平板大気の場合には，$dz = \cos\theta_0\, ds$ であるから，$m_r = \sec\theta_0$ となる．この値は，太陽高度が低くなる（すなわち，$\theta_0 \to 90°$）につれて，無限大になる．このような場合には，空気密度の高度分布による屈折効果に加えて，大気の球面性を考慮する必要がある．均質な平行平面大気の場合の $m_r = \sec\theta_0$ は，$\theta_0 < 70°$ に対してはよい近似であるが，$\theta_0 \to 90°$ になるにつれて，球面大気で屈折を考慮した実際の場合との誤差が急速に拡大する．相対エアマスを正確に計算するには少し労力を要するが，簡便に使える近似式や数表がある．次式は，カステン（Kasten, 1966）による近次式で，相対エアマスを太陽高度角 $h_0(=(90°-\theta_0))$ の関数として表す．

$$m_r(0) = \left[\sin h_0 + a(h_0+b)^{-c}\right]^{-1} \tag{2.8}$$

ここに，$a = 0.1500$，$b = 3.885$，$c = 1.252$ である．この近次式の精度は，$\theta_0 = 85°$ で 0.1%，$\theta_0 = 89.5°$ でも 1.3% 程度である．実用的には十分な精度であるので，気象分野で広く利用されている．この式によると，日の出（または日没）時の $h_0 = 0$ の場合の相対エアマスは約 36.5 となる．この長い大気光路が日の出や日

没の太陽を赤くするもとである（5.3.2項参照）．

2.3 地球大気の放射特性

2.3.1 大気の鉛直構造

　大気の温度や圧力，湿度などの物理状態を表す量は水平方向に変化しているが，鉛直方向にはさらに激しく変化する．大気科学では，気温の鉛直分布の特徴をもとに，便宜上大気をいくつかの層に区分している（図2.7 (a)）．最下層は対流圏（troposphere）と名づけられた．そこでは，気温がほぼ一定の率で高度とともに減少している．その高さは全球平均で約11 kmである．その上は，気温がほぼ一定の状態から高度とともに増大する力学的に安定な層であり，成層圏（stratosphere）と呼ばれる．その上端は気温が極大に達する約50 kmの高度にとられる．それより上では気温は高度とともに減少し，80数kmの高度で極小になる．この間を中間圏（mesosphere）と称している．さらに最上端には，数百kmの高度まで気温が増大する熱圏（thermosphere）がある．区分けした気

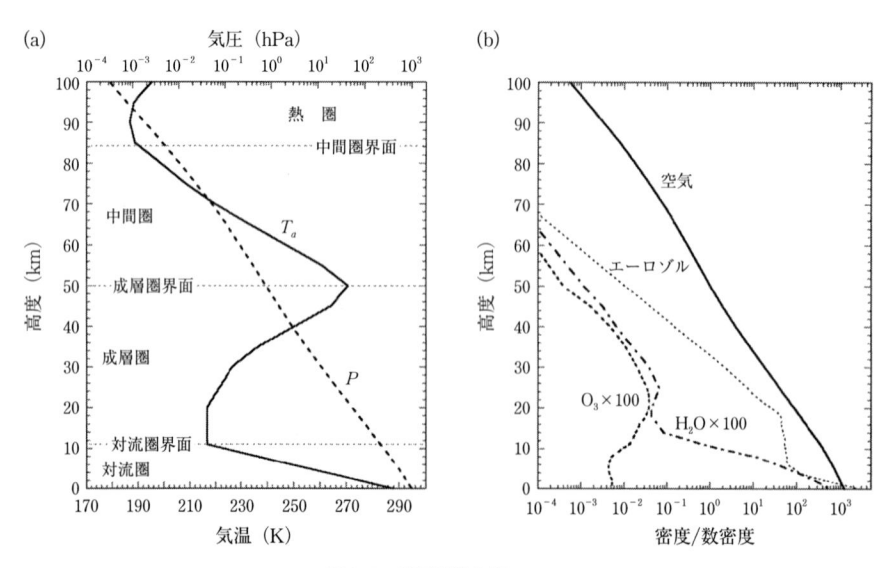

図2.7 米国標準大気モデル

(a) 気温 T_a と気圧 P の高度分布．
(b) 空気分子，水蒸気 H_2O，オゾン O_3 の密度（単位：$g\,m^{-3}$）および清澄大気モデル（視程23 km）のエーロゾル数密度（単位：cm^{-3}）の高度分布．ただし，H_2O と O_3 の密度は100倍した値を図示してあるので注意．

層間の温度勾配が急激に変わる境界を圏界面と称し，下から順に対流圏界面（tropopause），成層圏界面（stratopause），および中間圏界面（mesopause）と呼ぶ．これらの気温の鉛直分布の形成には放射過程が重要な役割を果たしている．その説明は 8.2 節にゆずり，ここでは鉛直構造の実態を示すにとどめる．大気放射のモデル計算では，ある平均的な大気モデルが使われる．広く利用される大気モデルのひとつに米国標準大気モデル（US Standard Atmosphere, 1976）がある．これは全球平均した大気の鉛直分布を代表する．図 2.7 は，米国標準大気モデルによる気温と気圧の高度分布（図 2.7 (a)），および空気分子，水蒸気，オゾンの密度（単位：$g\,m^{-3}$）の高度分布（図 2.7 (b)）を表す．図 2.7 (b) には，清澄（視程 23 km 相当）な大気中におけるエーロゾルの数密度（単位：cm^{-3}）の高度分布を付加した．水蒸気とエーロゾルは対流圏下部に集中しており，オゾンは成層圏で多いことが示されている．

2.3.2 分子大気の放射特性

水蒸気を除いた現在の乾燥空気は，主成分である窒素分子（N_2：体積比率で 78.084%），酸素分子（O_2：同 20.948%）およびアルゴン（Ar：同 0.934%）の 3 成分によって全体積の約 99.96% が占められている．また，これら主成分の混合比は約 60 km の高度まで一定である．残りの 0.04% 未満の体積に二酸化炭素（CO_2），オゾン（O_3），メタン（CH_4），一酸化二窒素（N_2O）などの微量気体が含まれる．これらのなかで大気中で化学的に安定な CO_2 などは，主成分と比較的よく混合しており，ほぼ一定の混合比で分布する．たとえば，CO_2 の地表面濃度は，大きな空間スケールでみると約 $380 \pm 10\,ppmV$（ppmV は，体積比率で 100 万分の 1 を意味する単位）程度の混合比で分布している（2005 年時点）．また，対流圏から成層圏にかけての高度分布も比較的一様である．ただし，CO_2 濃度は人間活動の影響によって最近 10 年間では約 $1.6\,ppm\,yr^{-1}$ の割合で増加している（たとえば，IPCC-AR4, 2007）．紫外線の光化学反応によって酸素から生成される O_3 は，対流圏にも少量存在するが，主に成層圏の高度 15〜30 km を中心とするオゾン層と呼ばれる領域に分布する．一方，水蒸気（H_2O）は地表面近くの対流圏下部に多く含まれるが，その濃度は場所や時間で変動が大きい．次章で詳しくみるように，地球大気の主要成分である N_2 および Ar は，太陽放射や地球放射に対して不活性である．他方，H_2O および CO_2 や O_3，CH_4，N_2O などの

微量気体は，含有量はごくわずかであるが，放射の吸収・射出に主要な働きをしており，地球の「温室効果」を担っている（第8章参照）．

図2.8は，標準的な分子大気の晴天時の透過率に対する種々の気体成分の寄与を示す．ただし，空気分子による散乱（レイリー散乱）の効果は入っていない．各気体成分の透過率曲線の値が小さくなっている部分，すなわち，吸収のある波長域が吸収帯である．この図は，地球大気中の各気体成分の吸収帯の位置（波長）と吸収の強さを表している．可視光線域では，大気全体の透過率（最下部パネル）の値はほぼ1であり，分子大気はほとんど吸収がなく透明である．一

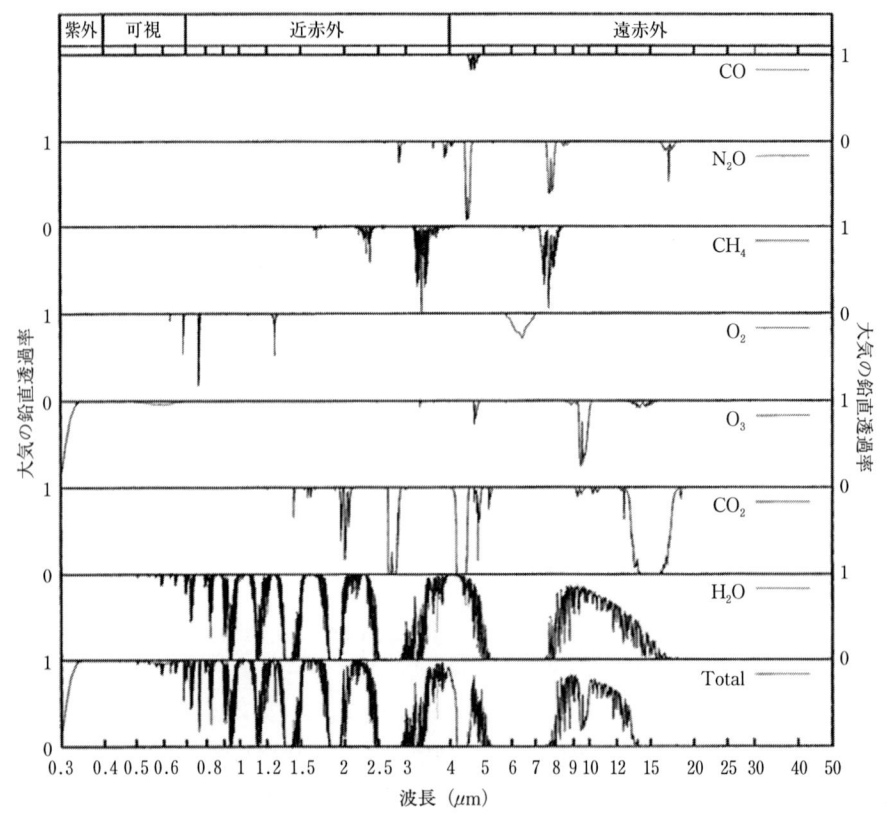

図2.8 紫外〜可視〜赤外領域における各気体成分および大気全体による晴天分子大気の鉛直透過率 (Petty, 2004, Fig. 7.6) ただし，空気分子による散乱効果は含まない．下から奇数〔偶数〕番目のパネルのスケールは左〔右〕縦軸．

方，波長が $0.3\,\mu\mathrm{m}$ より短い紫外線領域は，O_3 によりほぼ完全に吸収される．また，近赤外から遠赤外域にかけては，H_2O を主として CO_2，O_3，CH_4 などの微量気体成分による吸収が卓越していることが示されている．しかし，地球大気の主成分である窒素分子による吸収はどの波長域においてもない．各気体分子の吸収帯は，気体分子ごとに決まった位置に現れ，強弱さまざまな多数の吸収線（absorption lines）の群れとして構成されている．それぞれ吸収線の形成には量子力学に従った規則性がみられる．これら吸収帯の生成機構については第3章で説明する．

2.3.3 エーロゾルと雲の光学特性

気体の中に液体あるいは固体の粒子が多数浮遊している系をエーロゾル（aerosol）と称する．これは，学術用語としてエアロゾルとも表記されるが，英語の表音ではエーロゾルが近い．さて，大気中には大きさが $10^{-3}\sim 10\,\mu\mathrm{m}$ くらいの液体または固体の多数の微粒子がつねに浮遊している．そのような大気微粒子をエーロゾル粒子，あるいは略して単にエーロゾルと呼ぶ．エーロゾルには，その成因や生成後の経過によって，さまざまな組成，形状，大きさのものがある．それらは，それぞれ特有の粒径分布をもつ．エーロゾルは存在する場所により成層圏エーロゾルと対流圏エーロゾルに大別される．成層圏にはバックグラウンドとして少量のエーロゾルがつねに存在する．それらは，成層圏に注入された SO_2 ガスなどの硫黄化合物から光化学反応によって生成される．大規模な火山噴火の後で成層圏エーロゾルの量が一時的に大きく増加することがある．他方，対流圏エーロゾルは，土壌ダストや海塩粒子のような自然過程で生み出される微粒子に加えて，人間活動に伴って生じるものもある．対流圏内でのエーロゾルの滞留時間は粒子サイズに依存して異なるが，前項の微量気体成分のそれに比べると著しく短く，長いものでも10日程度と見積もられている．大きなサイズのエーロゾルは重力落下により速やかに落ちるが，大部分（重量で80％以上）のエーロゾルは雲と降水の過程により大気から除去される．発生源の地理的偏りと短い寿命とがあいまって，対流圏エーロゾルの濃度分布は時間的・空間的に変動が大きい．これらのエーロゾルは，放射を散乱・吸収して放射収支に影響を与えるとともに，凝結核や氷晶核として作用して雲粒子をつくる働きをする．前者をエーロゾルの直接放射効果と呼び，後者の雲物理過程を介した作用を間接放射効果と

呼んでいる（8.4.2項参照）．

　雲（clouds）は，粒径1〜100μmオーダーの微細な水滴（雲粒）または氷晶などの雲粒子が無数に集まって空中に浮かんでいるもので，成因や出現高度，大気状態などによりさまざまな形態や微物理特性をもつ（Pruppacher and Klett, 1997）．雲粒子は，飽和状態になった大気中の水蒸気がある種のエーロゾル粒子を核にして凝結（水滴の場合）あるいは昇華（氷晶の場合）することにより形成される．このようなエーロゾル粒子を凝結核あるいは氷晶核と呼ぶ．一般に，エーロゾル数（したがって，凝結核数）が多い大陸上の雲の方が海洋上の雲に比べて，雲粒子の数密度は大きいが，平均粒径は小さいことが知られている．雲粒子による光散乱において，水滴は球形粒子とみなせるが，氷晶は温度と湿度に依存して複雑多様な形状をとるので，氷晶による光散乱の扱いは難しい問題になる（たとえば，Liou, 2002）．一般に雲は，温度が−4℃より高い場合には水滴の雲粒からなる水雲（water clouds）である．一方，通常−20℃より低い温度ではほとんどが氷晶からなる氷（晶）雲（ice crystal clouds）となる．これらの間の温度域では，水滴と氷粒子の両方を含む混合雲（mixed clouds）となることが多い．雲は，その出現高度により上層雲，中層雲および下層雲に分けられる．また，構造と形態により，通常「十種雲形」と呼ばれる10の類に大別され，さらに種や変種に細分される（たとえば，気象庁，1989）．雲の放射特性は微物理特性や形態などの違いに依存して大きく異なる．

　エーロゾルや雲を含む大気中の放射伝達では，多重散乱過程が重要な役割を果たす．このとき，気体吸収帯の波長では，粒子による散乱に加えて，気体成分による吸収の過程も考慮する必要がある．エーロゾルや雲を含む大気層の反射率や吸収率などの放射特性は，気層の消散係数，単散乱アルベド，および散乱位相関数の3つの1次散乱量に依存する（1.3節参照）．特に，消散係数を距離について積分した光学的厚さが重要である．エーロゾルと雲とでは，放射伝達方程式の解法は基本的に同じであり，異なるのはそれぞれの1次散乱特性である（第6章参照）．1次散乱特性の計算法については，第5章で述べる．図2.9に，エーロゾルおよび水雲粒子の消散係数（相対値）と単散乱アルベドの波長分布を示した．対流圏エーロゾルの消散係数すなわち光学的厚さの波長依存性は，太陽放射の波長域では波長にほぼ逆比例する．一方，成層圏エーロゾルの光学的厚さの波長特性は粒径分布に依存するが，図に示した火山性の硫酸粒子からなるエーロゾ

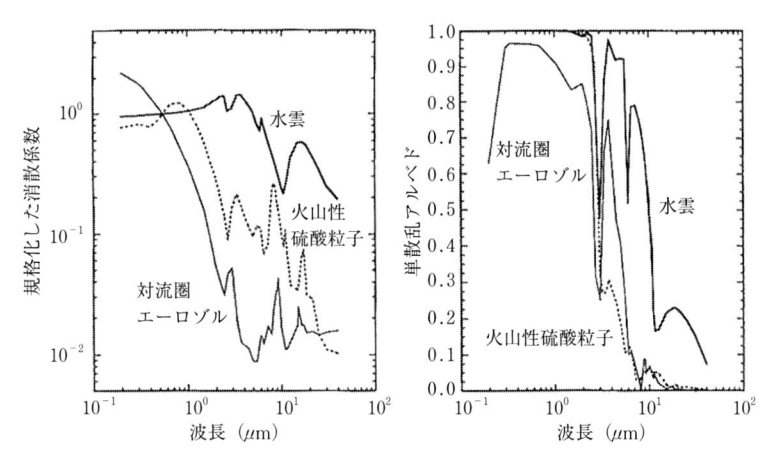

図 2.9 水雲，対流圏エーロゾルおよび火山性硫酸エーロゾルのモデルについて計算した（左）消散係数および（右）単散乱アルベドの波長分布（浅野，1995）
消散係数は波長 $0.55\,\mu m$ の値で規格化した相対値．

ルの場合には，可視から近赤外域にかけて値が大きい．対流圏エーロゾルおよび成層圏エーロゾルの消散係数は，地球放射の波長域ではともに可視域の 1/10 以下の大きさである．このことからエーロゾルの直接放射効果は，特に太陽放射に対して有効であることがわかる．一方，雲粒の光学的厚さの波長依存性は比較的弱く，雲は太陽放射と赤外放射の双方に対して大きな効果をもつ．さらに，1 個の粒子あたりの散乱係数が第 5 章で学ぶように粒子の断面積に依存する（正確な比例関係ではない）ことに留意すると，半径 $0.1\,\mu m$ のエーロゾル粒子が凝結核となり半径 $10\,\mu m$ の雲粒に成長したとき，断面積は 1 万倍になり，可視光に対する散乱強度は 1000 倍以上にもなりうることが予想される．この散乱特性がエーロゾルの雲物理過程を通した間接放射効果の重要性を裏づける（8.4.2 項 (2) 参照）．

他方，雲粒子の単散乱アルベドは，可視域では値がほぼ 1（吸収がない）であるが，赤外波長域では値が小さくなっている．つまり，雲は，可視光を強く散乱する一方で，赤外線を強く吸収する性質を有する．この性質は複素屈折率で表した水や氷の光学的性質に起因する（補章 B 参照）．対流圏エーロゾルの場合には，物質（化学組成）により太陽放射に対する吸収の効果は異なる．実際の大気中では，さまざまな化学組成や粒径分布，形状をもつエーロゾル粒子が混在する

のが一般的である．エーロゾル粒子のサイズは大気環境，特に相対湿度に強く依存するが，その依存性は粒子の化学組成によって異なることが知られている．したがって，エーロゾルの1次散乱パラメータは相対湿度にも依存する．さらに，同じ種類のエーロゾルであっても，それが存在する場所の特性（太陽位置，高度，地表面アルベドなど）に応じて，地表面および大気上端でみた放射効果は異なる（8.4.2項参照）．

　エーロゾルや雲の性状と空間分布は，時間的にきわめて大きく変動する．図2.10に経度方向に平均したエーロゾルと雲の光学的厚さの緯度分布を示す．エーロゾルは特に北半球の中緯度で多いことが示されている．また，そこでは変動幅も大きい．全球平均の対流圏エーロゾルの光学的厚さは，0.1のオーダーであり，雲の光学的厚さ（10のオーダー）に比べて，1/100の大きさである．したがって，対流圏エーロゾルの直接的な放射効果は，主として晴天域で有効である．ちなみに，分子大気の波長 $0.55\,\mu m$ の可視光に対するレイリー散乱の光学的厚さは約 0.094 であるので，この波長では対流圏エーロゾルの全球平均の光学的厚さは分子大気のそれと同程度である．成層圏エーロゾルの光学的厚さは，バックグラウンドの値としてはごく小さい（≤ 0.005）が，成層圏に達するような大きな火山噴火の後では，一時的に増大し（0.1のオーダー），数年をかけて回復する．

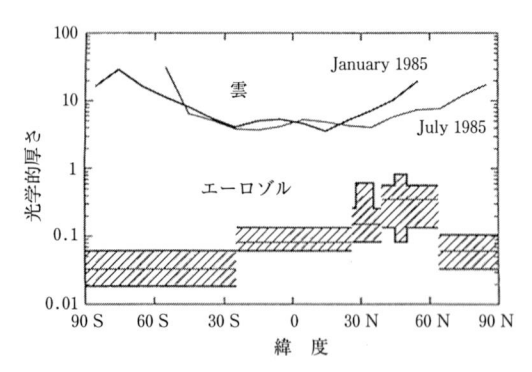

図2.10 エーロゾルと雲の可視光に対する光学的厚さの帯状平均値の緯度分布（Harshvardhan, 1993, Fig. 3）エーロゾル分布のハッチを付けた部分は光学的厚さの変動幅を表す．

2.4 地表面の放射特性

2.4.1 地表面熱収支

地表面に達した太陽放射の一部はそこで反射され，残りは吸収される（海などの水面の場合は水中で吸収される）．一方，地表面はその温度と射出率に応じた赤外線を放出する（キルヒホッフの法則）．反射された太陽放射あるいは射出された赤外放射は，大気下端に入射する放射輝度（(1.48) の $I_\lambda(\tau^*; +\mu, \phi)$）として，放射伝達方程式の境界条件を与える．また，地表面では各種のエネルギーの出入りがあり，放射エネルギーの収支が顕熱 H，潜熱 lE および地中伝導熱 G と釣り合う形で，地表面温度 T_s が決まる．すなわち，地表面における熱収支は次式のように表すことができる；

$$F_s^\downarrow (1-\alpha_s) = \varepsilon_s \left(\sigma T_s^4 - F_L^\downarrow \right) + lE + H + G \tag{2.9}$$

ここに，$F_s^\downarrow$ および $F_L^\downarrow$ は，それぞれ地表面に入射する太陽放射と（狭義の）大気放射の波長積分した下向き放射フラックスである．パラメータ α_s および ε_s

表 2.1 自然地表面の放射特性

地表面	アルベド：α_s	射出率：ε_s	備　考
土壌	0.05--0.40	0.90-0.98	暗色，湿潤時；α_s は小，ε_s は大． 明色，乾燥時；α_s は大，ε_s は小．
砂漠	0.20-0.45	0.85-0.91	
草地	0.16-0.26	0.90-0.95	草丈 1 m〜2 cm の範囲． 短い草丈ほど，α_s は大．
農地：畑地 　　　水田	0.18-0.25 0.10-0.25		作物の生育に依存． α_s は田植えから収穫まで増加．
ツンドラ	0.18-0.25	0.90-0.99	
森林：落葉樹 　　　針葉樹	0.15-0.20 0.05-0.15	0.97-0.98 0.97-0.99	落葉時，α_s は小．
水：天頂角小 　　天頂角大	0.03-0.10 0.10-0.95	0.92-0.97 0.92-0.97	曇天時，$\alpha_s \approx 0.06$． α_s は天頂角とともに増加．波や混濁度に依存．
積雪：古い雪 　　　新雪	0.40--0.95	0.82--0.99	汚れや含水率が大のとき，α_s は小． 積雪粒子の大きさ，雲量などに依存．
氷：海氷 　　氷河	0.30-0.45 0.20-0.40	0.92-0.97	天頂角，氷と雪の混在，海面の割合などに依存．

（データ出典：Oke, 1997；近藤，2000；Rees, 2001；WCRP/WMO, 1986）

は,それぞれ地表面の太陽放射フラックスに対する反射率(アルベド(albedo)と呼ぶ)および赤外放射フラックスの射出率である.(2.9)は,左辺の地表面で吸収された太陽放射エネルギーの一部が右辺第1項の正味の地表面放射として放出されるとともに,残りは顕熱,潜熱および地中伝導熱に転化することを意味する.アルベドおよび赤外射出率は地表面の放射収支を規定する重要なパラメータである.代表的な自然地表面のアルベドと射出率の値の範囲を表2.1に示す.ただし,アルベドや射出率の値は,地表面の物質に固有なものではなく,大気や地表面などの状態に依存するので一意には決まらない.表2.1の値はひとつの目安である.以下では,地表面の反射と射出の特性を概観する.

2.4.2 地表面の反射特性
(1) 地表面の反射パターン

滑らかな物体表面での光の反射は,よく知られたフレネルの公式(Fresnel's formula)で記述される(補章B参照).それによると,物質がなんであれ,また,光が物体表面にどのような角度で入射しても,反射角はつねに入射角に等しくなる.したがって,入射光が光線(ビーム)状の場合には反射光もビーム状になる.このような反射パターンを整反射(specular reflection)という.入射光の強度に対する反射光の強度の比として定義される反射率(reflectivity)は,入射角と物体の屈折率(物質が光を吸収する性質をもつ場合には複素屈折率)の関

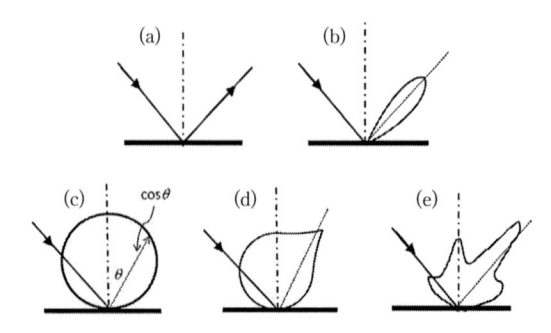

図2.11 反射パターンの模式図
地表面の反射点と角分布輪郭上の点を結ぶ線分の長さが反射光強度に比例.(a) 整反射,(b) 準整反射,(c) ランバート反射($\cos$則反射),(d) 準ランバート反射,(e) 乱反射(拡散反射).

数となる．また，大方の物質の屈折率は波長によって異なるので，反射率も波長に依存する．反射の角度分布パターンを模式的に図2.12に示す．静水面を除いて，ほとんどの地表面は光の波長より大きなスケールの凹凸があり，滑らかではないので，仮に入射光がビーム状であっても反射は整反射にならない．一般には反射光は，強度の違いはあるが，あらゆる方向に不規則に拡散する．これを拡散反射または乱反射（e）という．完全に滑らかな表面による整反射（a）と対極にあるのが，拡散反射の理想モデルとされるランバート反射（Lambertian reflection）（c）である．これは，各反射点からの反射光の強度が $\cos\theta$ に比例する角分布をもつ．このような面からの反射光量を視野角一定の放射計で測るとすると，放射計が見る面積は $(1/\cos\theta)$ に比例して変わるので，測られる反射光量は $\cos\theta \times (1/\cos\theta)$ に比例することになり，角度 θ によらず一定となる．このような地表面を等方反射（isotropic reflection）面あるいはランバート面と称し，水平に近い角度での入射あるいは反射を除いた場合の雪面などからの反射をよく近似する．

(2) 双方向反射関数

地表面からの反射は一般に乱反射になり，同じ入射角であっても反射光の強度は反射角に依存する．このことは，人工衛星などから太陽反射光を測定して地表面を識別する場合に重要である．人工衛星はある特定の方向 (θ, ϕ) における反射光の強度 $I_\lambda(\theta, \phi)$ を測定する．このとき，ある面へ天頂角 θ_0 で入射する太陽光のその方向における反射の強さを表すために，次式で定義される双方向反射関数（bi-directional reflection function, BDRF）$R_\lambda(\theta, \theta_0; \phi_0 - \phi)$ が用いられる．

$$R_\lambda(\theta, \theta_0; \phi_0 - \phi) = \frac{\pi I_\lambda(\theta, \phi)}{F_{0\lambda} \cos\theta_0} \tag{2.10}$$

ここに，右辺の分母 $(F_{0\lambda}\cos\theta_0)$ は，ある水平面に入射する波長 λ の太陽放射フラックスを表す．分子は，地表面が $I_\lambda(\theta, \phi)$ の強度で等方的に反射すると仮定した場合の反射フラックスを表す．したがって，両者の比として定義されるBDRFの値は，同じ反射面であっても，太陽方向と観測方向に依存して変わりうる．ただし，整反射面に対しては，整反射の方向に対してのみ値をもつ．一方，ランバート反射面（等方反射面）に対しては，BDRFの値は方向によらず反射率に比例した定数になる．この数学的簡便さとあいまって，ランバート反射の仮定は放射伝達の近似計算でしばしば利用される．

(3) 地表面アルベド

地表面における放射収支などを扱う場合には，反射された放射強度の角度分布よりも，地表面に入射する放射エネルギーに対する反射される放射エネルギーの割合を表すパラメータの方が便利である．このようなパラメータ α_s は地表面アルベド（surface albedo）と呼ばれ，入射する太陽放射フラックスに対する反射フラックスの比として定義される．したがって，その値は太陽天頂角に依存して変わりうる．アルベドは，白を表わすラテン語の 'albus' から派生した語で，白さ（明るさ）を意味する．気象の分野では多くの場合，ある広さをもつ地表面からの太陽放射の全波長に対するアルベドを問題にしている．全波長平均の地表面アルベド $\alpha_s(\theta_0)$ は，太陽天頂角 θ_0 の関数として，次式で定義される．

$$\alpha_s(\theta_0) \equiv \frac{\int_0^\infty \alpha_s(\lambda;\theta_0) F_s^\downarrow(\lambda;\theta_0) d\lambda}{\int_0^\infty F_s^\downarrow(\lambda;\theta_0) d\lambda} \tag{2.11}$$

ここに，$\alpha_s(\lambda;\theta_0)$ および $F_s^\downarrow(\lambda;\theta_0)$ は，それぞれ波長 λ，天頂角 θ_0 での地表面の分光アルベド（spectral surface albedo）および下向きフラックスである．表2.1に示されるように，波長平均のアルベド値は，明るく完全反射に近い新雪から，太陽天頂角が小さい場合の暗い水面のように，地表面の種類および状態によって大きく異なる．また，入射角 θ_0 のみならず，地表面および大気のいろいろな条件に依存して変わる．たとえば，同じ地表面であっても晴天と曇天の下では，アルベド値は異なる．それは，入射する太陽放射フラックスは晴天時には直達光が主であるのに対して，曇天時には散乱光が主となり，それらの強度とともに波長分布が異なることによる．また曇天の場合には，$\alpha_s(\theta_0)$ の値は太陽天頂角 θ_0 にあまり依存しないが，晴天の場合は θ_0 に強く依存する．さらに，海面のアルベド値は波の状態によっても異なる（たとえば，Payne, 1972）．風が強く，荒く波立っている海面ほど，太陽高度が低い場合のアルベド値は低下する．海面のアルベドは，一般に太陽高度，雲・エーロゾルを含む大気の透過率，風速，さらにプランクトンなどの海中微粒子（ハイドロゾル）による混濁度に依存するが，現在では大気-海洋系の放射伝達計算（第6章参照）を行うことにより，それらをパラメータとして数値化できるようになった（たとえば，Jin *et al.*, 2004）．

図2.12は，代表的な地表面アルベドの太陽高度角（$=90°-\theta_0$）に対する依存性を示す．多くの地表面アルベドは，太陽高度が高いときには変化が小さく，低

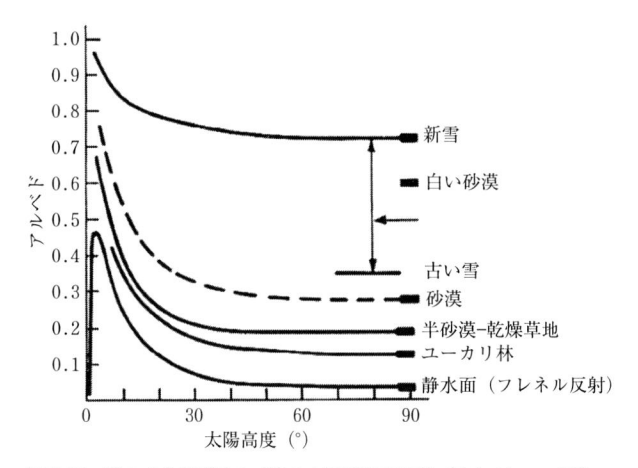

図 2.12 種々の地表面アルベドの太陽高度依存性（Paltridge and Platt, 1976, Fig. 6.12）
太陽高度 90°のときの値が，(2.12) 式のパラメータ α_1 の値に相当する．
砂漠の場合の破線は (2.12) 式のパラメタリゼーションによる計算値．

くなるにつれて増大するフレネル型の反射パターンを示す（図 B.4 参照）．Paltridge and Platt (1976) は，フレネル反射型の地表面アルベド $\alpha_s(\theta_0)$ の入射角依存性を，次式のようにパラメータ化した．

$$\alpha_s(\theta_0) = \alpha_1 + (1-\alpha_1)\exp[-k(90°-\theta_0)] \tag{2.12}$$

ここに，α_1 は太陽高度が高いときのアルベド値であり，k は 0.1 程度の大きさの係数である．図中の破線は，この近似式を用いて描いた砂漠のアルベドである．

(4) 分光アルベド

地表面はさまざまな物質で構成されており，各物質の屈折率や吸収率はそれぞれ特有な波長依存性を有しているので，地表面の反射率はそれぞれ固有の波長特性をもつ．さらに，太陽放射の入射フラックスおよび反射フラックスの波長分布も，太陽天頂角や大気混濁度，雲分布などの大気状態に依存して変わるので，分光アルベド $\alpha_s(\lambda;\theta_0)$ の波長分布もそれらに依存して変わる．図 2.13 に，自然地表面の分光アルベドの可視から近赤外域にかけての波長分布を示す．これは，旧ソ連の研究者たちによる測定値をまとめたものである（Paltridge and Platt, 1976）．雪面と湖水面のアルベド値は大きく異なるものの，これらの水物質のアルベドは可視域で大きく，吸収が強くなる紫外域と近赤外域で減少している．ま

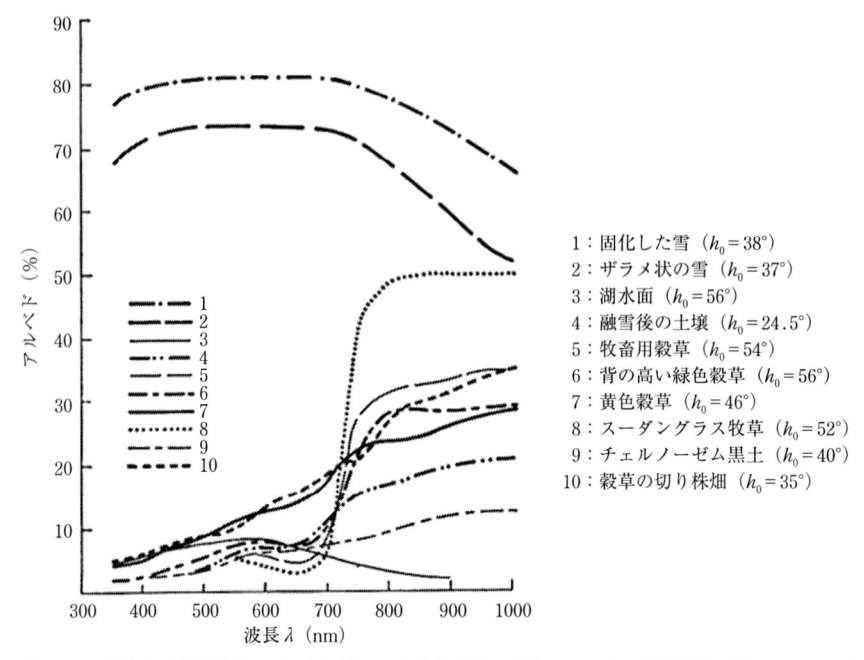

図 2.13　異なる太陽高度 h_0 における種々の自然地表面の分光アルベドの波長分布（Paltridge and Platt, 1976, Fig. 6.10）

1：固化した雪（$h_0 = 38°$）
2：ザラメ状の雪（$h_0 = 37°$）
3：湖水面（$h_0 = 56°$）
4：融雪後の土壌（$h_0 = 24.5°$）
5：牧畜用穀草（$h_0 = 54°$）
6：背の高い緑色穀草（$h_0 = 56°$）
7：黄色穀草（$h_0 = 46°$）
8：スーダングラス牧草（$h_0 = 52°$）
9：チェルノーゼム黒土（$h_0 = 40°$）
10：穀草の切り株畑（$h_0 = 35°$）

た．雪面は他に比べてきわめて明るいが，そのアルベド値は積雪粒子の大きさや密度，凍結・融解，汚れなどの雪面状態に依存して大きく変わることが知られている（たとえば，Warren, 1982；青木, 2009）．他方，土壌や植物で覆われた地面のアルベドは，可視域に比べて近赤外域の値が3〜4倍も大きい．

図 2.14 は，アルファルファ牧草で覆われた土壌面の牧草成長に伴う分光アルベドの変化を示す．波長が $0.7\,\mu m$ と $1.4\,\mu m$ の間では植物の被覆率が高いほどアルベド値は大きいが，それより長い波長の近赤外域および可視域では逆の傾向になる．特に可視域では，葉緑素の吸収帯のある青色と赤色の波長付近でアルベド値は小さく，その間の緑の波長帯で極大になる特徴がある．つまり，緑色植物は青（$\lambda \approx 0.44 \pm 0.05\,\mu m$）と赤（$\lambda \approx 0.65 \pm 0.02\,\mu m$）の波長帯の可視光を吸収して光合成に利用している．一方，$0.7\,\mu m < \lambda < 1.4\,\mu m$ の波長域では葉の内部に光を有効に吸収する生化学物質がないので反射率が高くなる．ただし，$\lambda > 1.4\,\mu m$ の近赤外域では，水の $1.45\,\mu m$ や $1.9\,\mu m$ 付近の吸収帯などにより吸収

2.4 地表面の放射特性

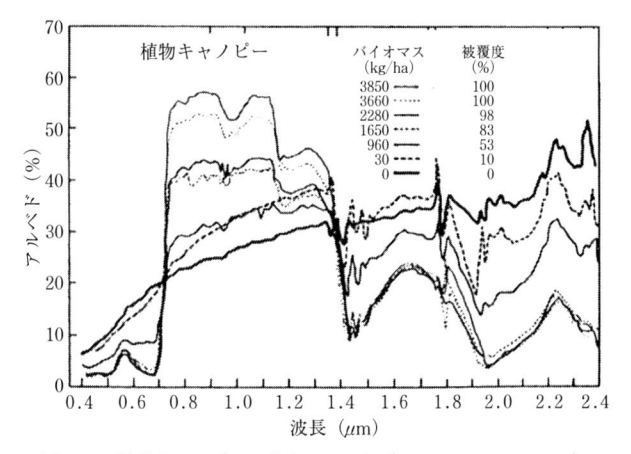

図 2.14 植物キャノピーの分光アルベド（Short, 1982, Fig. 6-23）
アルファルファ（紫うまごやし）の成長に伴う面積あたりのバイオマスと被覆率の変化に対する牧草に覆われた土壌面の分光反射率の応答．被覆率ゼロの太実線は裸地土壌に対応．

性が増大し（図 B.2 参照），バイオマスが大きいほど葉内の水分や蛋白質による吸収が増加するのでアルベド値は低下する．このような地表面による反射の波長特性を利用して，人工衛星などから地面の植生や海洋の植物プランクトンの分布を同定するリモートセンシング技術が実用化されている．その一例に，次式で定義される正規化植生指数 NDVI（normalized difference vegetation index）と呼ばれるパラメータがある．

$$\mathrm{NDVI} = \frac{[I(NIR) - I(VIS)]}{[I(NIR) + I(VIS)]} \qquad (2.13)$$

この指数は，衛星搭載の放射計で測られる可視チャンネルの反射光強度 $I(VIS)$ と近赤外チャンネルの反射光強度 $I(NIR)$ の差が，植物の種類と活動度によって異なることを利用して，地表面の植生を識別するのに用いられている．緑色植物の生育が活発なところほど，NDVI は正の大きな値になる．

(5) 地表面アルベドの広域分布

ある地点の全波長平均の地表面アルベド $\alpha_s(\theta_0)$ は，それぞれを天空と地表面に向けた一対の全天日射計，あるいはそれらを合体したアルベドメータを用いて測定される．下向き日射量に対する上向き日射量の比として測定される $\alpha_s(\theta_0)$ の値は，測る高度によっても変わる．低い高度での測定は直接その地点のアルベ

ド値を与えるが，一般にさまざまな物質や植生がモザイク模様に分布する広い地表面の反射特性を代表するには問題がある．一方，より高い高度で測定するほど測器の視野は広がるが，その高度で測られる上向き日射量には，地表面反射の寄与だけでなく，その高度と地表面との間の大気の影響が含まれる．たとえば，図 2.15 は，つくば市上空において航空機により異なる高度で測定した全波長日射および近赤外域日射に対するアルベドを，飛行路に沿って図示したものである．両アルベドともに高度 3 km での測定値の方が，高度 300 m での測定に比べてより広い空間を平均するので，変動が少ない分布になっている．また，陸面のアルベド値は可視域より近赤外域の方が概して大きいので（図 2.13 参照），300 m の低い高度においては近赤外域アルベドの方が全波長域アルベドよりも大きい．その傾向は，特にゴルフ場の草地面で顕著である．ところが，高度によるアルベド値の増減は，全波長日射と近赤外日射とでは逆になっている．アルベド値の高度変化の原因は，一部にはアルベド算出の分母である下向き日射量が高い高度ほど増大することによるが，それよりも，その高度と地表面との間の大気が上向き日射量に及ぼす効果の方が大きい．すなわち，近赤外域においては水蒸気などによ

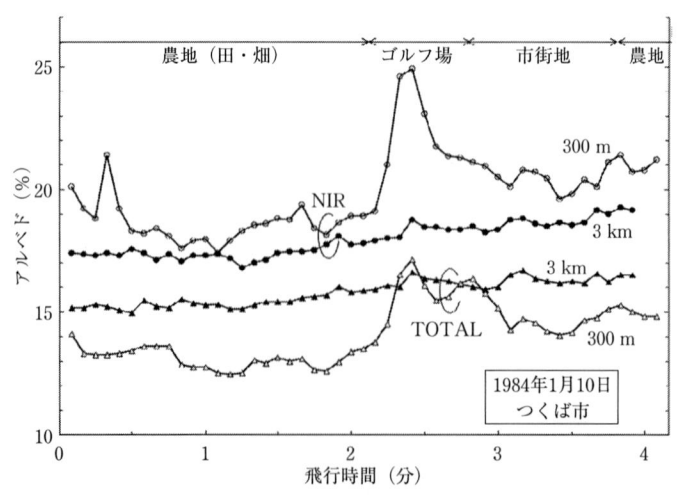

図 2.15　つくば市上空において 300 m（白抜き記号）と 3 km（塗り潰し記号）の飛行高度で測定された全波長日射（三角印：TOTAL）および近赤外日射（丸印：NIR）に対する放射フラックス反射率（アルベド）の南北経路に沿った分布
横軸は飛行時間であり，1 分が約 5 km の距離に相当．

2.4 地表面の放射特性

る吸収を受けて高い高度ほど上向き日射量の減少が大きい．他方，可視域においては空気分子やエーロゾルに散乱された上向き日射の増大効果があり，この効果は近赤外域の気体吸収による減少効果に勝るので，その結果として全波長域アルベドの値は高度 3 km の方が大きくなっている．

近年，地表面アルベドの全球地理分布が，種々の人工衛星による観測データから推定できるようになった．この場合，晴天時の大気上端において測られるアルベド値 α_0 には，地表面アルベド α_s のみならず，大気による散乱と吸収の効果が含まれる．入射した太陽放射に対する大気の反射率を α_A，吸収率を $\tilde{a}_A$ とおき，地表面で反射した上向き日射フラックスに対する大気の反射率および吸収率を α_A^*, $\tilde{a}_A^*$ としたとき，地表面と大気との間の多重反射を無視すると，これらの間の関係は次のように近似できる（Paltridge and Platt, 1976）．

$$\alpha_0(\theta_0) = \alpha_A(\theta_0) + [1 - \alpha_A^* - \tilde{a}_A^*]\alpha_s(\theta_0)[1 - \alpha_A - \tilde{a}_A] \quad (2.14)$$

右辺の第 1 項は，大気上端における上向き日射フラックスに含まれる大気自身による散乱反射の寄与を表す．第 2 項は，地表面に達した入射フラックス（$1 - \alpha_A - \tilde{a}_A$）が地表面アルベド値 α_s で反射されて上向きフラックスになったもののうち，大気による反射と吸収の影響を免れて大気上端に戻ってきた部分を表す．したがって，大気の効果（α_A, α_A^*, $\tilde{a}_A$, $\tilde{a}_A^*$）をモデル大気に対する放射伝達計算などにより見積もることができれば，それらを補正することにより，人工衛星による α_0 の測定から地表面アルベド α_s を算出することができる．

2.4.3 地表面の赤外射出率

(1) 光線射出率

地表面熱収支の問題などでは，地表面はしばしば黒体と近似されるが，現実の地表面は完全な黒体ではない．前出の表 2.1 に示された地表面の長波放射に対するフラックス射出率 ε_s の値は，おおむね 0.8〜0.99 の範囲内にあり，物体によっては黒体に近い値をもつこともある．しかし，アルベドの場合と同様に同じ種類の地表面であっても，射出率の値は波長によって異なり，また，地表面の状態に依存して変わる．それらの依存性についてはあまり調べられておらず，詳細については不明な点も多い．地表面の射出率を考える場合，ある方向の放射輝度に対する射出率とその面からの放射フラックスに対する射出率とを区別する必要

がある．前者を光線射出率（beam emissivity），後者をフラックス射出率（flux emissivity）と呼ぶ．これらは，それぞれ地表面温度での黒体放射輝度あるいは黒体放射フラックスに対する実際の放射輝度あるいは放射フラックスの比として定義される．光線射出率は，放射輝度を測って地表面の性状を推定するリモートセンシングなどにおいて，また，フラックス射出率は放射収支などを問題にする場合に使われる．はじめに赤外放射に対する光線射出率の方向依存性について述べる．キルヒホッフの法則（1.2.4項）によると熱平衡状態にある物質の射出率は吸収率に等しい．また，透過がない場合，吸収率は（1−反射率）に等しい．したがって，物体表面からある方向へ射出される波長 λ の放射の光線射出率 $\varepsilon^b(\lambda, \theta)$ は，方向によって反射率が異なる場合には射出角（=反射角）θ の関数になり，$\varepsilon^b(\lambda, \theta) = (1-\chi(\lambda, \theta))$ で与えられる．ここに，$\chi(\lambda, \theta)$ は波長 λ の放射の反射率を表し，滑らかな物体表面による整反射の場合にはフレネルの式により与えられる（補章B参照）．一般にフレネル型の反射率は $\theta \to 90°$ になるにつれ増大するので，逆に $\varepsilon^b(\lambda, \theta)$ は減少するような角度依存性をもつ．また，斜め入射の場合のフレネル型の反射率は放射の偏光状態によっても異なるので，それに伴い光線射出率も偏光成分で異なる値になる（図B.4参照）．射出率の角度依存性は，赤外線放射温度計などで海面の輝度温度を測って海面温度を推定するリモートセンシングにおいて重要な意味をもつ．海面の場合には，地表面アルベドの

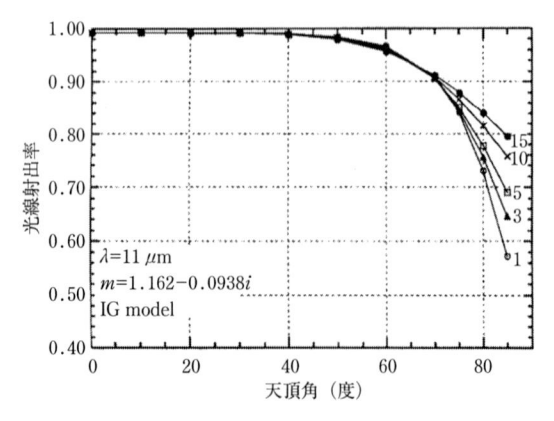

図2.16 風速（m·s^{-1}）をパラメータとした海面の光線射出率の天頂角依存性（Masuda, 1998, Fig. 4 (a)）
波長 11 μm，複素屈折率 1.162-0.0938i のときの値．

項で触れたように波（したがって風）の状態によって反射特性が変わるので，射出率も風速によって変わる．たとえば，図 2.16 は，風速の違いによる海面疎度をモデル化して計算した光線射出率の角度依存性を表す．海面に対して 70° より大きな天頂角で観測する場合には，風速の影響が大きいことが示されている．

(2) フラックス射出率

フラックス射出率 $\varepsilon^f(\lambda)$ は，光線射出率 $\varepsilon^b(\lambda, \theta)$ を角度 θ について平均して，次式のように書き表すことができる．

$$\varepsilon^f(\lambda) = \frac{\int_0^{\pi/2} \varepsilon^b(\lambda, \theta) B_\lambda(T_s) \cos\theta \sin\theta d\theta}{\int_0^{\pi/2} B_\lambda(T_s) \cos\theta \sin\theta d\theta} = 2\int_0^{\pi/2} \varepsilon^b(\lambda, \theta) \cos\theta \sin\theta d\theta \\ = 2\int_0^{\pi/2} [1 - \chi^b(\lambda, \theta)] \cos\theta \sin\theta d\theta \quad (2.15)$$

ここに，$B_\lambda(T_s)$ は地表面温度 T_s でのプランク関数を表し，黒体放射は等方的であるとしている．光線射出率が図 2.16 に示されるような角度依存性をもつ場合には，$\varepsilon^f(\lambda)$ の値は面に垂直な方向の光線射出率 $\varepsilon^b(\lambda, 0)$ の値よりも小さくなる．たとえば，静止した水面の場合，赤外窓領域の波長に対して，垂直光線射出率は $\varepsilon^b(0) \approx 0.993$ であるが，フラックス射出率は $\varepsilon^f \approx 0.95$ となる．一方，自然地表面の光線射出率の角度依存性についてはあまり測定されていない．また，光線反射率の波長依存性についても，数種類の土壌サンプルに対して実験室でのスペクトル測定がなされているものの，多様な自然地表面のフラックス射出率の波長特性については依然として不明な点が多い（たとえば，WCRP/WMO, 1986）．ただし，赤外波長域においては，地表面と大気との間の実質的な放射の交換は，波長 8〜14 μm の窓領域において行われるので，特にこの波長域の射出率の精度を高めることが重要である．代表的な自然地表面の赤外放射フラックスの射出率の値が，前出の表 2.1 にまとめられている．なお，マイクロ波領域の射出率については，大気リモートセンシングとの関連で第 7 章で紹介する．

3章 気体吸収帯

本章では，気体分子の吸収線の成り立ちと局所熱力学的平衡の物理的な意味の理解を目指す．気体分子による放射の吸収・射出のメカニズムは，量子力学に立脚した分子分光学の分野において確立されており，大気放射学はその成果を地球大気の環境に応用する．気体吸収帯の構造についての基礎的な知識は，放射伝達方程式の計算法や分光測定による吸収気体のリモートセンシング技術の開発などにおいて必要である．ここでは，古典物理学のモデルを援用して，気体吸収帯の形成メカニズムの定性的な理解を目指す．

3.1 気体分子の吸収帯

はじめに地球大気に含まれる放射に活性である主要な気体の吸収帯を概観する．図3.1は，主な気体成分の吸収断面積（absorption cross-section）の波長分布を示す（Bohren and Clothiaux, 2006）．この図は地球大気中の各気体成分の吸収帯の位置（波長）と吸収の強さを表している．縦軸の吸収断面積は，気体成分の体積吸収係数をその分子の数密度で割ったものとして定義され，分子1個あたりの吸収能力を表す．後出の3.4節で述べるように，吸収断面積は気圧と温度の関数である．吸収断面積のスペクトルは，地表面条件における吸収線データ（3.4.2項（4）参照）を用いた詳細な計算により再現されたものである．図には，各気体成分の吸収断面積の値は，ごく狭い波長範囲内においても激しく，かつ何桁にもわたって大きく変わることが示されている．微細な縦線が吸収線（absorption lines）を表し，それらが群れ集まって山を成している部分を吸収帯（absorption bands）と呼ぶ．前章の図2.8に示した各気体成分による大気の透過率は，各波長の吸収断面積と分子の数密度との積を大気全体の高度にわたって積分して得られる光学的厚さから，(1.41)式により求まる．図3.1と図2.8とを見比べると，可視域では吸収が弱く，分子大気はほぼ透明であることがわか

3.1 気体分子の吸収帯　　57

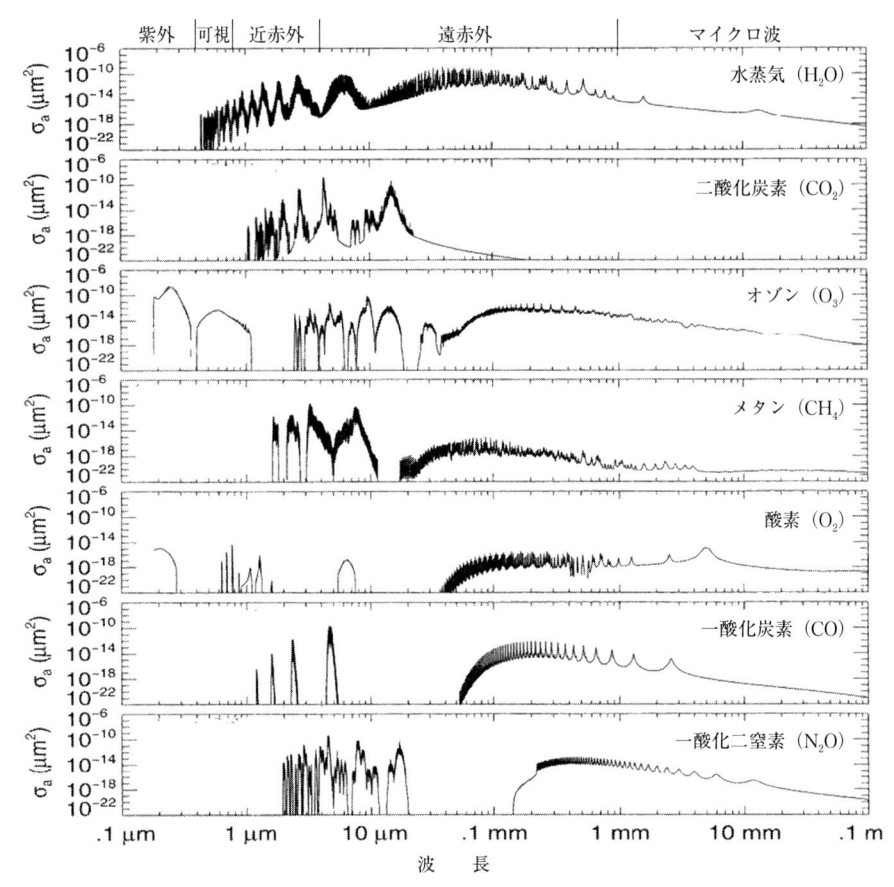

図3.1 主な吸収気体の1分子あたりの吸収断面積 σ_a の波長分布（Bohren and Clothiaux, 2006, Fig. 2.12）地表面条件（気圧1013 hPa，温度294 K）におけるライン-バイ-ライン計算により再現した吸収スペクトル．

る．一方，波長が $0.3\,\mu m$ より短い紫外線領域ではオゾン（O_3）によりほぼ完全に吸収される．また，近赤外から遠赤外域にかけては，水蒸気（H_2O）を主として二酸化炭素（CO_2），O_3，メタン（CH_4）などの微量気体成分による吸収帯が密集していることが示されている．各気体分子の吸収帯は，気体分子ごとに決まった位置に現れ，強弱さまざまな多数の吸収線の群れとして構成されている．そして，それぞれ吸収線や吸収帯の形成には量子力学に従った規則性がみられる．以下の節では，2原子分子の単純化したモデルを用いて，気体分子の吸収帯の形

成メカニズムを述べる．

3.2 エネルギー準位と双極子モーメント

　気体の分子は，熱運動で自由に動き回ると同時に，その重心のまわりの回転や振動の運動も行っている．気体分子による放射の吸収・射出は，分子と放射との間におけるエネルギー交換の過程であり，分子の内部エネルギーの変化を伴う．一般に，1個の分子のもつエネルギーは，運動エネルギーと内部エネルギーの和であり，これらは個々のエネルギーモード間の相互作用を無視すると，

$$E_{\text{total}} = E_t + E_{\text{int}} = E_t + (E_e + E_v + E_r) \tag{3.1}$$

と書き表せる．ここに，E_t は並進運動のエネルギー（translational energy）であり，連続した値をとりうる．すなわち，エネルギーの大きさは量子化されていない．一方，内部エネルギー E_{int} は，電子エネルギー（electronic energy）E_e，振動エネルギー（vibrational energy）E_v，および回転エネルギー（rotational energy）E_r の3つのモードに分けることができる．これら3モードのエネルギーはそれぞれ飛び飛びの値をとるように量子化されている．量子化された各エネルギー準位のうち，とりうる最低の準位を基底状態といい，それより高い準位を励起状態と称する．放射の吸収は，分子が光子（photon）をとらえて，その結果分子の内部エネルギーがより高い準位へ移る（遷移という）ことであり，逆に，放射の射出は，高い内部エネルギー準位にある分子が光子を放出してより低い準位に遷移することである．ただし，放射の吸収・射出において，エネルギー準位間の遷移は，エネルギーモードごとにある選択則（selection rule）に従うことが要請される．すなわち，原則として選択則を満たす遷移のみが許される．このとき，吸収あるいは射出される光子の振動数 $\tilde{\nu}$ は，遷移する準位間のエネルギー差 ΔE_{int} に比例し，次式のように表せる．

$$h\tilde{\nu} = \Delta E_{\text{int}} = (E'_e - E''_e) + (E'_v - E''_v) + (E'_r - E''_r) \tag{3.2}$$

ここに，h はプランク定数である．また，E' および E'' は，それぞれ各モードにおける高位および低位のエネルギー準位を表す．このうち，電子エネルギー E_e の準位間の遷移は，エネルギー範囲が $1 \sim 10$ eV にあり，可視光線から紫外線の吸収・射出に相当する．ここに，1電子ボルト（1 eV）は，1個の電子が1ボ

ルトの電位差で加速されて得るエネルギーであり，1.602×10^{-19} J に等しい．これは，波数が約 8000 cm^{-1} の光子エネルギーに相当する．一方，振動エネルギー E_v の準位間の遷移は 0.1～1 eV のエネルギー範囲にあり，近赤外域の光子エネルギーに相当する．また，回転エネルギー E_r の準位間の遷移は 0.1 eV よりずっと小さく，遠赤外からマイクロ波領域の光子エネルギーに相当する．このように内部エネルギーの3つのモードの間には，大きなエネルギー差があるので，遷移メカニズムを考える場合にそれぞれを分離して扱うことができる．連続スペクトルの放射の吸収においては，エネルギー準位の高いモードの遷移が起きる場合，それより低いモードの遷移も同時に起こりうる．その例が，振動遷移に伴って多数の回転遷移が起きることによって，振動遷移の波長の周辺に多数の回転遷移の吸収線が集中して現れる振動-回転吸収帯である．図3.1において近赤外から遠赤外領域にみられる多くの吸収帯がこれにあたる．

各内部エネルギーモードにおいてどのような準位間の遷移が起きやすいかは，それぞれのエネルギー準位にある分子の存在数（population）に関係する．温度 T で熱平衡状態にある気体の分子がエネルギー E の状態に存在する確率は，ボルツマン因子（Boltzmann factor）と呼ばれる $\exp(-E/\kappa_B T)$ に比例することが知られている（κ_B はボルツマン定数）．これにより，熱平衡状態にある気体のエネルギー準位 E' および E'' に存在する分子数 N' および N'' の比 N'/N'' は，次式のように書ける:

$$\frac{N'}{N''} \approx \frac{\exp(-E'/\kappa_B T)}{\exp(-E''/\kappa_B T)} = \exp\left[-\frac{(E'-E'')}{\kappa_B T}\right] \tag{3.3}$$

ここに，指数部の分母 $\kappa_B T$ は，分子1個あたりの並進運動エネルギーの平均値 ($K_E = \kappa_B T/2$) に対応している．(3.3) は，この平均運動エネルギー K_E に比べて，遷移する準位間のエネルギー差 $\Delta E = (E'-E'')$ が大きいほど，低準位の分子数に比べて高準位の分子数が急激に小さくなることを表している．$\kappa_B T$ の大きさを波数単位に変換（$\kappa_B T/hc$）して表すと，温度 $T=273$ K に対しては約 190 cm^{-1} となる．気体分子の電子準位間 ΔE_e の代表的な大きさは，10000 cm^{-1} のオーダーであるので，(3.3) の値はほとんどゼロとなる．すなわち，地球大気の温度環境のもとでは，ほとんどの分子が電子エネルギーに関して基底状態にあり，励起状態にある分子数は皆無に近い．したがって，光を吸収する電子遷移は基底状態から第1励起状態への遷移によって起きる．ちなみに，太陽のように高

温の場合には，高位の電子準位へ励起された分子や原子が多数存在しうるので，いろいろな準位間の電子遷移が同時に起こりうる．一方，振動エネルギー準位の代表的な間隔は 1000 cm^{-1} の程度であり，温度 $T=273$ K に対して分子数の比率は $N'/N'' \approx 0.005$ と小さな値であるので，この場合も基本的には基底状態から第 1 励起状態への遷移が卓越する．また，回転遷移に関しては，そのエネルギー準位の代表的な間隔は 10～100 cm^{-1} であるので，$1>N'/N''>0.5$ となる．したがって，地球大気の温度環境では，数多くの分子がいくつかの高位の回転エネルギー準位にわたって存在すると期待できる．

ところで，気体分子があるエネルギー（波数）の放射（光子）を吸収あるいは射出して振動や回転のエネルギー準位の遷移が起きるためには，その分子は，電気双極子や磁気双極子などの双極子モーメント（dipole moment）をもたなければならない．その場合，双極子モーメントは，分子の原子配列による恒常的なものだけでなく，分子の振動による変形で誘起される一時的なものであってもよい．双極子モーメントをもつ分子は，分子の回転や振動に伴って双極子モーメントが時間変動するので放射との相互作用を引き起こす．特に，分子構造による永久電気双極子の存在が重要であり，それを有する分子を極性分子と呼んでいる．

水分子（H_2O）は，原子配列に起因する強い永久電気双極子をもつ典型的な極性分子である．図 3.2 に示すように水分子は，2 個の水素原子が酸素原子を頂点として 104.5°の角度を成し，水素原子と酸素原子が互いの電子を共有し合う形で結合している．水分子の正電荷（陽子）の総数と負電荷（電子）の総数は等しく，全体として電気的に中性であるが，このような分子構造により，水素原子核（プロトン）の正電荷と共有されない電子の負電荷の重心位置が一致せず，電気

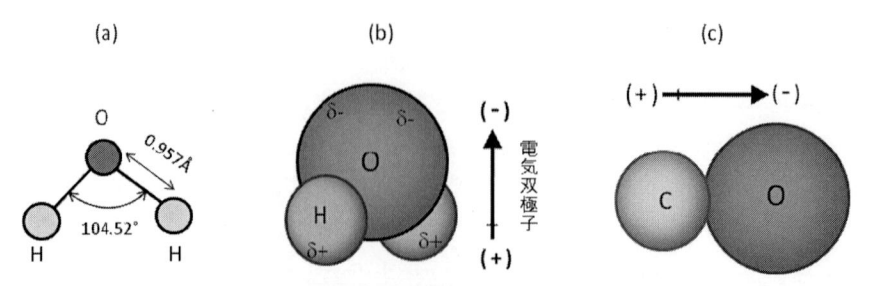

図 3.2 気体分子の原子配列と電気双極子の模式図
(a) 水分子 H_2O の原子の配列．(b) 偏った電荷分布による水分子の電気双極子．(c) 異核 2 原子分子の一酸化炭素 CO の電気双極子．

双極子をつくりだしている．一方，地球大気の主成分である窒素分子（N_2）は，2個の窒素原子からなり双極子モーメントをもたないので，基本的に振動遷移や回転遷移を起こさない．これが，窒素分子が近赤外域からマイクロ波領域に顕著な吸収帯をもたない理由である．窒素分子に次いで豊富な酸素分子（O_2）も等核2原子分子であるので電気双極子を有しないが，外殻電子の軌道運動に起因する磁気双極子をもつ．一般に磁気双極子は電気双極子に比べてごく弱いものであるが，酸素分子は地球大気に豊富に存在するので，マイクロ波領域の60 GHzなどに回転遷移による強い吸収帯をもつ（7.5.1項参照）．2原子分子であっても，一酸化炭素（CO）や塩化水素（HCl）などの異なる原子が結合した分子は電気双極子モーメントをもつ．分子構造による永久双極子モーメントを有する分子は純粋の回転遷移による吸収帯をつくりうる．他方，二酸化炭素（CO_2）は，炭素原子の左右に酸素原子が線形に結合した対称な形をしているので，永久的な電気双極子も磁気双極子ももたない．したがって，CO_2 には純粋な回転吸収帯は存在しない．しかし，CO_2 分子も変形を伴うような振動をすると，電荷分布に偏りが生じて電気双極子が誘発される（図3.6（b）参照）．これにより振動-回転の吸収帯が生じる．次節では，双極子モーメントをもつ2原子分子をモデルにして，気体分子による振動-回転吸収帯の形成機構を概観する．

3.3 吸収線の形成

3.3.1 2原子分子の回転遷移

前節において，放射が吸収されて気体分子が回転（または振動）遷移を起こすとき，あるいは逆に回転（または振動）している分子が放射を射出する場合には，その分子は電気的あるいは磁気的な双極子モーメントをもっていなければならないことを述べた．そのような極性分子が回転（あるいは振動）するとき，その双極子モーメントの大きさが時間変動して，あたかも電気双極子が振動しているのと等価になる．図3.3に，2原子の極性分子が紙面上を時計回りに回転する場合の電気双極子モーメントの時間変化の様子を模式的に示す．放射場の中で回転する分子の回転周期が放射（電磁波）の振動周期（周波数）と等しい場合に，電磁波のエネルギーを吸収して双極子モーメントの強い共鳴振動が起きる．これは古典物理学的な放射吸収のイメージであり，任意の回転周期（すなわち回転エネルギー）が許されるとする．

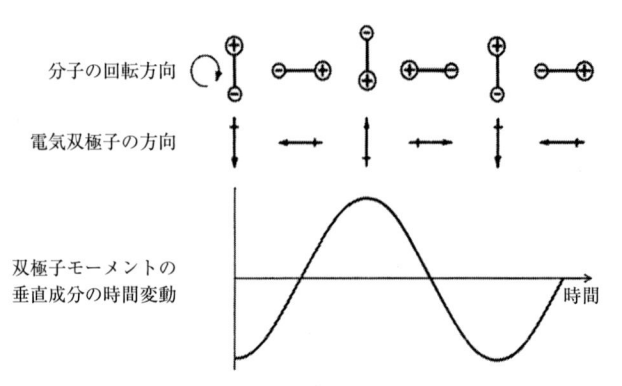

図3.3 極性の2原子分子の回転に伴う電磁双極子モーメントの時間変動を表す模式図 (Banwell, 1983)

他方,量子力学によると,吸収が起きる場合の分子の回転周期(角速度)や回転エネルギーは飛び飛びの値に量子化されている.それによると,回転に伴う遠心力によって原子核間の距離が変わらないとする剛体回転子モデルの場合,回転エネルギー準位 E_r は次式で与えられる.

$$E_r = \frac{h^2}{8\pi^2 I} \cdot J(J+1) \tag{3.4}$$

ここに,I は分子の回転軸のまわりの慣性モーメントである.J は回転エネルギー準位を表す量子数であり,ゼロまたは正の整数である.$J=0$ は回転エネルギーの基底状態,$J=1, 2, \cdots$ は,それぞれ第1,第2,$\cdots$の励起状態に相当する.量子力学はさらに,回転によってエネルギー準位の遷移が起きる場合の回転量子数の変化量 ΔJ は,次の選択則を満たすことを要求する.

$$\Delta J = J' - J'' = \pm 1 \tag{3.5}$$

ここに,J' および J'' は,それぞれ高位および低位の回転量子数である.いま,$\Delta J = +1$(すなわち,$J' = J''+1$)なる遷移を考えてみよう.これは,純回転の遷移による放射の吸収に当てはまる.この選択則を(3.4)に当てはめると,回転遷移に伴う吸収線の波数は,次式で与えられる.

$$\begin{aligned}\nu &= \frac{\Delta E_r}{hc} = \frac{h}{8\pi^2 cI} \cdot [J'(J'+1) - J''(J''+1)] \\ &= 2B_0(J''+1)\end{aligned} \tag{3.6}$$

3.3 吸収線の形成

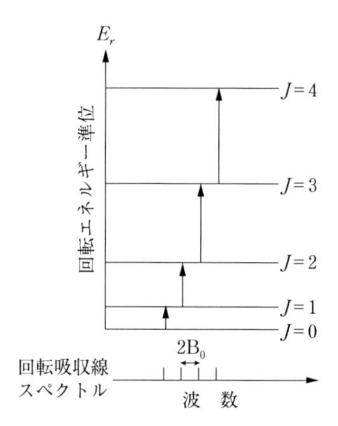

図3.4 (3.4)式の回転エネルギー準位と $\Delta J = +1$ の遷移に伴う回転吸収線スペクトルの模式図

ここに，$B_0 \equiv h/(8\pi^2 cI)$ は，回転定数と呼ばれる分子の回転軸に固有の定数である．このように，回転エネルギー準位間の1つの遷移が1本の吸収線を生み出す．また，気体分子は多くの励起状態にわたって存在しうるので，低位の回転量子数 J'' の異なる値に対応した数多くの吸収線が同時に生じることになる．しかも，(3.4)で与えられる回転エネルギー準位は不等間隔であるが，隣り合う量子数の吸収線は $2B_0$ の波数間隔で等間隔に現れる．この様子を図3.4に模式的に示す．2原子分子の規則的な回転スペクトルの例が，図3.1のCOの遠赤外からマイクロ波域にかけての回転吸収帯にみられる．

3.3.2 2原子分子の振動遷移

次に，2原子分子の振動遷移に伴う吸収線の形成を考える．前項の回転遷移では，2原子分子を原子核間の距離が固定された剛体回転子として簡単化したが，ここでは分子を，構成する2つの原子があたかもバネで結合された状態の調和振動子とみなす（図3.6 (b) 参照）．2原子分子の可能な振動は，結合軸に沿った伸縮運動のみである．原子核間の平衡距離 r_0 は，原子を結びつける結合力と原子核間の斥力との釣り合いで決まる．外力により原子核間距離が r に変わった場合，それらの力が $(r_0 - r)$ に比例した復元力 $-f \cdot (r_0 - r)$ として働き，振動が生じる．ここに，f は原子間の力（バネの強さ）を表す定数である．振動によって

原子核間の距離が変化するので、双極子モーメントの大きさも時間変化し、その分子は放射を吸収・射出することができる。

量子力学によると、調和振動子エネルギー E_v の固有値は次式で与えられる。

$$E_v = \left(\frac{h}{2\pi}\right)\left(\frac{f}{m^*}\right)^{1/2}\left(v+\frac{1}{2}\right) \\ = h\tilde{\nu}_e\left(v+\frac{1}{2}\right) \tag{3.7}$$

ここに、$\tilde{\nu}_e \equiv (f/m^*)^{1/2}/2\pi$ は調和振動子の共鳴振動数（m^* は分子の置換質量）である。v は振動エネルギー準位を表す量子数であり、ゼロまたは正値の整数である（$v=0, 1, 2, \cdots$）。(3.7) 式により、調和振動子のエネルギー準位は等間隔（$\Delta E_v = h\tilde{\nu}_e =$ 一定）であることがわかる。また、このエネルギー間隔 ΔE_v は、古典物理学による調和振動子の共鳴振動数（$\tilde{\nu}_e$）に比例する。調和振動子の振動遷移が起きる場合、振動量子数は次の選択則を満たさなければならない。

$$\Delta v = v' - v'' = \pm 1 \quad (\text{ただし、} v''=0 \text{からの} \Delta v = -1 \text{を除く}) \tag{3.8}$$

これに従って、純粋の振動遷移による吸収線は、波数（または振動数）で等間隔に離散して生じる。ただし、地球の温度環境では、3.2 節でみたように、基底状態（$v''=0$）と第 1 励起状態（$v'=1$）との間の遷移が卓越する。

3.3.3 2 原子分子の振動-回転遷移

前述のように、振動エネルギー準位の遷移（ΔE_v）は回転エネルギー準位の遷移（ΔE_r）よりも大きいので、振動遷移が起きる場合には、同時に回転遷移を伴う。この場合のエネルギー遷移の大きさは、振動遷移に乗った回転遷移の結果として決まる。したがって、吸収線スペクトルの基本的構造は、振動遷移による中心波数のまわりに、一連の回転遷移に伴う多数の吸収線が群がった構造となる。これを振動-回転帯（vibrational-rotational bands）と呼ぶ。2 原子分子の場合の振動-回転遷移のエネルギー準位 E_{vr} は、第 1 近似としては、前 2 項の結果の重ね合わせとして表すことができる。すなわち、(3.4) および (3.7) より、次式で近似できる。

$$E_{vr} = h\tilde{\nu}_e\left(v+\frac{1}{2}\right) + chB_0 \cdot J(J+1) \tag{3.9}$$

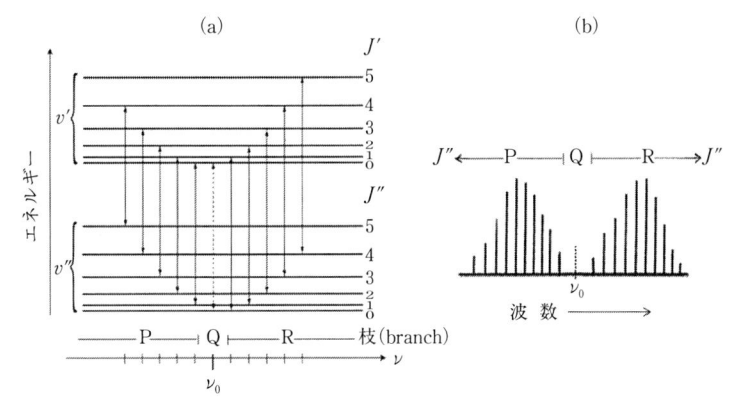

図 3.5 (a) 振動-回転遷移および (b) 吸収線強度分布の模式図
(a) 2原子分子の場合には，$\Delta J=0$ の回転遷移はない．波数 ν_0 は $\Delta v=+1$ の純振動の遷移による吸収線の位置を表す（Petty, 2004, Fig. 9.3）.

このエネルギー準位間の遷移は，(3.8) と (3.5) の両方の選択則に従うものが許される．たとえば，$\Delta v=+1$ の振動遷移に乗った $\Delta J=+1$ と $\Delta J=-1$ の遷移が同時に起こりうる．図 3.5 に模式的に示すように，$\Delta J=+1$ の回転遷移に伴う吸収線は $\Delta v=+1$ の振動遷移の波数 ν_0 より高い波数側に，また，$\Delta J=-1$ の回転遷移に伴う吸収線は ν_0 より低い波数側に，それぞれ等間隔に現れる．$\Delta J=+1$ および $\Delta J=-1$ の回転遷移に伴う吸収線群を，それぞれ R 枝（R-branch）および P 枝（P-branch）の吸収線と呼ぶこともある．なお，多原子分子では，振動遷移に伴い $\Delta J=0$ の回転遷移も許容される場合もあるので，それによる吸収線群を Q 枝（Q-branch）と呼ぶ（3.3.4 項参照）．Q 枝の吸収線は ν_0 の位置に重なって現れるので，非常に強い吸収となる．

ところで，図 3.5 (b) に模式化された P 枝および R 枝の吸収線強度の回転量子 J'' に依存したスペクトル分布は，各 J'' 準位にある 1 個の分子が回転遷移しうる確率とその準位に存在する分子数との積に比例する．この積は，各回転準位の遷移確率 $P(E_{J''})$ を表す．$P(E_{J''})$ は，回転エネルギー準位（(3.4) 式）をボルツマン因子に代入して得られる分子の存在率とエネルギー準位の多重度（縮退）を考慮することにより，次式のように書き表せる（たとえば，会田，1982, Eq. (5.59)）.

$$P(E_{J''}) \propto \begin{cases} (J''+1)\exp\left[-\dfrac{hcB_0 J''(J''+1)}{\kappa_B T}\right] & \text{(R枝)} \\ J''\exp\left[-\dfrac{hcB_0 J''(J''+1)}{\kappa_B T}\right] & \text{(P枝)} \end{cases} \quad (3.10)$$

これは，図3.5（b）に示されるような振動-回転帯の吸収線の相対的な強度分布を表す．たとえば，R枝の吸収線強度は，回転量子数 J'' が小さい準位に対してはエネルギー準位の多重度（$J''+1$）の項（P枝に対しては J''）に比例する効果が勝って J'' とともに増大するが，大きな J'' に対してはボルツマン因子の指数項の減衰効果の方が効いて減少する．したがって，ある中間の J'' 値で極大となるようなスペクトル分布となる．

以上は，2原子分子を剛体回転子と調和振動子の組み合わせとしてモデル化した場合の結果である．実際には，分子を完全剛体と単純化しては振動が入りえないので，伸縮振動などに伴う原子核間距離の変動の効果を考慮する必要がある．また，分子の伸縮振動の復元力は平衡距離 r_0 からの変位に対して対称ではない．実際の振動の位置エネルギー分布は，準位が高くなるにつれ調和振動子の対称な分布から大きくずれる．そして，原子核間の距離が大きくなりすぎると，結合力を振り切って分子は個々の原子に解離することがある（後出の図3.7参照）．したがって，(3.9) の振動-回転のエネルギー準位は，これらの非剛体回転や非調和振動，およびそれらの相互作用の効果を考慮して修正されなければならない．量子力学に基づく定量的な評価によると，これらの補正項は剛体回転のエネルギー B_0 に比べて1桁以上も小さいので，2原子分子の振動-回転帯スペクトルの基本的構造は，(3.9) の振動-回転エネルギー準位によって決まる．ただし，回転および振動の量子数が増大するにつれて補正項の大きさも増大することが示されている．これらの効果により，現実の振動-回転帯の吸収線のスペクトルは，等間隔の波数配置が少しずつ崩れたものになる．

3.3.4　多原子分子の振動-回転帯

これまで，2原子分子の振動-回転帯の吸収線スペクトルの形成機構をみてきた．3個以上の原子からなる多原子分子の吸収線スペクトルは，2原子分子に比べると非常に複雑なものになる．これは，多原子分子の回転および振動に数多くのモードがあり，また，それら多様な運動モード間の相互作用も効いてくること

3.3 吸収線の形成

による．まず，多原子分子の回転運動であるが，重心のまわりの回転の自由度は，直線分子の場合には2，非直線分子の場合には3であり，その自由度の数だけの重心を通る慣性主軸のまわりの回転運動が許される（図3.6（a）参照）．これらの主軸に対応する慣性モーメントの値が違えば，回転主軸（モード）によって回転定数 B_0 の値も異なることになる．さらに，原子量の異なる同位体が混在すると，質量や慣性モーメントが異なり，同じモードの遷移であっても吸収線の位置がわずかにずれる．したがって，異なるモードの回転遷移が同時に起きれ

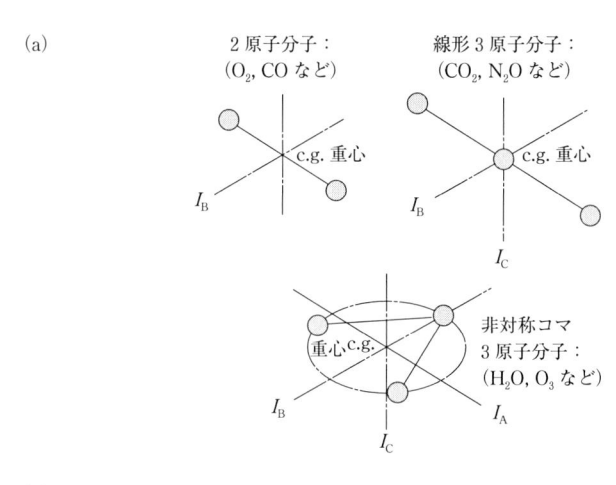

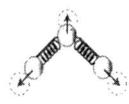

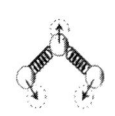

図3.6 （a）気体分子の回転モードと（b）振動モードの模式図
(a) 記号 I_A, I_B, I_C は，慣性主軸のまわりの慣性モーメントを表す（柴田，1999，図5.2修正）．
(b) 記号 ν_1, ν_2 および ν_3 は，それぞれ対称伸縮，変角，および反対称伸縮の振動モードを表す（Petty, 2004, Fig. 9.3を改変）．

ば，吸収線スペクトルはそれぞれの回転モードや同位体による違ったスペクトルが重なりあって大変複雑なものになることが予想される．遠赤外線領域に現れる水蒸気やメタンの純回転スペクトルの複雑な様相はその一例である（図3.1参照）．多原子分子の振動についても，2原子分子に比べて多くのモードがある．一般に，N個の原子からなる分子の調和振動の自由度は，分子が直線形の場合には$(3N-5)$，非直線形の場合には$(3N-6)$個である．図3.6 (b) に主な吸収気体の基準振動モードを模式化した．3原子分子の基準振動モードには，対称伸縮 (ν_1)，反対称伸縮 (ν_3) および変角 (ν_2) の3つのモードがある．直線形の3原子分子の変角モード (ν_2) は，紙面に平行な振動と垂直な振動があり，これらの振動エネルギーは同じである．このような状態を2重に縮退しているという．3原子分子の振動エネルギー準位を，3つの基準調和振動モードの振動量子数 (v_1, v_2, v_3) の値を用いて表し，光吸収による遷移を $(v_1', v_2', v_3') \leftarrow (v_1'', v_2'', v_3'')$ などと表記する．

多原子分子の振動‒回転遷移の選択則は，各基準振動モード ($v_i (i=1, 2, 3)$) に対して，

$$\Delta J = 0, \pm 1$$
$$\Delta v_i = \pm 1 \quad (\text{ただし，} v_i = 0 \text{の場合の} \Delta v_i = -1 \text{を除く}) \quad (3.11)$$

となる．ただし，CO_2 や N_2O などの直線分子の場合，ν_1 モードおよび ν_3 モードの振動に対しては，$\Delta J = 0$ 遷移は禁制されている．したがって，この場合の振動‒回転帯にはQ枝の吸収線は原則として存在しない．もっとも，CO_2 分子の ν_1 モード振動では分子構造の対称性により双極子モーメントが誘起されないので，振動‒回転の遷移は起きない．直線分子でも ν_2 モードの振動遷移に対しては，$\Delta J = 0$ の回転遷移が許され，Q枝も生じる．CO_2 の $15\mu m$ 吸収帯の主な成因は ν_2 モードの振動遷移によるもので，その中心部は非常に強いQ枝の吸収線で成り立っている．$\Delta v_i = \pm 1$ の振動遷移は，各モードの調和振動子の振動数 $\tilde{\nu}_{e,i}$ と等しい振動数の基準吸収帯（fundamental bands）を生じる（3.3.2項参照）．特に，基底振動状態 ($v_i'' = 0$) と第1励起状態 ($v_i' = 1$) との間の遷移は，最も強い基準吸収帯をつくりだす．実際の多原子分子では，非調和振動の効果として，$\Delta v_i = \pm 2, \pm 3, \cdots (i=1, 2, 3)$ の遷移による倍振動帯（overtone bands）や異なる振動モードの遷移が組み合った結合帯（combination bands）などが現れる．2原

子分子に比べて，多原子分子の回転スペクトルや振動-回転スペクトルの複雑な様子は，図3.1からもうかがえる．なお，主な吸収気体の振動-回転帯の遷移モード，中心波数，吸収線強度などに関するデータは，Goody and Yung (1989) などを参照されたい．

3.3.5　2原子分子の電子遷移

吸収線形成の最後に，電子エネルギー準位の遷移に伴う吸収線について簡単に触れる．3.2節で述べたように，可視から紫外域の波長範囲の太陽放射の吸収は，通常，分子を構成する原子の最も外側の軌道を回る電子が基底状態から第1励起状態へ遷移することによって生じる．もっと内側の電子はより強く原子核と結びついており，その遷移は紫外線よりも短いX線波長の光子に関係する．さて，電子エネルギー準位間のエネルギー差は非常に大きいので，電子遷移が起きる場合には通常，振動および回転の遷移も同時に起こりうる．したがって，それらの可能な組み合わせの結果として，気体分子の電子遷移に伴う吸収線スペクトルは，一般に複雑なものになることが予想される．電子エネルギー準位の遷移による吸収線の形成を理解する一助として，2原子分子の遷移パターンを図3.7に模式的に示す．図中，下部のポテンシャル曲線は，基底状態にある電子の位置

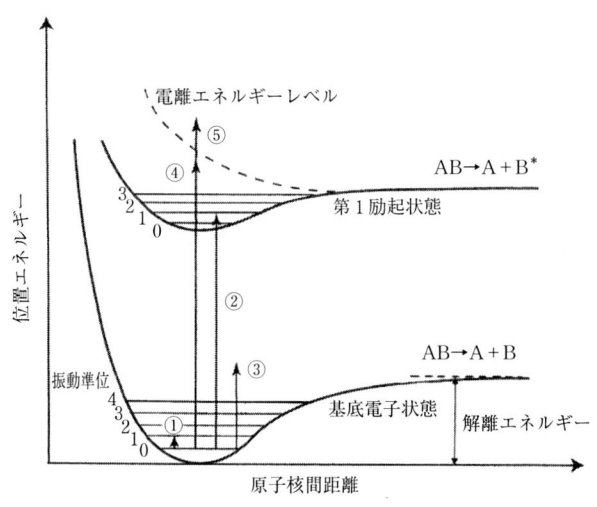

図3.7　2原子分子の電子遷移の模式図
詳細は本文を参照．

エネルギーを原子核間距離の関数として表す．この曲線は井戸型ポテンシャルと呼ばれる形をとり，井戸の最も深い位置が原子間の結合引力と斥力が釣り合った安定な原子核間距離を表す．井戸の中の等間隔の水平線は，振動エネルギーの準位を表す．原子核間距離が十分に大きくなると，曲線は一定値に近づく．この値は，たとえば電子準位が基底状態にある2原子分子ABが原子Aと原子Bとに解離するのに必要な位置エネルギーに相当する．同様に上部のポテンシャル曲線は，電子が第1励起状態にある場合の位置エネルギーを表す．ただし，この場合の解離エネルギーは，分子ABが中性原子（たとえばA）と励起電子状態あるいは電離（イオン化）した原子（たとえばB^*）とに分離するのに必要なエネルギーを表す．図3.7に，番号のついた縦線で可能な遷移パターンの例を示す．遷移①は，電子準位が基底状態にある分子が光子を吸収して，その振動準位が高位に遷移することを意味する．したがって，これは前項の振動遷移あるいは振動-回転遷移の場合に相当する．遷移②は，ある特定波長の光子を吸収して，振動遷移を伴いながら電子のエネルギー準位が基底状態から第1励起状態に遷移することを表す．遷移③および④は，分子が光を吸収して2個の原子に解離することを意味し，光解離（photodissociation）と呼ばれる．ただし，遷移④の場合には，どちらか一方の原子の電子が励起状態で解離される．また，ある電離（イオン化）のエネルギーレベルを超える遷移⑤は光電離（photoionization）を表す．この場合には解離した原子の1つは電子を失ってイオン化される．光解離および光電離による吸収スペクトルは，それぞれ解離および電離に必要なある特定のエネルギー（振動数）よりも高い振動数側に連続したスペクトルとして現れる．このとき，吸収された光子エネルギーのうち光解離および光電離に要するエネルギーを超えた分のエネルギーは，解離した原子や電離した原子あるいは自由になった電子の運動エネルギーに転化される．

2原子分子の電子遷移に伴う吸収スペクトルの例として，酸素分子O_2の紫外線領域のスペクトルを図3.8に示す．波長175〜200 nmのシューマン・ルンゲ帯（Schumann-Runge band）は，振動遷移を伴った基底状態から第1励起状態への電子遷移による吸収帯であり，図3.7の遷移②に相当する．それより短い波長（高エネルギー）側の130〜175 nmの間のシューマン・ルンゲ連続帯（Schumann-Runge continuum）は，遷移④に相当する．また，オゾン層の形成過程で重要な酸素分子の光解離反応（$O_2 + h\bar{\nu}(\lambda < 242\,\mathrm{nm}) \rightarrow O + O$）に関与する

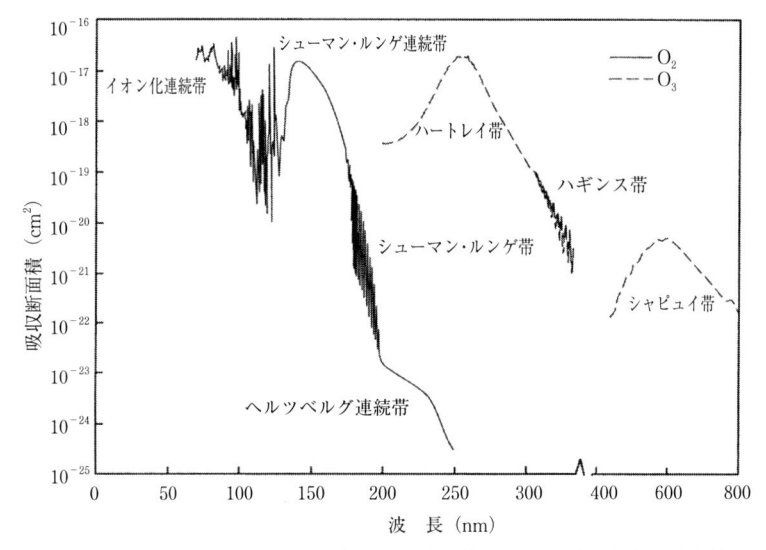

図 3.8 紫外線領域における 1 個の酸素分子 O_2（実線）およびオゾン分子 O_3（破線）の電子遷移に伴う吸収断面積の波長分布（Liou, 2002, Fig. 3.5）

波長 200～242 nm のヘルツベルグ連続帯（Herzberg continuum）は，遷移③に相当する．電離を伴う遷移⑤の例が，約 103 nm より短い波長域のイオン化連続帯（ionization continuum）にみられる．図には 3 原子分子であるオゾン O_3 の電子遷移に伴う吸収帯も示されている．最も強い吸収帯は，200～300 nm の波長域のハートレイ帯（Hartley bands）である．この波長域の太陽放射は上部成層圏から中間圏においてこの吸収帯によりほぼ完全に吸収されてしまう．ハートレイ帯の長波長側は比較的弱いハギンス帯（Huggins bands）につながる．この領域の太陽紫外線の大部分は成層圏で吸収されるが，波長が長くなるほど吸収が完全でないので地上に達する割合も増える．さらに，波長が約 440 nm の可視から 800 nm の近赤外域にかけてシャピュイ帯（Chappuis bands）と呼ばれる弱い吸収帯がある．この吸収帯は太陽放射スペクトルの主要部をカバーしており，太陽放射エネルギーの吸収に有意の効果がある（図 1.3 参照）．

3.4 吸収線形

3.4.1 吸収線の表現

これまでの吸収線形成の議論において，吸収あるいは射出される光子の波数

(または振動数)は，遷移する内部エネルギー準位間のエネルギー差 ΔE_{int} に比例して決まり，形成される吸収線はその波数 $\nu_0 = \Delta E_{int}/hc$ において単色（単一波長）のパルス状になることをみた．ただし，1.1.3項で述べたように厳密に単色な自然放射は検知（観測）できない．つまり，吸収線が純粋に単色であって，その波長（波数）分布に幅がなければ，その吸収線による放射輝度は値を有しないので（(1.4) 参照），大気中の放射伝達には何ら意味をもたない．しかし，次項で詳しくみるように，実際の大気中においては，気体分子の熱運動によるドップラー効果や他の空気分子との衝突効果により，吸収線に有限幅の広がりが生じる．吸収線が広がりをもつことは，放射エネルギーの伝播に重要な意味をもつ．そこで，広がりをもつ1本の吸収線を考え，その特性を波数空間で記述する．この場合，吸収線の位置すなわち中心波数，吸収線の形状，および吸収線の強さの3つの情報が必要となる．ここで，波数 ν での吸収の強さを表す吸収係数を k_ν とし，吸収線形を表す関数 $f(\nu - \nu_0)$ を導入すると，両者は次のように関連づけられる．

$$k_\nu = S f(\nu - \nu_0) \tag{3.12}$$

ここに，ν_0 は吸収線の中心波数である．また，S は吸収線強度（line intensity または line strength）と呼ばれ，吸収係数 k_ν を吸収線の広がりについて積分した値として定義される．これは数学的には，

$$S = \int_0^\infty k_\nu d\nu \tag{3.13}$$

と書き表すことができる．したがって，吸収線形関数（line shape function）$f(\nu - \nu_0)$ は，$\int_{-\infty}^\infty f(\nu - \nu_0) d\nu = 1$ と規格化されている．$f(\nu - \nu_0)$ の実際の関数形は，吸収線を広げるメカニズムに依存して異なる．共通する性質として，$f(\nu - \nu_0)$ の値は，波数 $\nu = \nu_0$ で最大値となり，$|\nu - \nu_0|$ の増大とともに単調に減少する．また，一般に吸収線形は，波数 ν_0 を中心にして左右対称な分布形になる．そこで，吸収線全体の広がりを，たとえば，$f(\nu - \nu_0)$ の値が最大値の半分になる波数における線幅 $|\nu - \nu_0|$ をパラメータとして表す．この線幅は半値半幅（half-width at half maximum）と呼ばれるもので，ときに半値幅（half-width）とも略称される．これを $\alpha_{1/2}$ の記号で表すと，$f(\alpha_{1/2}) = f(0)/2$ である．

3.4 吸 収 線 形

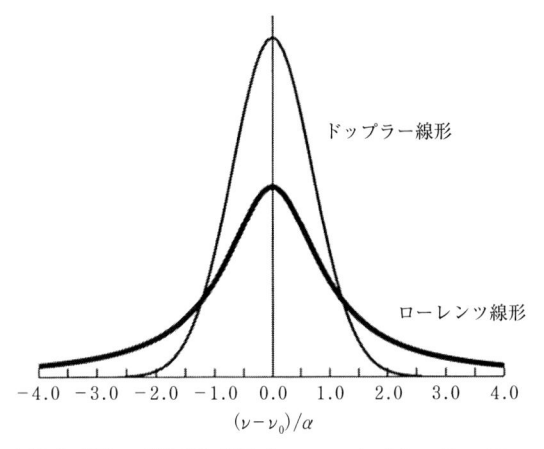

図3.9 等しい線強度と線幅 ($\alpha = \alpha_D = \alpha_L$) をもつドップラー線形とローレンツ線形の比較

3.4.2 吸収線の広がり
(1) ドップラー効果による広がり

気体分子による吸収線が幅を広げる主な原因は2つある．そのひとつは，分子の併進運動のドップラー効果（Doppler effect）である．これは，光源や音源が観測者に近づいたり遠ざかったりするときに，放射される光や音の振動数がずれる現象である．いま，波数 ν_0 の光子を吸収・射出する分子が観測者の視線方向に速度 V で動いているとき，観測される波数 ν は，$\nu = \nu_0(1 + V/c)$（近づく）あるいは $\nu = \nu_0(1 - V/c)$（遠ざかる）となる．ただし，c は光速である．気体分子の速度分布がマクスウェル・ボルツマン分布に従うとすると，ドップラー効果による吸収線形 $f_D(\nu - \nu_0)$ は，

$$f_D(\nu - \nu_0) = \frac{1}{\alpha_D \pi^{1/2}} \cdot \exp\left[-\frac{(\nu - \nu_0)^2}{\alpha_D^2}\right] \tag{3.14}$$

と書き表される．ここに，α_D はドップラー幅（Doppler width）と呼ばれるパラメータであり，次式で与えられる．

$$\alpha_D = \nu_0 \left(\frac{2\kappa_B T}{mc^2}\right)^{1/2} \tag{3.15}$$

ドップラー幅は，中心値 $f(0)$ の $1/e$ になるところの線幅 $|\nu - \nu_0|$ に相当し，気体の温度の平方根に比例する．これとドップラー半値幅 $\alpha_{1/2D}$ との間には，$\alpha_{1/2D} =$

$\alpha_D(\ln 2)^{1/2} = 0.8325\alpha_D$ なる関係がある. 図 3.9 にドップラー線形の例を図示した. ドップラー線形は,指数関数 $\exp[-(\nu-\nu_0)^2/\alpha_D^2]$ に依存するため中心部（$\nu \approx \nu_0$）で大きい値をとるが,中心から遠ざかるにつれ急速に減少する.

(2) 分子衝突による広がり

吸収線の幅が広がるもうひとつの原因は,気体分子が励起状態に存在しうる寿命の有限性にある. 量子力学の不確定性原理によると,時間変化する系の励起したエネルギー準位を厳密に指定することは不可能であり,系がある状態に平均して存在する時間すなわち寿命を δt とすると,そのエネルギー準位は $\delta E \approx h/(2\pi\delta t)$ 程度の大きさだけぼやける. したがって,エネルギー準位間の遷移に伴う吸収線の波数にぼやけ（すなわち線幅）が生じる. 寿命 δt が短いほど,励起エネルギー準位の不確定さ δE が大きくなり,吸収線幅も広くなる. 分子衝突の作用がないとしたときの励起状態の自然寿命は,大気中における分子間衝突の間隔よりもはるかに長い. したがって,自然寿命による線幅は分子間衝突がある場合に比べてきわめて狭く,通常は無視できる. 他方,励起した分子と他の分子との衝突は,その分子の励起状態の自然寿命を打ち切る効果があると考えられる. 分子間衝突の際の相互作用の正確な理論は確立されていないが,衝突作用による吸収線の広がり（collisional broadening）は,下記のローレンツ線形（Lorentz line shape）と呼ばれる関数 $f_L(\nu-\nu_0)$ で近似できることが知られている.

$$f_L(\nu-\nu_0) = \frac{\alpha_L}{\pi[(\nu-\nu_0)^2 + \alpha_L^2]} \quad (3.16)$$

ここに,α_L は,ローレンツ線形の半値半幅を与えるパラメータであり,ローレンツ半値幅（Lorentz half-width）と呼ばれる. これは,衝突と衝突の間の平均時間の逆数,つまり,単位時間あたりの衝突頻度にほぼ比例する. 衝突頻度は分子数,すなわち気圧に比例するので,この吸収線の広がりを圧力による広がり（pressure broadening）と呼ぶこともある. 気体分子運動論を借用すると,ローレンツ半値幅 α_L の気圧と気温に対する依存性は次式のように書き表せる.

$$\alpha_L(p, T) = \alpha_L(p_0, T_0)\left(\frac{p}{p_0}\right)\left(\frac{T_0}{T}\right)^n \quad (3.17)$$

ここに,$\alpha_L(p_0, T_0)$ は,ある基準の温度 T_0 と気圧 p_0 のときのローレンツ半値幅である. 温度依存を表す指数 n の値は,気体分子の種類によって異なるが,$n = 1/2 \sim 1$ の範囲にある. H_2O や CO_2 の振動-回転帯の吸収線に対する代表的な α_L

3.4 吸収線形

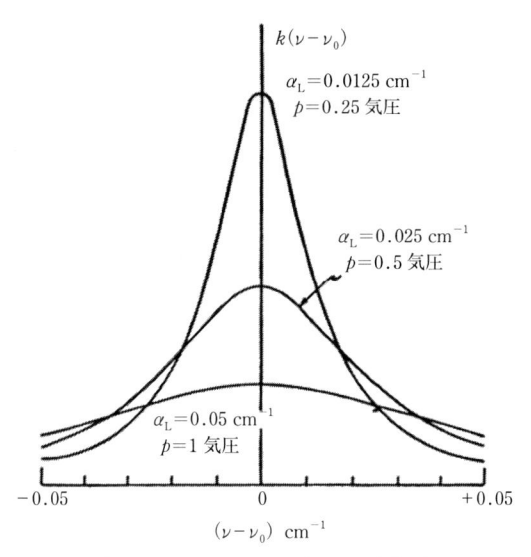

図3.10 圧力 p によるローレンツ幅 α_L の変化（Goody and Yung, 1989, Fig. 3.18）

(p_0, T_0) の値は，$T_0 = 273$ K および $p_0 = 1000$ hPa のとき $0.01 \sim 0.1$ cm^{-1} の範囲にある．図3.10にローレンツ半値幅の気圧による変化を図示した．圧力が高いほど吸収線が広くなる様子が示されている．

ローレンツ線形には2つの大きな欠陥がある．そのひとつは，吸収線の中心から離れた裾（far wings）の部分において，実験値に比べて過小評価になることである．このことは，後述する水蒸気の連続吸収帯の再現などに大きな影響を与える．もうひとつの問題点は，ローレンツ線形は $\alpha_L \ll \nu_0$ なる条件のもとではよい近似を与えるが，この条件が成立しないマイクロ波領域には適用できないことである．この場合には，ヴァン ヴレック-ワイスコップ（van Vleck-Weisskopt）の線形関数が用いられる（たとえば，Goody and Yung, 1989, (3.52)式参照）．

(3) ドップラー効果と分子衝突による線幅の比較

同じ線強度と線幅（$\alpha_L = \alpha_D$）をもつローレンツ線形とドップラー線形を図3.9にて比較した．ローレンツ線形は，ドップラー線形よりも中心部で弱く，裾部で強い分布となっている．ただし，ローレンツ線形は，図3.10にみられるように，気圧が低くなるにつれて中心部が卓越した狭い分布になる．どちらの線形がより有効であるかは，第1近似としては気圧（高度）に依存するので，高度ごと

の α_L と α_D との大小関係によって決めることができる．α_L と α_D の比は，近似的に $\alpha_D/\alpha_L \approx 10^{-12}(\tilde{\nu}_0/p)$ として与えられる．ただし，ここでは，吸収線中心の振動数 $\tilde{\nu}_0$ は [Hz]，気圧 p は [hPa] の単位で与える．図3.11に CO_2 と O_2 の吸収線の事例について，半値幅の高度分布を示す．ドップラー効果による広がりは高度 30 km より上空で重要になる．α_L と α_D とが同じ位の大きさの高度 20〜50 km の間では，両方の効果を組み込んだフォークト線形（Voight profile）と呼ばれる次式の関数形 $f_V(\nu-\nu_0)$ を用いる必要がある．

$$f_V(\nu-\nu_0) = \int_{-\infty}^{\infty} f_L(\nu'-\nu_0) f_D(\nu-\nu') d\nu' \tag{3.18}$$

フォークト線形を簡単に計算する近似式がいろいろ求められている（たとえば，Liou, 1992, pp. 30-31）．

(4) 吸収線パラメータ

吸収線強度 S は，低位のエネルギー準位に存在する1個の分子が光子を吸収して高位の準位に遷移を起こす確率と低位のエネルギー準位に存在する分子数との積に比例する．分子数はボルツマン因子により温度に関係するので，したがって線強度は温度に依存する．線強度の温度依存性は，振動と回転の相互作用の効

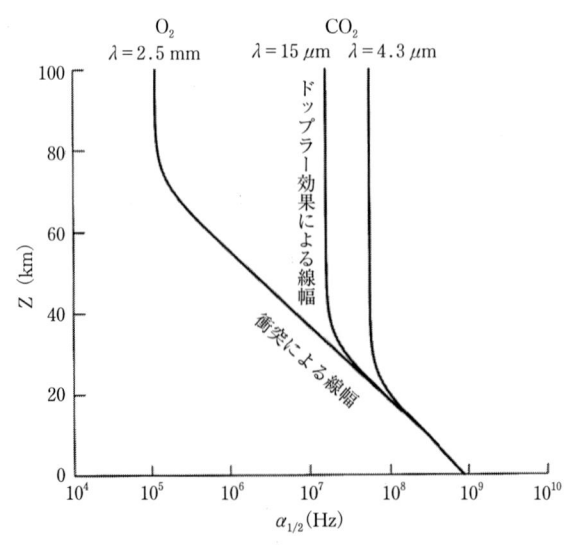

図3.11 二酸化炭素（CO_2）と酸素分子（O_2）の代表的な吸収線の半値幅 $\alpha_{1/2}$ の高度分布（Petty, 2004, Fig. 9.9）

果を無視すると次のように近似できる（たとえば，Liou, 1992, Eq. (2.2.22b)）．

$$S(T) \approx S(T_{\text{ref}})\left(\frac{T_{\text{ref}}}{T}\right)^m \exp\left[-\left(\frac{hcE''}{\kappa_{\text{B}}}\right)\left(\frac{1}{T} - \frac{1}{T_{\text{ref}}}\right)\right] \tag{3.19}$$

ここに，$S(T_{\text{ref}})$ は，ある基準の温度 T_{ref} における線強度を表す．温度依存の指数 m の値は，直線分子に対しては $m=1$，非直線分子に対しては $m=3/2$ と近似される．吸収線の特性を規定するパラメータを吸収線パラメータ（line parameters）と呼ぶ．これには，中心波数（ν_0），線強度（$S(T_{\text{ref}})$），半値半幅（α_{L}），温度依存を表す指数（m），回転遷移にかかわる低準位エネルギー（E''）などが含まれる．吸収線パラメータを編集した代表的なデータベースとして，下記の米国の HITRAN とフランスの GEISA などがあり，これらは随時更新されている．利用者は web で登録したうえで，ダウンロードして利用することができる．

- HITRAN（High resolution TRANsmission Molecular Absorption Database）：もともと米国空軍地球物理学研究所（US Air Force Geophysical Laboratory）で整備されたが，現在はフィリップス研究所（Phillips Laboratory）で維持されている．
  URL http://cfa-www.harvard.edu/HITRAN
  HITRAN2004 データベース（39 分子種，約 173 万本の吸収線）
- GEISA（Gestion et Etude des Informations Spectroscopiques Atmosphériques）
  URL http://ara.lmd.polytechnique.fr/htdocs-public/products/GEISA/HTML-GEISA/index.html
  GEISA-03 版（42 分子種，約 167 万本の吸収線）

3.5 連続吸収帯

3.5.1 水蒸気の連続吸収帯

3.3 節では，気体分子による放射の吸収は，基本的には吸収線が群れ集まった吸収帯において起きることをみてきた．一般に，吸収帯と吸収帯の間では吸収が非常に弱くなる．このような波長域を窓領域（windows）と呼んでいる．しかし，たとえば図 3.1 の水蒸気の吸収スペクトルをみると，近赤外から遠赤外にかけての窓領域においても有意の大きさの吸収があり，しかも，それらを結ぶべ

ースラインの吸収は，近赤外から遠赤外域にかけて連続的に増大している．むしろ，水蒸気の吸収スペクトルは，ベースラインの吸収がすべての赤外波長域にわたって連続的に存在し，その上に吸収帯構造が乗っているようにみえる．このように，固有の波長に現れる吸収線あるいは吸収帯の構造をもたない連続的な吸収の部分を連続吸収帯（continuum absorption）と呼んでいる．なかでも赤外放射伝達やリモートセンシングにおいて重要なものは，波長 $8\sim12\,\mu m$ の間の水蒸気の連続吸収帯である．この波長域は，O_3 の $9.6\,\mu m$ 帯を除くと他の気体分子による吸収も比較的に弱く，地表面放射が宇宙へ透過していく波長域なので，特に「大気の窓（atmospheric window）」と呼ばれる．この領域はまた，地球放射のエネルギーが極大となる重要な波長域である．他方，紫外線域においても O_2 や O_3 の連続吸収帯が現れるが，その成因には光解離あるいは光電離があり，これについては 3.3.5 項で述べた．

　水蒸気の連続吸収帯の成因に関しては，以下の2説が有力である．そのひとつは，遠方にある数多くの吸収線の裾の重なりによるとする説である．前節で述べたように，衝突による吸収線形を表すローレンツ線形は裾部における吸収を過小評価するので，ローレンツ線形を用いた計算ではこの連続吸収帯を適正に再現できない．もう一方の説は，2個あるいは複数個の水蒸気分子が一時的に結合した水蒸気のダイマー（dimmer）あるいはポリマー（polymer）による吸収の結果と考える．これらの水蒸気分子の集合体による回転あるいは振動-回転の吸収スペクトルは，単体の水蒸気分子による吸収スペクトルに比べてずっと複雑で多様なものになると予想できる．それらが重複した結果として，連続スペクトルになるとする説である．このように，水蒸気連続吸収帯の成因についての理論的説明はいまだ確定されていないが，おそらく両方が効いていると思われる．他方，この領域の吸収係数は気圧とともに水蒸気分圧と温度に強く依存することが，実験室測定によって知られている．そして，吸収係数の定量的表現には，それらをパラメータにした次式の経験式がよく用いられる．

$$k_\nu = C_s(\nu, T)e + C_f(\nu, T)(p-e) = C_s(\nu, T)[e + \gamma(p-e)] \tag{3.20}$$

ここに，p は気圧，e は水蒸気分圧である．C_s および C_f は，水蒸気分子どうしおよび水蒸気と他の空気分子との衝突作用による吸収効果を表す係数である．それで，右辺の第1項を e タイプ吸収，第2項を p タイプ吸収と呼ぶこともある．

温度 $T = 296$ K のとき，係数 $\gamma = C_f/C_s \approx 0.002$ である．したがって，水蒸気が集中する下層大気ほど，e タイプ吸収が重要になることがわかる．水蒸気量が一定の場合の e タイプの吸収には，低温のときほど吸収係数が大きくなるような温度依存性があることが知られている (Roberts *et al.*, 1976)．

さて，これまでみてきた水蒸気などの気体分子による吸収スペクトルは，個々の分子が自由に回転や振動の運動をしており，そのような無数の分子が独立に回転あるいは振動の遷移を起こす結果として現れる．それでは，多数の水分子が液相（水）あるいは固相（氷）の状態に密に凝集した場合の吸収スペクトルはどうなるであろうか．水および氷の吸収スペクトルは補章 B の図 B.2 に示されている．そこでは，吸収の強さを複素屈折率の虚数部の値として表した．液体の水では，水分子どうしが電気的な力で引き合い（水素結合という），複数個の水分子が結合したクラスターをつくりながら動き回る．固体の氷の場合には，水分子の位置が固定された結晶構造となるが，やはり隣り合う分子どうしが水素結合力で結びついている．このように，水や氷の場合には水分子どうしの結合力が働くので，水蒸気の場合のような個々の分子の自由独立な運動は抑制される．さらに分子どうしの相互作用（干渉）も考えられる．その結果として，気体分子の基準振動数（3.3.4 項参照）からのずれが予想される．実際，図 B.2 と図 3.1 の吸収スペクトルを詳細に比較すると，近赤外域の水蒸気の振動-回転帯に対応する水や氷の吸収極大の位置が少しずつずれていることがわかる．たとえば，水蒸気の ν_1 モードおよび ν_3 モードの基準振動遷移による強い $2.7\,\mu\mathrm{m}$ 吸収帯に対応する水と氷の吸収のピークは，それぞれ $2.96\,\mu\mathrm{m}$ と $3.08\,\mu\mathrm{m}$ とに現れ，少しずつ長波長側にずれている．また，水や氷の吸収スペクトルには，吸収線の微細構造はみられない．これは，気体に比べて分子密度が非常に高い状態での分子間力の作用や干渉によりエネルギー準位がぼやけて，線幅が大きく広がり重なり合った結果と解釈できよう．ちなみに赤外領域における水や氷の吸収は非常に強く，たとえば，厚さ $0.1\,\mathrm{mm}$ の水膜でも入射する波長 $10\,\mu\mathrm{m}$ の赤外放射の 99.8% を吸収する（補章 B 参照）．

3.5.2 太陽放射連続スペクトル

連続吸収帯に関連して，2.1 節で説明を飛ばした太陽放射の連続スペクトルの成因について簡単に触れる．第 1 章で，太陽放射はガンマ（γ）線から電波まで

の広い波長範囲にわたっており，その主要波長域のスペクトルは，絶対温度が約5780 Kの黒体放射（すなわち，プランク関数）の連続スペクトルでほぼ近似できることをみた（図1.3および図2.1）．この温度は，太陽表面とされる可視光線で見える光球（photosphere）上部の温度に相当する．太陽は，水素（光球において重量比で約74%）とヘリウム（同約25%）を主成分とし，それ以外にも酸素原子や炭素原子など多種の元素からなるガス体である．それでは，ガス体である太陽からの放射は，どのようにして連続スペクトルになるのであろうか．詳細な議論は専門書にゆずるとして，定性的には次のように考えられる．太陽のそもそもの熱源は，約1500万度 Kの高温にある中心部での核融合反応である．そこでは，4個の水素原子核から1個のヘリウム原子核が合成される．このとき，質量の欠損が生じる．水素原子の原子量は1.007825，ヘリウムの原子量は4.00260であるから，この反応により0.0287相当の質量が消失する．質量-エネルギー変換のアインシュタインの法則（$E=mc^2$）によると，この欠損した質量がエネルギーに変換される．核融合反応で発生したエネルギーの一部はニュートリノとなって光の速度で宇宙空間に発散されるが，大部分は最もエネルギーの高い電磁波であるガンマ線として放射される．ガンマ線は核反応域を取り囲む領域で吸収され，そこを加熱する．加熱された領域は，吸収したエネルギーに見合ったエネルギーを，よりエネルギーの低い電磁波（すなわち，より長い波長のX線）に変換して射出して，局所的に熱平衡状態の温度を維持する．太陽内部では，このように次々と放射の吸収とエネルギーのより低い放射（波長のより長い紫外線，可視光線など）の射出を繰り返しながら，数十万年の時間をかけて放射エネルギーを低温の外側へ輸送している．このとき，連続スペクトルの形成に重要なのは，高温・高密度のガス体における衝突作用とさまざまな原子や分子の電離（イオン化）および自由電子との再結合の過程である．高温・高密度のガス体の原子や分子を回る電子は，数多くの励起した準位をもつので，振動遷移を伴った電子遷移によって数多くの吸収線を生じうる．同時に，激しい衝突によって電子準位の励起や原子や分子から電子が剝ぎとられるイオン化が起きる．3.3.5項で述べた連続放射の吸収によるイオン化と同様に，電離され自由になった電子は連続的な運動エネルギーをもつ．逆に，このような自由電子が陽イオンと結合して中性化する場合や，中性の原子や分子と結合して陰イオンをつくる場合には，余分な運動エネルギーに相当する放射が連続スペクトルとして射出される．可視

域から赤外域にかけてのスペクトル形成には，水素陰イオン（H⁻）が寄与している．上記のような作用によって吸収・射出された放射は，さらに原子や分子間の激しい衝突により広がり，重なる．このようなさまざまな過程の結果として，当初ガンマ線として射出された放射エネルギーが太陽表面から発せられるときには，約5780 Kの黒体放射に相当する連続スペクトルをもつ分布に変わるとされる．

3.6 局所熱力学的平衡

本章でみてきた気体成分による放射の吸収・射出の過程が，大気層の加熱・冷却とどのように結びつくのであろうか．この間をつなぐのが分子衝突の働きである．分子衝突は，3.4.2項（2）で述べたように吸収線を広げる作用をもつとともに，衝突する分子どうしの並進運動エネルギーと内部エネルギーとの間の交換を引き起こす働きをしている．この衝突によるエネルギー交換の存在が，熱力学的平衡状態が成立するための背景である．図3.12に，2つのエネルギー準位間の放射の吸収・射出を伴う放射遷移（radiative transition）と分子衝突による遷移（collisional transition）のルートを模式的に示す．大気中では，放射の吸収により励起状態へ遷移（ルートⓐ）した内部エネルギー ΔE_{int} は，同等の光子（$h\bar{\nu} = \Delta E_{\mathrm{int}}$）の射出（ルートⓑ，ⓒ）に直ちにつながるとは限らない．それは主に，頻繁な衝突によるエネルギー交換により，励起した分子は光子を射出する前

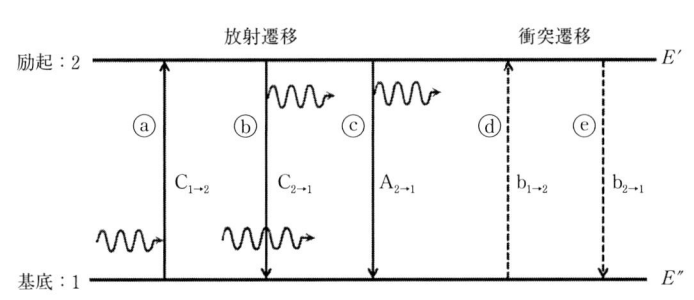

図3.12 内部エネルギー準位 E'' の基底状態（1）と準位 E' の励起状態（2）との間の遷移ルート
ルートⓐ，ⓑおよびⓒは，それぞれ放射吸収，誘導放出および自発放出の放射遷移を表す．ルートⓓおよびⓔは分子間衝突による励起および下方遷移の衝突遷移を表す．係数（$C_{1\to 2}$, $C_{2\to 1}$, $A_{2\to 1}$, $b_{1\to 2}$, $b_{2\to 1}$）は，それぞれのルートにおける遷移確率を与える．特に，係数 $C_{1\to 2}$, $C_{2\to 1}$, $A_{2\to 1}$ は，アインシュタイン（Einstein）係数と呼ばれる．

に吸収した内部エネルギーの幾分かを並進エネルギーへの変換の形で失ってしまうためである．また例外的に，放射活性な気体が蛍光体である場合，蛍光や燐光などの発光現象により，電子遷移において吸収された光子の波長とは異なる波長の光に変換されることもある．この並進エネルギーと内部エネルギーとの交換に関与する衝突を非弾性衝突（inelastic collision）と呼ぶ．非弾性衝突の作用には2種類ある．そのひとつは衝突による励起作用（ルートⓓ）であり，1個の放射活性な分子と別の衝突分子との衝突により，衝突分子の並進エネルギーの一部が失われ，放射分子の内部エネルギーが励起される．この場合，もしもこの励起した内部エネルギーが放射として射出されるならば（ⓓ→ⓑ，ⓒ），気体から熱が失われたことになるので温度が下がる．すなわち，放射冷却である．もうひとつの作用は，衝突による内部エネルギーの下方遷移（ルートⓔ）である．放射を吸収して励起された高準位にある放射分子の内部エネルギーが，衝突により他の分子の並進エネルギーへ変換される場合（ⓐ→ⓔ）は，気体は放射の吸収により運動エネルギーを得たことになり，温度が上がる．すなわち，放射加熱に相当する．

　この放射遷移と衝突遷移の過程を定式化して，(1.19)の放射源関数 J_ν を表すと，最終的に次式のように近似できる（たとえば，Goody and Yung, 1989, 2.2.3項；山本・田中，1970）．

$$J_\nu = \frac{\{\bar{I}_\nu + \zeta[1-\exp(-hc\nu/\kappa_B T)]B_\nu(T)\}}{\{1+\zeta[1-\exp(-hc\nu/\kappa_B T)]\}} \quad (3.21)$$

ここに，$\bar{I}_\nu$ は波数 ν の放射場の平均強度を表し，$B_\nu(T)$ は温度 T のプランク関数である．また，ζ はルートⓒの遷移確率を表す自然放出係数 $A_{2\to 1}$ とルートⓔの衝突遷移係数 $b_{2\to 1}$ との比 $\zeta \equiv b_{2\to 1}/A_{2\to 1}$ として定義される係数である．すなわち，ζ は衝突緩和時間に対する自然緩和時間の比を表し，$\zeta>1$ の場合には，自然放出よりも速く衝突遷移によって励起状態が解消されることを意味する．

　地球大気の60～70 km 以下の高度では，分子どうしの衝突が頻繁に起きており，励起状態にある放射活性分子が放射を射出して基底状態に戻るまでの自然寿命に比べて，衝突と衝突との間の時間の方がきわめて短い．したがって $\zeta \gg 1$ であり，放射遷移よりも衝突遷移の方が素早く起きる．このとき，吸収された放射エネルギーは衝突作用により気体分子の間で運動エネルギーとして分配されてし

まう．そして，気体全体として併進運動エネルギーの平均値 $K_\mathrm{E} = \kappa_\mathrm{B} T/2$ として定義されるひとつの温度 T（動力学的温度（kinetic temperature）と呼ぶ）により，気体分子の速度分布や内部エネルギー準位の分子存在数などの熱力学的状態が規定される．このような状態が熱力学的平衡の状態である．$\zeta \gg 1$ の場合，(3.21) は $J_\nu \cong B_\nu(T)$ となり (1.28) に一致する．地球大気は，鉛直方向の温度勾配をもつので，厳密には熱力学的平衡状態にはないが，局所的には熱力学的平衡の状態（LTE）にあると近似できる．LTE が成り立つ場合には，第1章で述べたように，キルヒホッフの法則を適用することができ，非散乱大気の放射源関数はプランク関数で与えられる．LTE 近似がどの高さまで成り立つかは，吸収帯ごとの放射遷移と衝突遷移の速さの比に依存して異なるが，地球大気の赤外放射伝達に重要な吸収帯に対しては，高度 60～70 km 以下の大気では LTE が成り立つとしてよい．LTE 近似が成り立たない高い高度では放射遷移が卓越する．特に，$\zeta \ll 1$ の場合には $J_\nu \cong \bar{I}_\nu$ となり，吸収された放射が等方的に射出される共鳴散乱の現象が起きる．この場合，放射場と大気物質との間のエネルギー交換はない．なお，本章の初めで，地球大気の約 78% を占める窒素分子は双極子モーメントをもたない放射不活性な気体で，赤外放射の吸収・射出に関与しないことを述べた．しかし，実際には分子衝突の作用を介して，窒素分子は大気中での放射エネルギーの伝播に重要な役割を果たしているのである．

4章　気体吸収帯における赤外放射伝達

本章では，晴天大気における赤外放射の吸収および射出による放射伝達方程式の解法について述べる．特に，高さ方向に不均質な大気の放射加熱・冷却率の高度分布を計算することを念頭におき，気体吸収帯スペクトルの有限幅の波数区域で平均した透過関数について，その代表的な計算法を概説する．本章では粒子による散乱を無視できる晴天大気の場合を扱うが，ここで述べる計算法は，たとえば雲の中における赤外放射伝達の場合のように粒子散乱と気体吸収が共存するケースや太陽放射の近赤外吸収帯に対しても，気体吸収の扱いに関しては同様に適用できる．

4.1　赤外放射フラックスの計算

本章では，LTE（局所熱力学的平衡）状態にある散乱のない平板状の大気中における赤外域の地球放射の吸収・射出による放射加熱率を計算するとしよう．先に1.4節で述べたように，この場合の単色放射の伝達方程式は方位角に無関係となり (1.53) のシュヴァルツシルトの式に一致する．その上向き放射輝度 $I_\nu(\tau;+\mu)$ および下向き放射輝度 $I_\nu(\tau;-\mu)$ に対する形式解は，1.4.2項を参照すると，それぞれ次式のように書き表せる．

$$I_\nu(\tau;+\mu) = B_\nu(T_s)\exp\left[-\frac{(\tau^*-\tau)}{\mu}\right] \\ + \int_\tau^{\tau^*} B_\nu(T(t))\exp\left[-\frac{(t-\tau)}{\mu}\right]\frac{dt}{\mu}, \quad (0<\mu\leq 1) \quad (4.1)$$

$$I_\nu(\tau;-\mu) = \int_0^\tau B_\nu(T(t))\exp\left[-\frac{(\tau-t)}{\mu}\right]\frac{dt}{\mu}, \quad (0<\mu\leq 1) \quad (4.2)$$

上式の導出において，大気下端 ($\tau=\tau^*$) に入射する放射は地表面が射出する黒体放射 $B_\nu(T_s)$ であるとみなし，また，大気上端 ($\tau=0$) に入射する赤外放射は

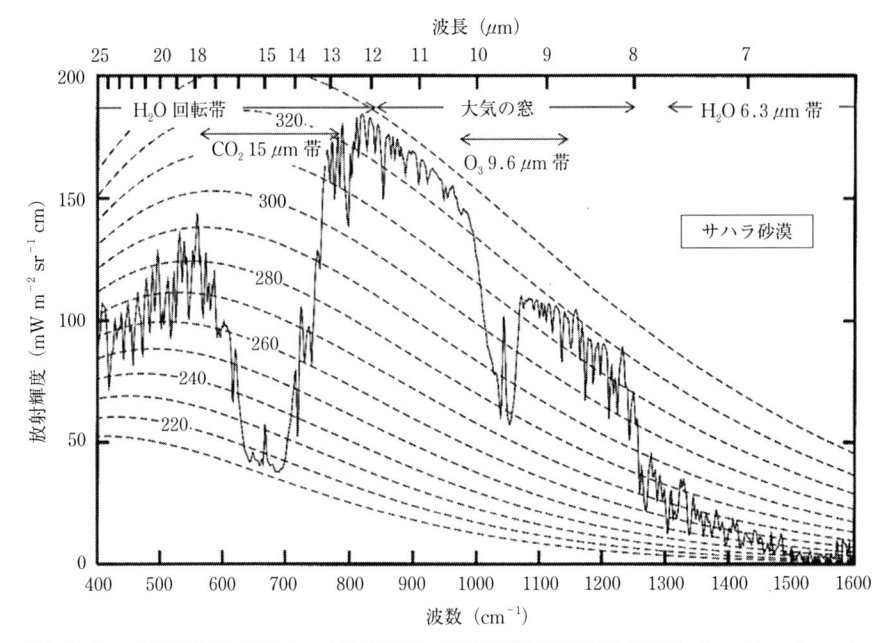

図 4.1 サハラ砂漠上空で Nimbus-4 衛星搭載の赤外干渉分光放射計 IRIS (infrared interferometer spectrometer) で測定された地球放射の中分解能スペクトル (Petty, 2004, Fig. 8.3a を一部改変). 破線は，いろいろな温度の黒体放射スペクトルを表す．大気の窓領域では高温の地表面からの放射が，また，H_2O や CO_2, O_3 などの吸収帯の存在する波数域では，吸収の強さに応じて，波数により異なる高度（温度）からの放射が卓越している様子が示されている．

ないとした．これらの式は 1.4.4 項で触れたように，赤外放射の輝度スペクトルの測定から大気成分や気温分布などを推定するリモートセンシングのもとになる．たとえば，(4.1) において，$\tau=0$ とした大気上端における上向き放射輝度 $I_\nu(0;\mu=1)$ は，図 4.1 の例のように人工衛星から直下を観測する場合の地球放射の射出スペクトルを与える．

放射加熱率の高度分布を求めるには，放射輝度から上向き放射フラックスおよび下向き放射フラックスを算出して，それらの差としての正味フラックスの高度分布を求める必要がある（1.4.3 項参照）．波数 ν の単色の上向き放射フラックス $F_\nu^\uparrow$ および下向き放射フラックス $F_\nu^\downarrow$ は，それぞれ (4.1) および (4.2) で与えられる放射輝度の鉛直成分を積分することにより，次式のように書き表せる．

$$F_\nu^\uparrow(z) = \int_0^{2\pi}\!\!\int_0^1 I_\nu(\tau(z);+\mu)\mu d\mu d\phi$$
$$= 2\pi B_\nu(T_s)\int_0^1 \exp\!\left[-\frac{(\tau^*-\tau(z))}{\mu}\right]\mu d\mu \qquad (4.3)$$
$$+ 2\pi \int_0^1\!\!\int_\tau^{\tau^*} B_\nu(T(t))\exp\!\left[-\frac{(t-\tau(z))}{\mu}\right]dt d\mu$$

$$F_\nu^\downarrow(z) = \int_0^{2\pi}\!\!\int_0^1 I_\nu(\tau(z);-\mu)\mu d\mu d\phi$$
$$= 2\pi\int_0^1\!\!\int_0^\tau B_\nu(T(t))\exp\!\left[-\frac{(\tau(z)-t)}{\mu}\right]dt d\mu \qquad (4.4)$$

これらの放射フラックスの計算式には，方向余弦 (μ) と光学的厚さ（高度）についての2重積分が含まれる．被積分関数のうち角度変数 μ に依存するのは指数関数項のみであるので，積分の順序を変えると，たとえば (4.4) は次式のように書くことができる．

$$F_\nu^\downarrow(z) = 2\pi \int_0^{\tau(z)} B_\nu(T(t))\left\{\int_0^1 \exp\!\left[-\frac{(\tau(z)-t)}{\mu}\right]d\mu\right\}dt \qquad (4.4')$$

ここで，(1.55) で導入した光線透過関数 $\mathcal{T}(z_1,z_2;\mu)$ の類比として，次式で定義される放射フラックスに対する透過関数 $\mathcal{T}_\nu^f(z_1,z_2)$ を導入する（1.4.4項参照）．

$$\mathcal{T}_\nu^f(z_1,z_2) \equiv 2\int_0^1 \mathcal{T}_\nu(z_1,z_2;\mu)\mu d\mu$$
$$= 2\int_0^1 \exp\!\left[-\frac{\tau_\nu(z_1,z_2)}{\mu}\right]\mu d\mu \quad (z_1 \leq z_2) \qquad (4.5)$$

このように定義される $\mathcal{T}_\nu^f$ を散光透過関数 (diffuse transmission function)，あるいはフラックス透過関数 (flux transmission function) などと呼ぶ．これは，方向余弦 μ を重みにした光線透過関数 $\mathcal{T}_\nu(z_1,z_2;\mu)$ の $0<\mu\leq 1$ における平均値に相当する．なお，(4.5) で定義される $\mathcal{T}_\nu^f(z_1,z_2)$ は，気層に入射する放射輝度 I_0 が等方的であるとした場合の入射フラックスに対する透過フラックスの比，すなわちフラックス透過率を与える次式，

$$\frac{\int_0^{2\pi}\int_0^1 I_0 \exp[-\tau_\nu/\mu]\mu d\mu d\phi}{\int_0^{2\pi}\int_0^1 I_0 \mu d\mu d\phi} = 2\int_0^1 \exp\left[-\frac{\tau_\nu}{\mu}\right]\mu d\mu \quad (4.6)$$

と一致する．したがって，$\mathcal{T}_\nu^f(z_1, z_2)$ をフラックス透過関数と呼ぶのは妥当といえよう．

さて，フラックス透過関数 $\mathcal{T}_\nu^f$ を用いると，(4.3) および (4.4) はそれぞれ次式のように書き表せる．

$$F_\nu^\uparrow(z) = \pi B_\nu(T_s)\mathcal{T}_\nu^f(0, z) + \int_0^z \pi B_\nu(T(z'))\left\{\frac{\partial}{\partial z'}\mathcal{T}_\nu^f(z', z)\right\}dz' \quad (4.7)$$

$$F_\nu^\downarrow(z) = \int_z^\infty \pi B_\nu(T(z'))\left\{\frac{\partial}{\partial z'}\mathcal{T}_\nu^f(z, z')\right\}dz' \quad (4.8)$$

すなわち，放射フラックスは黒体放射フラックス πB_ν とフラックス透過関数の高度による変化率 $\partial \mathcal{T}_\nu^f/\partial z$（これをフラックス荷重関数と呼ぶ）との積を積算することによって得られる．これら放射フラックスの式を放射輝度に対する (1.58) および (1.59) を比較すると，それぞれ同じ形になっていることがわかる．

フラックス透過関数 $\mathcal{T}_\nu^f(z_1, z_2)$ は，光線透過関数 $\mathcal{T}(z_1, z_2; \mu)$ が既知であれば，(4.5) 右辺の方向余弦に関する積分にガウス求積法（6.3.1 項参照）などを適用すると精度よく求めることができる．なお，地球大気の条件下では多くの場合に，$\mathcal{T}_\nu(z_1, z_2; \mu)$ と $\mathcal{T}_\nu^f(z_1, z_2)$ とは形がよく似ており，μ のある平均的な値 $\bar{\mu}$ に対して両者はほぼ一致する．すなわち，次式の近似が成り立つ．

$$\mathcal{T}_\nu^f(z_1, z_2) \approx \mathcal{T}_\nu(z_1, z_2; \bar{\mu}) = \exp[-\beta\tau_\nu(z_1, z_2)] \quad (4.9)$$

ここに，係数 $\beta \equiv 1/\bar{\mu}$ を散光因子（diffusivity factor）と呼んでいる．散光因子の値としては，$\beta = 1.66\sim 2$ の間の値が，(4.9) の近似をほぼ満たす．Elsasser (1942) によって提案された $\beta = 1.66$ の値を用いた場合の水蒸気回転帯における放射フラックス計算の誤差は，2% 程度とかなり小さいことが知られている (Rogers and Walshaw, 1966)．それで，放射計算の高速化が重視される力学モデルなどにおいては，この散光因子は放射フラックス計算の実用的な近似法として広く用いられてきた．なお，$\beta = 1.66$ は約 $53°$ の天頂角に相当する．つまり，フラックス透過関数 $\mathcal{T}_\nu^f(z_1, z_2)$ は天頂角 $53°$ 方向の光線透過関数 $\mathcal{T}_\nu(z_1, z_2; \cos 53°)$

で代用できることを意味する．したがって，放射フラックスの計算には適正な光線透過関数を求めることがポイントになる．

4.2 波 数 積 分

4.2.1 波数帯放射フラックス

前節は単色放射の場合であるが，放射加熱率の計算などの場合には，ある波数（波長）範囲における放射エネルギーを求める必要がある．たとえば，全赤外放射による加熱率の高度分布を求めるには，地球放射の全波数域にわたって積分した放射フラックスが必要となる．高度zにおける上向きおよび下向きの全赤外放射フラックスは，(4.7) および (4.8) を波数域全体について積分することにより得られる．ただし，上記の形式解を実際の大気にそのまま適用して，波数と高度についての2重積分を計算するにはきわめて重大な困難を伴う．その原因は，赤外吸収帯の複雑な線構造により，吸収係数したがって光学的厚さが波数により大きく変動すること，また，大気の不均質性（温度，圧力，吸収物質の高度分布）により，線幅などのスペクトル構造および光学的厚さが高さで変化することによる．本節では，まず波数積分についてみていく．全赤外放射フラックスの式の波数積分には，① 波数で滑らかに変化するプランク関数，② 大気の吸収帯スペクトル，③ 個々の吸収線構造，および ④ 透過関数スペクトルとプランク関数のたたみ込み，の4つの異なる波数スケールが含まれる（図 4.2 参照）．この波数積分を扱う方法は，大きく分けて2通りある．そのひとつは，プランク関数と透過率スペクトルの合成積（たたみ込み）を吸収線ごとに直接数値積分する方法で，ライン-バイ-ライン（line-by-line, LBL）法と呼ばれる．他のひとつは，全積分区間を波数空間で滑らかに変化するプランク関数の値がほぼ一定とみなせる程度に狭い幅の複数の波数区間（バンド）$\Delta\nu$に分割して，この区間内で波数平均したバンド透過関数（band transmission function）を利用する方法である．全積分区間の放射フラックスは，分割したバンドごとに求めた放射フラックスを足し合わせることにより得られる．次節で述べる吸収帯モデルなどの実用的計算法は後者の原理によっている．このほかに，精度を多少犠牲にしても，もっと早く簡便に計算する方法として広帯域法（wide band models）がある．この方法は，たとえば全赤外域を1つのバンドとして扱う．その場合，プランク関数をバンド内で一定とはみなせないので，プランク関数の代わりにステファン・ボルツ

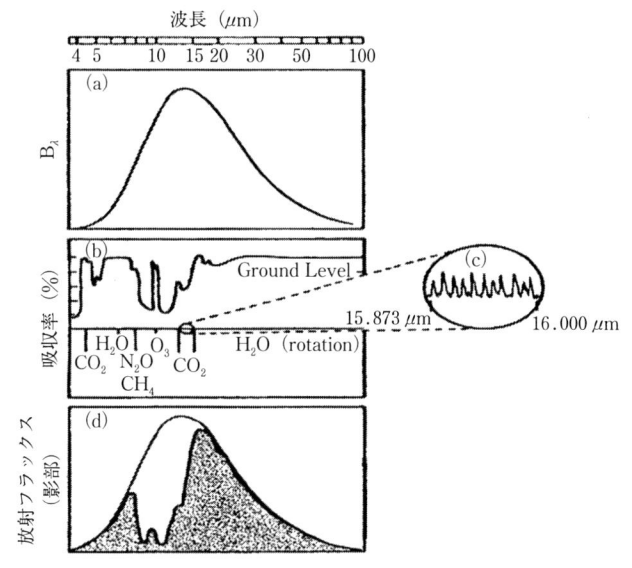

図 4.2 赤外域の地球放射フラックスの計算に含まれるさまざまな波数スケールを表す模式図 (Stephens, 1984, Fig. 1)
(a) プランク関数,(b) 地上に達する赤外放射の大気吸収率,(c) CO_2 吸収帯の微細な吸収線構造,(d) 大気の吸収スペクトルとプランク関数のたたみ込み(影をつけた部分).

マン則を利用し,それを重みにして広帯域で平均した射出率や透過率を用いる.この原理に基づくさまざまな計算法が開発され,計算速度が優先される気候モデルや数値予報モデルなどで利用されてきた(詳細は Liou, 2002;会田,1982;小林・内山,1994 などを参照).本書では,広帯域法についてはこれ以上触れない.

4.2.2 ライン-バイ-ライン計算法

ライン-バイ-ライン法(以下,LBL 法と略記)は,3.4.2 項(4)で触れた HITRAN データベースなどの吸収線パラメータを用いて,大気の透過率スペクトルを数値積分して求める.ちなみに,図 3.1 の気体成分の吸収スペクトルは,LBL 法により計算したものである(Bohren and Clothiaux, 2006).この方法は,高度積分に伴う大気の不均質性を直接組み入れて計算できるので高い精度を期待できるが,全赤外放射フラックスなどの計算には膨大な計算量が必要とな

る．なぜならば，1本の吸収線について波数積分するには，少なくとも半値幅よりも狭い波数間隔で複数の計算点をとらなければならない．また，ある特定の吸収線のある特定の波数における吸収係数の値を計算するにしても，吸収線は幅広い裾をもつので（3.4.2項参照），その吸収線のみならず周囲のすべての吸収線の寄与を考慮する必要がある．たとえば水蒸気の場合，地球放射のほぼ全赤外領域（3～100 μm，すなわち約 3200 cm^{-1} の幅）にわたって吸収線が存在する．対流圏におけるその平均的な半値幅を 0.01 cm^{-1} とすると，全赤外領域における水蒸気の吸収を正確に取り入れるには約 100 万にのぼる数の計算点が必要となる．さらに，高度積分をとるには，このような波数積分をいくつかの高度ごとに繰り返す必要がある．したがって，LBL法により大気の放射加熱率の高度分布を求めるには，最新のスーパーコンピュータをもってしても，膨大な計算時間を要する．LBL法において精度を落とさずに計算労力を省くさまざま工夫が開発されているが（たとえば，Uchiyama, 1992），気候モデルなどにおいて放射加熱率分布の計算に直接LBL法を使うのは実用的ではない．一方，図4.1のような衛星などからの放射輝度の高分解能スペクトルの測定や解析などにおいては，LBL法が利用される．有限波数区間の大気透過率や放射輝度スペクトルを効率的に計算するさまざまなLBL計算コードが開発されている．代表的なものに，FASCODE (Fast Atmospheric Signature Code；Smith et al., 1978) やLBLRTM (Line-By-Line Radiative Transfer Model (http://www.rtweb.aer.com/)；Clough et al., 2005) などがあり，これらは公開されている．

4.2.3 バンド透過関数法
(1) 散光透過関数

　この方法は，全積分区間をプランク関数の値がほぼ一定とみなせる波数区間（バンド幅 $\Delta\nu$）に分割して，この狭いバンド $\Delta\nu$ 内で波数平均したバンド透過関数（band transmission function）を利用する方法である．一般には，バンド幅として，$\Delta\nu \lesssim 100$ cm^{-1} 程度の波数区間が選ばれる．バンド幅が狭いほど，より高い計算精度が期待できるが，全波数積分の計算量は増大する．さて，(4.7)および (4.8) を参照すると，波数 ν を中心とする狭いバンド $\Delta\nu$ における上向きおよび下向きの放射フラックスは，それぞれ次式のように書ける．

$$F^{\uparrow}_{\Delta\nu}(z) = \int_{\Delta\nu} F^{\uparrow}_{\nu}(z)d\nu$$
$$= \Delta\nu \pi \bar{B}_{\Delta\nu}(T_s)\mathcal{T}^{\mathrm{f}}_{\Delta\nu}(0,z) \qquad (4.10)$$
$$+ \Delta\nu \int_0^z \pi \bar{B}_{\Delta\nu}(T(z'))\left\{\frac{\partial \mathcal{T}^{\mathrm{f}}_{\Delta\nu}(z',z)}{\partial z'}\right\}dz'$$

$$F^{\downarrow}_{\Delta\nu}(z) = \int_{\Delta\nu} F^{\downarrow}_{\nu}(z)d\nu = \Delta\nu \int_z^{\infty} \pi \bar{B}_{\Delta\nu}(T(z'))\left\{\frac{\partial \mathcal{T}^{\mathrm{f}}_{\Delta\nu}(z,z')}{\partial z'}\right\}dz' \qquad (4.11)$$

ここに，$\bar{B}_{\Delta\nu}$ はバンド $\Delta\nu$ におけるプランク関数の平均値を表す．また，$\mathcal{T}^{\mathrm{f}}_{\Delta\nu}$ は，バンドで平均した散光（フラックス）透過関数であり，区間 $\Delta\nu$ において(4.5) の右辺を波数積分した値を，区間幅 $\Delta\nu$ で割って平均したものである．このように，バンド平均した散光透過関数 $\mathcal{T}^{\mathrm{f}}_{\Delta\nu}$ がわかれば，波数積分した放射フラックスを求めることができる．前節で述べたように，散光透過関数は，光線透過関数から (4.5) 式あるいは近似式 (4.9) を用いることにより求まる．したがって，問題は放射輝度に対するバンド平均の光線透過関数 $\mathcal{T}_{\Delta\nu}$ を求めることに帰する．これに関しては，次節で詳しく述べる．

(2) 透過関数の積の法則

異なる気体成分による吸収帯が重なる波数区間のバンド平均透過関数に適用される重要な性質に，透過関数の積の法則（multiplication property of transmission functions）がある．いま，2種類（成分 a および b）の気体による吸収帯の重なりを考える．このとき，気体の化学反応等の相互作用はないとすると，波数 ν の単色放射に対する混合気体の光線透過率は，それぞれの気体成分に対する光線透過率の積となる．すなわち，次式の関係が成り立つ（1.3.5項参照）．

$$t_{\nu}(\tau_a + \tau_b) = t_{\nu}(\tau_a) \times t_{\nu}(\tau_b) \qquad (4.12)$$

有限の波数区間 $\Delta\nu$ で平均した光線透過関数に対しても，同様の透過率の積の法則が成り立つことが実験により示されている．たとえば，図4.3は，波長 $2.7\mu\mathrm{m}$ 付近の水蒸気の ν_1 および ν_3 モードの基本吸収帯と二酸化炭素の結合帯における（3.3.4項参照），各気体および混合気体の低分解能の（すなわち，波数平均化された）透過率スペクトルを示す．下パネル中の白丸○は各気体の透過関数の積として求めた混合気体の透過関数であり，混合気体に対する実測値とよく一致している．このように，この吸収帯では波数平均した光線透過関数の間で積

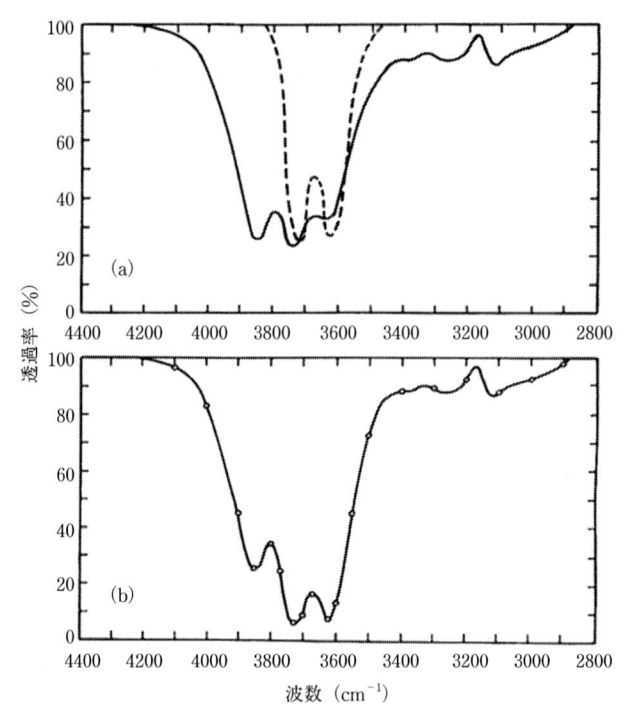

図 4.3 波長 2.7 μm 付近のバンド透過関数の積の法則を示す低分解能吸収スペクトルの実験室測定 (Burch *et al.*, 1956).
(a) 水蒸気 H_2O (実線) および二酸化炭素 CO_2 (破線) の透過率スペクトル. (b) 混合気体の透過率スペクトル (実線) および上パネルから読みとった H_2O と CO_2 の透過率の積の値 (○点). 測定は 88 m 長の吸収セルを用い, H_2O と CO_2 の分圧をそれぞれ 5 mm Hg, 4 mm Hg とし, 窒素ガスを充填して全圧力を 140 mm Hg とした場合.

の法則が成り立っている. すなわち,

$$\mathcal{T}_{\Delta\nu}(\tau_a + \tau_b) = \mathcal{T}_{\Delta\nu}(\tau_a) \times \mathcal{T}_{\Delta\nu}(\tau_b) \tag{4.13}$$

これが一般的に成立するための必要条件は, 各気体成分の吸収スペクトルが考慮している波数区間で相関がないことである. それには, どちらかの吸収帯のスペクトルがランダムであるか, あるいは, それぞれのスペクトルが規則正しく整列していても吸収線の間隔が整合していない場合が当てはまる. さらに, 考慮している波数区間内に多数の吸収線が存在することが必要である. 地球大気の吸収帯

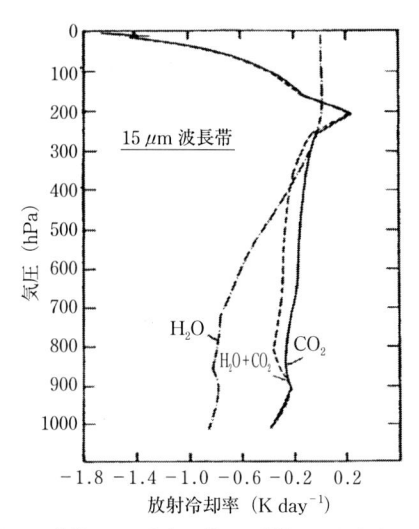

図 4.4 熱帯モデル大気に対して計算された波長 $15\,\mu m$ 付近の赤外放射による冷却率の高度分布 (Ohring and Joseph, 1978, Fig. 2) CO_2 吸収帯のみの寄与（実線），H_2O 吸収帯のみの寄与（1 点鎖線），および H_2O と CO_2 の吸収帯の重なりを考慮した結果（破線）.

に対しては，多くの場合でこの条件に当てはまる．

バンド平均透過関数に対しても積の法則 (4.13) が成り立つことは，異なる気体の吸収帯が重なっている波数域における放射フラックス計算の省力化に有効である．この近似を用いた計算例をもとに，吸収帯の重なりが放射冷却率の高度分布に及ぼす効果をみておく．図 4.4 は，波長 $15\,\mu m$ 付近における二酸化炭素 CO_2 の ν_2 吸収帯と水蒸気 H_2O の回転帯による放射冷却率の計算例を示す．対流圏では，$CO_2\,15\,\mu m$ 帯の吸収はきわめて強いので，その透過関数の値は対流圏全層を通して小さく，したがって，その放射加熱率の値も小さい（後出の図 4.10 参照）．一方，H_2O 回転帯による放射加熱率は，対流圏下層において $1\,K\,day^{-1}$ 位の大きさがある．しかし，$CO_2\,15\,\mu m$ 帯との重なりを考慮すると，H_2O 単独の場合に比べて放射冷却率が大幅に減少することが注目される．

4.3 透過関数のバンドモデル

4.3.1 孤立した吸収線モデル
(1) 吸収線等価幅

既知の関数を用いてバンド平均した透過関数を解析的に表現したものを狭帯域バンド透過関数モデル（narrow-band transmission model）という．縮めてバンドモデル（band model）とも呼ばれる．有効なバンドモデルの開発は，数値計算の手段が不十分だった1940～60年代にかけて，大気放射学の大きな課題のひとつであり，さまざまなバンドモデルが開発され利用されてきた．本節では，温度・気圧が一定な均質大気における狭帯域透過関数に対する代表的なバンドモデルの概念を復習する．各種のバンドモデルの詳細についてさらに学ぶには，会田（1982）や Goody and Yung（1989），Liou（2002）などが参考になる．

はじめに，バンド内に孤立した1本の吸収線が存在する仮想的な場合を考え，この吸収線によるバンド平均の吸収・透過を評価する．ここで導入する定義や概念は，後出のバンドが多数の吸収線を含む一般的なケースの理解に役立つ．まず，均質大気中の孤立する吸収線に対するバンド平均の光線透過関数 $\mathcal{T}_{\Delta\nu}$ は，次式のように書き表せることを思い出そう．

$$\begin{aligned}\mathcal{T}_{\Delta\nu}(u) &\equiv \left(\frac{1}{\Delta\nu}\right)\int_{\Delta\nu} \exp[-\tau_\nu]d\nu \\ &= \left(\frac{1}{\Delta\nu}\right)\int_{\Delta\nu} \exp[-Sf(\nu)u]d\nu\end{aligned} \quad (4.14)$$

ここに，S は吸収線強度，$f(\nu)$ は吸収線形関数である（3.4.1項）．また，u は吸収気体の路程長（1.36）である．ところで，1本の吸収線を含む波数区間 $\Delta\nu$ において，(4.14)より $\mathcal{T}_{\Delta\nu}$ を求めようとすると，積分区間 $\Delta\nu$ の大きさに依存してその値が違ってくる．一方，単色光の吸収率を区間 $\Delta\nu$ について積分した値 $w(u)$ を次式で定義すると，

$$w(u) \equiv \int_{\Delta\nu}(1-t_\nu)d\nu = \int_{\Delta\nu}\{1-\exp[-Sf(\nu)u]\}d\nu \quad (4.15)$$

この値は，積分区間 $\Delta\nu$ が吸収線全体を含むほど十分に広ければ，$\Delta\nu$ の幅に無関係に一意に定まる．したがって，バンドの平均値を表す量としては，$w(u)$ の方がより基本的である．(4.15)で定義されるバンドの吸収率 $w(u)$ を積分吸収

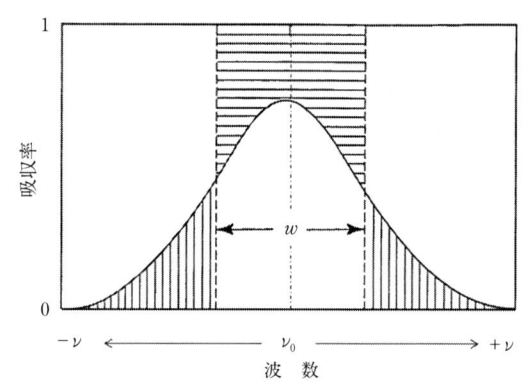

図 4.5 吸収線等価幅 w の定義の模式図
w は，吸収線の吸収率スペクトルを積分した面積と等しい面積を
もつ吸収率が 1（完全吸収）の矩形の仮想的吸収線の幅に相当．

能 (integrated absorptance)，または吸収線等価幅 (line's equivalent width) と呼ぶ．等価幅の意味は，吸収線の吸収スペクトルの面積を高さ 1（吸収率 = 1）の長方形の面積に換算したときの横軸の波数幅の広さを表す（図 4.5 参照）．吸収線等価幅を用いると，孤立吸収線のバンド平均透過関数は，

$$\mathcal{T}_{\Delta\nu}(u) = 1 - \frac{w(u)}{\Delta\nu} \tag{4.16}$$

で与えられる．

(2) 弱吸収近似

さて，吸収が非常に弱い，すなわち $Sf(\nu)u \ll 1$ の場合には，$\exp[-Sf(\nu)u] \approx 1 - Sf(\nu)u$ と近似できる．この近似を (4.15) に代入し，さらに，右辺の波数積分において吸収線形関数の規格化 (3.4.1 項) を考慮すると，吸収線形によらずに下記の近似式を得る．

$$w(u) \approx Su \tag{4.17}$$

この関係が成り立つ極限を弱吸収領域と呼ぶ．この領域では吸収が飽和していないので，等価幅 w は吸収線全体からの寄与を積分した線強度 S に依存する．また，w が吸収物質量 u に対して直線的に比例するので，吸収の直線領域と呼ぶこともある（図 4.6 参照）．

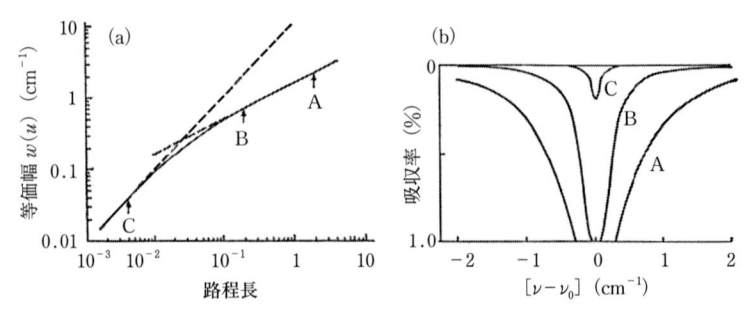

図 4.6 等価幅 $w(u)$ の変化と吸収率スペクトルの対応を示す模式図（会田，1982，図 5.17）
(a)：路程長による等価幅の変化を示す．直線 C が弱吸収近似の直線領域，A は強吸収近似の平方根領域．
(b)：(a) の A, B, C 点に対応する吸収線のスペクトル．なお，事例は一酸化炭素 CO の吸収線強度 $= 10\,\mathrm{cm}^{-1}\,(\mathrm{atm\,cm})^{-1}$，半値幅 $\alpha = 0.06\,\mathrm{cm}^{-1}$ の吸収線に対する場合．

(3) ローレンツ線形吸収線の等価幅

吸収線がローレンツ線形 (3.16) の場合には，(4.15) は次式の形に書ける．

$$w_\mathrm{L}(u) = \int_{-\infty}^{\infty}\left\{1 - \exp\left[-\frac{Su\alpha_\mathrm{L}}{\pi(\nu^2 + \alpha_\mathrm{L}^2)}\right]\right\}d\nu \tag{4.18}$$

なお，解析的な解を得るために，上式では積分区間を，吸収線を中心とした狭バンド $\Delta\nu$ から，波数域 $-\infty \sim \infty$ に拡張してある．この積分を演算すると次式の解析的な解が得られる．

$$w_\mathrm{L}(u) = 2\pi\alpha_\mathrm{L} x\,\mathrm{e}^{-x}\left[I_0(x) + I_1(x)\right] = 2\pi\alpha_\mathrm{L} L(x) \tag{4.19}$$

ここに，変数 $x \equiv Su/2\pi\alpha_\mathrm{L}$ であり，$I_0(x)$ および $I_1(x)$ は，それぞれ 0 次および 1 次の第 1 種変形ベッセル関数である．また，$L(x)$ はラーデンブルグ・ライヒェ関数（Ladenburg-Reiche function）と呼ばれる．ラーデンブルグ・ライヒェ関数の計算には，数表（Goody and Yung, 1989）や近似式（会田，1982）が利用できる．ここでの関心事は路程長 u に対する w_L の振る舞いである．吸収が弱い場合は吸収線形によらず (4.17) となることをすでにみたので，次に強い吸収の極限における $w_\mathrm{L}(u)$ の振る舞いをみる．

(4) 強吸収近似

吸収が非常に強い，すなわち，$x = Su/2\pi\alpha_\mathrm{L} \gg 1$ の場合，(4.18) は，

$$w_\mathrm{L}(u) \approx \int_{-\infty}^{\infty}\left\{1 - \exp\left[-\frac{Su\alpha_\mathrm{L}}{\pi\nu^2}\right]\right\}d\nu = 2(Su\alpha_\mathrm{L})^{1/2} \tag{4.20}$$

となり，w_L は $Su\alpha_L$ の平方根に比例する．したがって，このような近似が成り立つ領域を平方根領域と呼ぶこともある．図 4.6 (a) は，一酸化炭素のある吸収線を例に，(4.19) で表される等価幅 $w_L(u)$ の振る舞いを図示したものである．路程長 u の値が小さい弱吸収領域（図中の記号 C）においては，w_L は u に比例して増加するが，u の値が大きい強吸収領域（記号 A）においては，$w_L(u)$ の増加の勾配が緩くなることが示されている．このような強吸収領域では，図 4.6 (b) に示されるように吸収線の中心部において吸収が飽和している．したがって，これ以上 u が増えても，中心部は吸収率の増加に寄与しなくなる．このため u の増加に対する w_L の増加の割合が小さくなる．この場合，u をさらに増加させたときの w_L の増大は吸収線の裾部の寄与によって生じる．水蒸気や二酸化炭素などの吸収帯では，大気下層では濃度が高く路程長が大きいので強吸収近似がよく成り立つ．

4.3.2 重合した線群の透過関数モデル
(1) バンドモデル

波数区間 $\Delta\nu$ 内に複数の吸収線が重合して存在する場合の波数平均した透過関数を統計的手法により解析的な形に表現したバンドモデルの概念を復習する．一般に，バンドモデルでは，考慮している波数区間内のすべての吸収線の半値幅は等しいと仮定される．$\Delta\nu$ 内の吸収線の数を N とすると，$\delta = \Delta\nu/N$ は平均的な吸収線間隔を与える．また，半値幅 α と平均線間隔 δ との比として定義されるパラメータ $y \equiv \alpha/\delta$ は，区間内における吸収線の重なりの度合いを表す．この値が大きいほど区間内で吸収線どうしの重なり度が強いことを意味する．この値は通常 $y < 1$ であるが，$y \to 0$ の極限状態は，前項の孤立した吸収線モデルに対応する．バンドモデルは，扱う区間 $\Delta\nu$ 内における吸収線の分布状態が規則的であるか不規則（ランダム）であるかにより，大きく 2 つのタイプに分けられる．さらに，吸収線の強度分布の統計的な性質の違いを考慮して多様なバンドモデルが提唱されている．

(2) レギュラーバンドモデル

一酸化炭素（CO）の純回転帯や二酸化炭素（CO_2）の振動−回転帯などの線形分子の回転遷移に伴う吸収線群には，ほぼ同じ間隔で配列しているものがある（図 3.1 参照）．このように比較的規則的に分布する吸収帯に対して考案された

バンド平均の透過関数モデルをレギュラーバンドモデル（regular band models）という．その代表的なものにエルサッサーモデル（Elsasser model）がある．これはローレンツ線形の吸収線が同じ強度，同じ間隔で無限に並んでいる状態を仮定した場合のモデルであり，Elsasser（1942）により提示された．この場合，ある波数 ν における吸収係数 k_ν^E は，周期的に並ぶすべての吸収線からの寄与の足し合わせとして，次式のように書き表せる．

$$k_\nu^E = \left(\frac{S}{\pi}\right) \sum_{n=-\infty}^{n=\infty} \frac{\alpha_L}{[(\nu - n\delta)^2 + \alpha_L^2]} \tag{4.21}$$

このモデルでは，同形の吸収線が等間隔に繰り返しているので，1周期分の線間隔 δ 内における平均透過関数を求めれば，それがエルサッサーモデルの透過関数 $\mathcal{T}_{\Delta\nu}^E$ に等しい．したがって，$\mathcal{T}_{\Delta\nu}^E$ は次式で与えられる．

$$\mathcal{T}_{\Delta\nu}^E = \left(\frac{1}{\delta}\right) \int_{-\delta/2}^{+\delta/2} \exp[-k_\nu^E u] d\nu \tag{4.22}$$

上式の右辺は，解析的には解けずに，エルサッサー関数として知られる積分式（たとえば，Goody and Yung, 1989，（4.73）式）で表現される．$\mathcal{T}_{\Delta\nu}^E$ の値はエルサッサー関数の数値表などから得られる．エルサッサーモデルの仮定が現実大気の吸収帯に対してそのまま適用できる例は少ないので，現在このモデルはあまり利用されていない．

(3) ランダム（統計）モデル

水蒸気やメタンなど非線形分子の多くの吸収帯においては，いろいろな遷移モードの組み合わせの結果として吸収線の配列はきわめて不規則（ランダム）にみえる．このような吸収帯に適用されるランダムモデル（random models）あるいは統計モデル（statistical models）と呼ばれるバンドモデルの概念はグッディ（Goody, 1952）により提唱された．これは，吸収線の位置が不規則な吸収帯による吸収を統計的に扱う．ランダム（統計）モデルでは，波数幅 $\Delta\nu$ の中に N 個の吸収線が平均間隔 δ をもって，任意の位置に等しい確率でランダムに存在しうるとする（$\Delta\nu = N\delta$）．また，i 番目の吸収線が線強度 S_i と $S_i + dS_i$ の間にある確率を $P(S_i)$ とし，かつ，確率分布関数 $P(S)$ は 1 に規格化されているとする．すなわち，$\int_0^\infty P(S) dS = 1$．このとき，バンド平均の透過関数 $\mathcal{T}_{\Delta\nu}$ は，次式のように書き表される（たとえば，Liou, 1980, 4.5.3 項）．

4.3 透過関数のバンドモデル

$$\mathcal{T}_{\Delta\nu}(u) \approx \exp\left[-\frac{1}{\delta}\int_0^\infty P(S)\left\{\int_{\Delta\nu}(1-\exp[-Sf(\nu)u])d\nu\right\}dS\right] \quad (4.23)$$

吸収線強度の分布関数 $P(S)$ の与え方により,種々のモデルが提唱されている.グッディモデル (Goody model) では,$P(S)$ に次式のような平均吸収線強度 $\bar{S}$ をもつ指数分布関数を仮定した.

$$P(S) = \frac{1}{\bar{S}}\exp\left[-\frac{S}{\bar{S}}\right]; \quad \bar{S} = \int_0^\infty SP(S)dS \quad (4.24)$$

この分布関数およびローレンツ線形を (4.23) に代入して演算すると,グッディモデルにおけるバンド透過関数 $\mathcal{T}_{\Delta\nu}^{\mathrm{G}}$ は次式で与えられる.

$$\mathcal{T}_{\Delta\nu}^{\mathrm{G}}(u) = \exp\left[-\frac{\bar{S}u}{\delta}\left\{1+\frac{\bar{S}u}{\pi\alpha_{\mathrm{L}}}\right\}^{-1/2}\right] \quad (4.25)$$

さらに一般的な分布関数 $P(S) = (1/S)\exp[-S/\bar{S}]$ を用いたマルクムスモデル (Malkmus, 1967) のバンド透過関数 $\mathcal{T}_{\Delta\nu}^{\mathrm{M}}$ は,次式のように書き表せる(たとえば,Liou, 1992, 2.4.2 項).

$$\mathcal{T}_{\Delta\nu}^{\mathrm{M}}(u) = \exp\left[-\frac{\pi\alpha_{\mathrm{L}}}{2\delta}\left\{\left(1+\frac{4\bar{S}u}{\pi\alpha_{\mathrm{L}}}\right)^{1/2}-1\right\}\right] \quad (4.26)$$

このようにランダムモデルにおけるバンド透過関数 $\mathcal{T}_{\Delta\nu}(u)$ は,吸収物質量 u とともに,平均線間隔 δ,半値幅 α_{L} および平均線強度 $\bar{S}$ の 3 つのバンドパラメータの関数として表される.これらのパラメータは,室内実験データあるいは吸収線データを用いた LBL 計算を適用することで決定される.代表的なランダムモデルにおけるローレンツ線形の場合の等価幅 $w_{\mathrm{L}}(u)$ の弱吸収および強吸収の極限に対する近似式を,表 4.1 にまとめておく(会田,1982, p.143).

表 4.1 ランダムモデルの線強度分布関数および等価幅 $w_{\mathrm{L}}(u)$ の極限近似

モデル	線強度分布関数 $P(S)$	弱吸収近似	強吸収近似
グッディ (Goody)	$P(S) = \dfrac{1}{\bar{S}}\exp\left[-\dfrac{S}{\bar{S}}\right]$	$N\bar{S}u$	$N(\pi\alpha_{\mathrm{L}}\bar{S}u)^{1/2}$
ゴドソン (Godson)	$P(S) = \dfrac{\bar{S}}{(S_{\max}S)},\ (S<S_{\max})$	$N\bar{S}u$	$N(\pi\alpha_{\mathrm{L}}\bar{S}u)^{1/2}$
マルクムス (Malkmus)	$P(S) = \dfrac{1}{S}\exp\left[-\dfrac{S}{\bar{S}}\right]$	$N\bar{S}u$	$2N(\pi\alpha_{\mathrm{L}}\bar{S}u)^{1/2}$

($\bar{S}$ および $S_{\max}$ は,それぞれ S の平均値および最大値)

4.3.3 不均質大気への適用
(1) スケーリング近似

前項のバンドモデルの導入では,考えている気層において気圧,温度および吸収気体の密度を一定とした均質大気を仮定した.バンドモデルの結果を,光路に沿って温度・圧力(したがって,吸収線強度,線幅,吸収係数)および吸収物質量が変化する不均質大気へ適用することを考える.これは,光路に沿った高度積分の扱いの問題である.この問題に対する簡便な手法は,バンドモデルのパラメータをある等価な均質大気の気温,気圧および吸収物質量を用いたパラメータに置き換えて不均質大気の透過関数を近似するもので,これをスケーリング近似という.最も単純な近似は,吸収線パラメータを固定して,不均質の影響を吸収物質の量にかぶせる方法で,路程長のスケーリング近似と呼ばれる.この近似では,吸収係数 k_ν は次式のように波数 ν に依存する因子と気圧 p および温度 T に依存する因子との2つに分離できると仮定する.

$$k_\nu(p, T) \approx k_\nu(p_r, T_r)\Phi(p, T) \tag{4.27}$$

ここに,$k_\nu(p_r, T_r)$ はあらかじめ設定したある基準の気圧 p_r および温度 T_r における吸収係数を表す.また,$\Phi(p, T)$ をスケーリング因子(scaling factor)と呼び,次式のようにおく.

$$\Phi(p, T) = \left(\frac{p}{p_r}\right)^n \left(\frac{T_r}{T}\right)^m \tag{4.28}$$

すると,不均質光路に沿った光学的厚さ τ_ν は,次式のように近似することができる.

$$\begin{aligned}\tau_\nu &= \int_u k_\nu(p, T) du \\ &\approx k_\nu(p_r, T_r)\int_u \Phi(p, T) du = k_\nu(p_r, T_r)\tilde{u}\end{aligned} \tag{4.29}$$

ここに,

$$\tilde{u} \equiv \int_u \Phi(p, T) du = \int_u \left(\frac{p}{p_r}\right)^n \left(\frac{T_r}{T}\right)^m du \tag{4.30}$$

であり,$\tilde{u}$ をスケール化路程長(scaled amount)と呼ぶ.(4.29)は,ある基準の気圧・温度の気層に対して求めたバンドモデルは,異なる気圧・温度の気層に

4.3 透過関数のバンドモデル

対しても路程長 u を (4.30) のスケール化路程長 $\tilde{u}$ で置き換えれば,そのまま適用できることを意味する.この近似は,吸収線の裾部での吸収が重要になる場合によい結果を与えるが,中心部での吸収が効果的である上層大気では精度が劣る.また,指数 n および m の適正値が吸収帯により異なる.

(2) カーティス・ゴドソン近似

前項の1パラメータスケーリング近似よりも高い精度が期待できる近似法は,2つ以上の等価パラメータを用いる方法である.これらの等価パラメータは,透過関数の弱吸収および強吸収の極限における振る舞いを利用したスケーリングによって決められる.たとえば,実際の大気中では,高度による温度変化は気圧変化より小さいので,光路に沿った温度変化を無視(すなわち,線強度 $S(T) = \bar{S}$ = 一定)して,気層平均の気圧 $[p]$ と路程長 $[u]$ を利用する2パラメータスケーリング近似がある.この場合,弱吸収近似では,

$$\int_u S du = \bar{S} \int_u du = \bar{S}[u] \tag{4.31}$$

の関係が成り立つとし,また強吸収近似では,

$$\int_u S\alpha du = \bar{S} \int_u \alpha du = \bar{S}[\alpha][u] \tag{4.32}$$

の関係があるとする.ここに,[ ]は不均質光路に沿っての平均値を表す.半値幅 α は気圧 p に比例するとすれば((3.17)参照),

$$\int_u p du = [p][u] \tag{4.33}$$

として,気圧を平均化することができる.すなわち,不均質気層の等価パラメータとして,平均路程長 $[u]$ とともに,不均質気層において路程長を重みとして平均した気圧 $[p]$ または半値幅 $[\alpha]$ を使う.

さらに,温度・気圧がともに変化する一般の場合のカーティス・ゴドソン近似 (Curtis-Godson approximation) は,次式で与えられる3つのパラメータを用いる.

$$[S]_{CG} = \frac{\int_u S(T) du}{\int_u du} = \frac{\int_u S(T) du}{[u]} \tag{4.34a}$$

$$[\alpha]_{\mathrm{CG}} = \frac{\int_u S(T)\alpha(p,T)du}{\int_u S(T)du} = \frac{\int_u S(T)\alpha(p,T)du}{[S]_{\mathrm{CG}}[u]} \tag{4.34b}$$

すなわち，不均質な光路に沿ってのバンド透過関数は，光路に沿って平均した路程長 $[u]$，線強度 $[S]_{\mathrm{CG}}$，および半値幅 $[\alpha]_{\mathrm{CG}}$ をもつ等価な均質気層のバンド透過関数によって近似できる．一般に，カーティス・ゴドソン近似は，強吸収極限と弱吸収極限ではよい近似を与えるが，中程度の強さの吸収に対して精度はあまりよくない．この性質により，吸収の強い $CO_2\ 15\mu m$ 帯および H_2O 回転帯に対してはよい近似を与えるが，$O_3\ 9.6\mu m$ 帯に対しては精度が不十分であることが知られている．

4.4 相関 k 分布法

4.4.1 k 分布法

狭バンド透過関数法の最後として，不均質大気の放射伝達計算に近年急速に普及しつつある相関 k 分布法（correlated k-distribution method）の概念を紹介する．この方法は，均質大気のバンド平均の光線透過関数として導入された k 分布法（k-distribution method）を不均質大気に対して拡張するものであるので，まず，k 分布法について述べる（図4.7参照）．ここに，k は吸収係数の大きさを意味する．さて，均質大気中で波数区間 $\Delta\nu$ について平均した光線透過関数（$\mathcal{T}_{\Delta\nu}(u) = (1/\Delta\nu)\int_{\Delta\nu} \exp[-k_\nu u]d\nu$）の値は，その区間内における吸収係数 k_ν の詳細な波数分布（すなわち，波数の順序）によらない．そこで，波数区間 $\Delta\nu$ 内の吸収係数 k_ν を大きさの順に並べ替えたとき，その大きさが $k \sim k+dk$ の間にある確率を $f(k)$ と表すと（図4.7 (b)），バンド透過関数 $\mathcal{T}_{\Delta\nu}(u)$ は次式のように書き表せる．

$$\mathcal{T}_{\Delta\nu}(u) = \int_{k_{\min}}^{k_{\max}} f(k)\exp[-ku]dk \tag{4.35}$$

ただし，確率分布関数 $f(k)$ は次式のように正規化されているとする．

$$\int_{k_{\min}}^{k_{\max}} f(k)dk = 1 \tag{4.36}$$

ここに，$k_{\min}$ および $k_{\max}$ は，区間 $\Delta\nu$ 内における吸収係数の最小値および最大値であるが，数学的な便宜上，$k_{\min} \to 0$ および $k_{\max} \to \infty$ と拡張しても等価である．

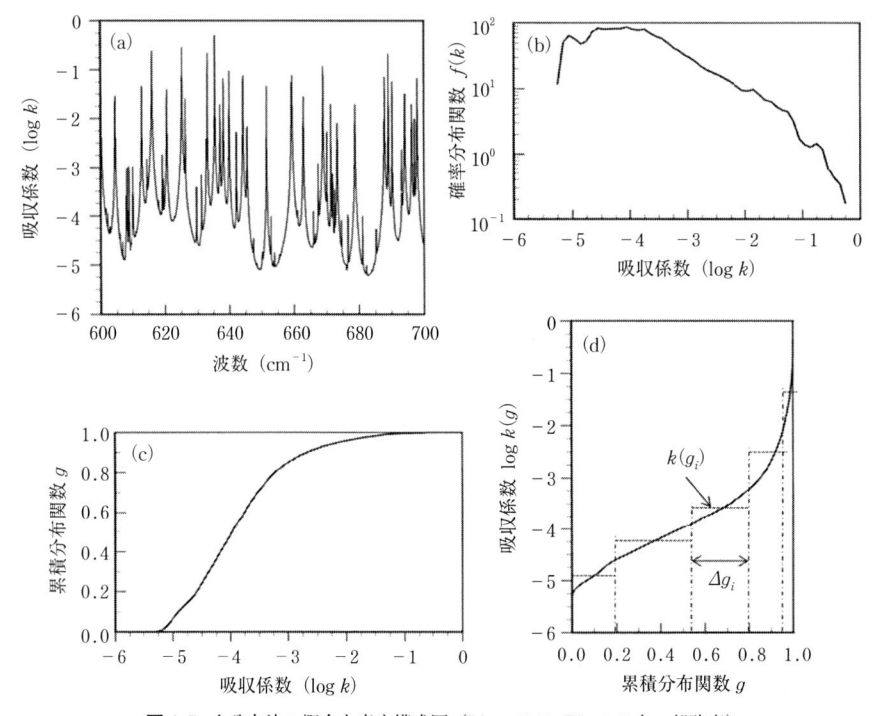

図 4.7 k 分布法の概念を表す模式図 (Liou, 2002, Fig. 4.5 を一部改変)
(a)：水蒸気回転帯の一部の吸収係数 k_ν (単位：$\mathrm{cm\,atm^{-1}}$) の波数分布 (波数分解 $0.01\,\mathrm{cm^{-1}}$, 気圧 600 hPa, 温度 260 K の LBL 計算例). (b)：吸収係数の確率分布関数 $f(k)$. (c)：吸収係数の大きさ k の関数として表した累積分布関数 $g(k)$. (d)：k を g の関数として表した k 分布関数, および求積法の区間分割の模式図.

さらに，確率分布関数 $f(k)$ を $k_\mathrm{min}=0$ から k まで積算した累積分布関数 $g(k)$ を導入する（図 4.7 (c)）．すなわち，

$$g(k) = \int_0^k f(k')dk' \tag{4.37}$$

ここに，$g(0)=0$，また，(4.36) より $g(\infty)=1$ である．累積分布関数 $g(k)$ は，k の滑らかな単調増加関数になるので，変数を逆にした $(g=g(k)$ を解いて k を g の関数として表した) 分布 $k(g)$ も g の滑らかな関数である（図 4.7 (d)）．これを，k 分布関数（k-distribution function）と呼んでいる．(4.37) より $dg(k) = f(k)dk$ であることを考慮して，(4.35) 右辺の積分変数を k から g に替えると次式を得る．

$$\mathcal{T}_{\Delta\nu}(u) = \int_0^1 \exp[-k(g)u]dg \tag{4.38}$$

上式は $\mathcal{T}_{\Delta\nu}(u)$ を求めるのに，波数区間 $\Delta\nu$ において変動の激しい吸収スペクトルを波数積分する代わりに，滑らかに変化する指数関数を変数 g について区間 $[0, 1]$ で積分すればよいことを意味する．これにより計算量が何桁も小さくなる利点がある．実際の (4.38) 右辺の積分は，ガウス求積法 (6.3.1 項参照) などの求積法を適用して積分区間を適当な幅 Δg_i をもつ N 個の副間隔に分割すると，次式のように近似できる．

$$\mathcal{T}_{\Delta\nu}(u) \approx \sum_{i=1}^N \exp[-k(g_i)u]\Delta g_i, \quad \text{ただし，} \sum_{i=1}^N \Delta g_i = 1 \tag{4.39}$$

上式の近似を k 分布法と呼ぶ．k 分布関数は，吸収線パラメータを用いた LBL 計算（たとえば，Chou and Arking, 1980）などからつくられる．ひとたび k 分布パラメータ（$k(g_i)$ および Δg_i；$i=1, \cdots, N$）を決めておけば，任意の吸収物質量 u に対する $\mathcal{T}_{\Delta\nu}(u)$ の値は (4.39) より直ちに求まる．k 分布法においてバンド透過関数を指数関数の和として表現することの実用的な利点は，バンド透過関数 $\mathcal{T}_{\Delta\nu}(u)$ による放射伝達計算を等価な吸収係数 $k(g_i)$ をもつ副間隔ごとの単色放射計算の和に帰着できることにある．また，副間隔ごとに気体吸収の効果を粒子散乱と同じ指数関数形で扱えるという利点があり，吸収気体を含む多重散乱大気の放射伝達計算に適している（第 6 章参照）．(4.39) のように均質大気のバンド透過関数を複数個の指数関数の和として近似する方法は 1970 年代に実用化され，指数関数和法（exponential sum fitting of transmission, ESFT）と呼ばれた．k 分布法と ESFT 法は数学的に等価である．この ESFT 法は 4.3.3 項のスケーリング近似と組み合わせて不均質大気の放射伝達計算に利用されてきた．たとえば，Asano and Uchiyama (1987) は，太陽放射の近赤外波長域における水蒸気吸収帯に対する ESFT パラメータを提示し，これらの吸収帯による放射加熱率の高度分布の計算に適用した．

4.4.2　相関 k 分布法

k 分布法では，波数積分を g 積分に置き換えるのに，吸収係数が気層内で一定であることを仮定する．3.4 節で述べたように，吸収係数は吸収線の強度や半値幅に関係しており，これらは気圧と温度に依存して変わるので，k 分布法を実際

の大気に適用するにはそのことを考慮する必要がある．気圧 p，温度 T が高度で変わる不均質大気におけるバンド透過関数 $\mathcal{T}_{\Delta\nu}(u)$ は，

$$\mathcal{T}_{\Delta\nu}(u) = \frac{1}{\Delta\nu}\int_{\Delta\nu} \exp\left[-\int_u k_\nu(p,T)du\right]d\nu \tag{4.40}$$

となり，均質大気の場合と違って，波数 ν の放射の透過率を与える指数関数の指数部が不均質光路に沿った積分になる．この積分の後で波数について積分する．問題は，k 分布法の (4.38) と同様に，(4.40) の波数積分を累積分布関数 g についての積分に置き換えることが可能であるか否かである．結論を先に述べると，この置き換えは「実用的に可能」であることが知られている．すなわち，不均質大気の場合にも k 分布法と同様の関係が成り立ち，$\mathcal{T}_{\Delta\nu}(u)$ は次式のように書き表すことができる．

$$\mathcal{T}_{\Delta\nu}(u) = \int_0^1 \exp\left[-\int_0^u k(g,u')du'\right]dg \tag{4.41}$$

さらに，不均質気層を L 個の均質とみなせる気層に分けると，上式は k 分布法の (4.39) と類似形の近似式で表せる．

$$\mathcal{T}_{\Delta\nu}(u) \approx \sum_{i=1}^{N} \exp\left[-\sum_{j=1}^{L} k(g_{i,j})u_j\right]\Delta g_i, \quad ただし，\sum_{i=1}^{N}\Delta g_i = 1 \tag{4.42}$$

ここで，添字 j は分割した気層の番号，L は分割数，u_j は j 層の路程長（吸収物質量）を意味する．$g_{i,j}$ は j 層における累積分布関数 g の i 番目の分割点の値であり，g の分割個数 N は全層で一定にとる．実際に不均質大気の透過関数を計算するには，対象の不均質大気のすべての気圧，温度を含むように，いろいろな気圧，温度の組み合わせに対してあらかじめ k 分布関数を用意しておく．これらを内挿することで，任意の気温，温度の組に対する k 分布パラメータ（$k(g_{i,j})$ および $\Delta g_i ; i=1, \cdots, N$）が得られる．

さて，ここで扱う不均質な光路に沿っての放射伝達は，ある特定の波数の放射（光子）の気層間における交換過程を記述するものであり，その光子は他の波数の光子に変化しない．(4.41) あるいは (4.42) が成り立つためには，気層ごとに吸収係数スペクトル，したがって，k 分布関数の形が異なるとしても，同じ g 値は各気層においてそれぞれ同じ波数（1個とは限らない）の組に対応することが保証されなければならない．この対応は，波数区間内に吸収線が1本のみの場合には，明らかに成り立つ．吸収線の中心波数ではどの高度でも吸収係数が最大

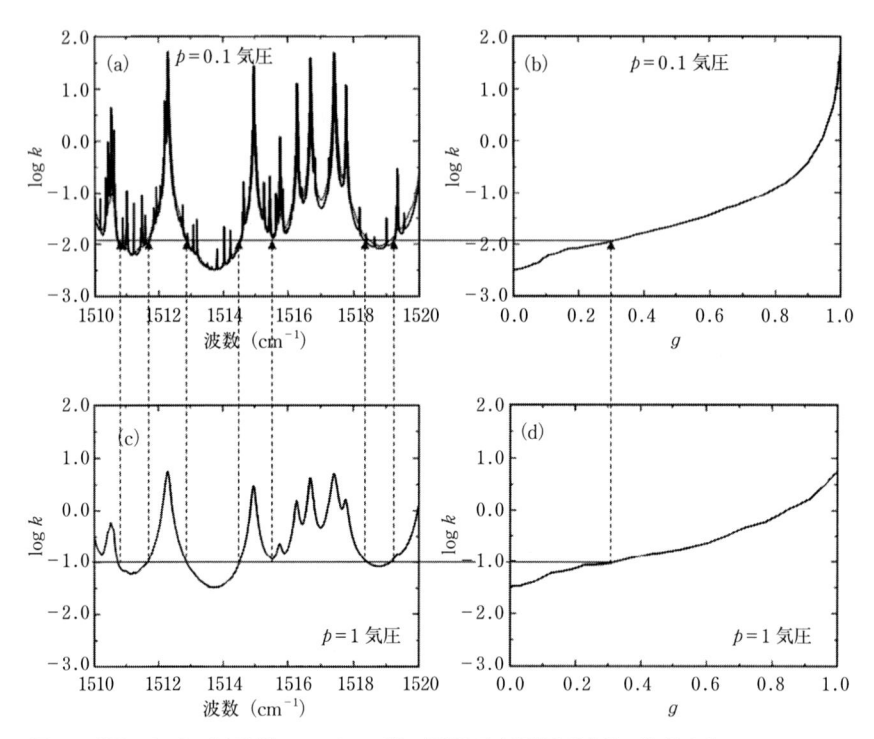

図 4.8 異なる気圧の吸収係数スペクトルの間の相関を示す相関 k 分布法の模式図 (Lacis and Oinas, 1991, Fig. 11 を一部改変)
水蒸気 6.3 μm 帯の一部 (波数域 1510～1520 cm^{-1}) の事例. (a): 実線は 0.1 気圧でのスペクトル, 点線は再現されたスペクトル. (b): (a) に対応する 0.1 気圧での k 分布関数. (c): 1 気圧の場合のスペクトル. (d): 1 気圧での k 分布関数. (a) の点線は, 異なる気圧のスペクトルおよび k 分布関数の間に相関があることを仮定して, (c) のスペクトルからマッピングにより再現した 0.1 気圧でのスペクトル. (c) において $\log k = -1.0$ の値の吸収係数を 0.1 気圧にマッピングする手順を図中に破線で付加した.

であり, 最も端の波数ではどの高度でも吸収係数が最小になるからである. しかし, 区間内に多数の吸収線が重合している一般の場合には, この対応は自明ではない. ただし, 実用上重要なことは, この対応が数学的に厳密に成り立つか否かの議論より, この近似が実際の問題にどの程度の精度で適用できるかである. 相関 k 分布法 (correlated k-distribution method) は, 「すべての高度において, k 分布は波数空間で相関がある」として, (4.41) と (4.42) とは等価であると近似する. このアイデアは最初に Lacis et al. (1979) によって提案された. その後, 相関 k 分布法の妥当性や適用性の検証などの数多くの研究を経て, 不均質

大気の多重散乱を含む放射伝達の高精度の計算に有効な手法であることが示された．相関 k 分布法による放射フラックス計算の誤差は，多くの場合 LBL 計算に対して1％以下とされる（後出の図4.10参照）．近年，多くの気候モデルにおいても相関 k 分布法が導入されている（たとえば，Hansen et al., 1983）．

ここで，実際の吸収線スペクトルに対して相関 k 分布法が精度のよい近似であることを示す例をあげる．図4.8は，0.1気圧および1気圧の高度における水蒸気 6.3μm 帯の吸収係数スペクトルと対応する k 分布関数を表す（Lacis and Oinas, 1991）．高い気圧での吸収係数スペクトルでは，吸収線の幅が広がり，また重なり合うために微細な構造が消えている．両方の気圧における k 分布に相関があるとして，1気圧の吸収係数スペクトルから0.1気圧の吸収係数スペクトルを再現した結果が，図4.8（a）の点線で示されている．再現されたスペクトル（点線）は，微細な構造を除くと本来のスペクトルとほぼ一致しており，相関 k 分布法が精度のよい近似法であることを示している．

4.5　晴天大気の赤外放射伝達

4.5.1　赤外放射冷却率

本章では散乱のない大気中での気体吸収帯における赤外放射フラックスの計算法の概要を述べた．任意の高度における上向きおよび下向きの放射フラックスが求まれば，それらの差として正味放射フラックスを得る．1.4.3項で述べたように，ある高度の気層の放射冷却率は，その気層に出入りする正味放射フラックスの収束・発散量に比例する．たとえば，波数区間 $\Delta\nu$ の赤外放射の吸収・射出による放射冷却率（radiative cooling rate）$Q_{\Delta\nu}(z)$ は，次式で与えられる（(1.52)参照）．

$$Q_{\Delta\nu}(z) \equiv (\partial T/\partial t)_{\Delta\nu} = -\frac{1}{C_p \rho_a(z)} \cdot \frac{\partial F_{\Delta\nu}^{\text{net}}(z)}{\partial z} \tag{4.43}$$

ここに，C_p は空気の定圧比熱（$C_p = 1005$ J kg^{-1} K^{-1}），ρ_a は空気密度である．$Q_{\Delta\nu}$ の値が正の場合に放射加熱を，負の場合に放射冷却を意味する．大気の放射冷却率の単位は，通常 [K day^{-1}] を用いる．上向き放射フラックス（4.10）と下向き放射フラックス（4.11）の差として正味放射フラックス $F_{\Delta\nu}^{\text{net}}(z)$ を求めて，(4.43) に代入して整理すると次式を得る．

$$Q_{\Delta\nu}(z) = \frac{\pi\Delta\nu}{C_p \rho_a(z)} \Big\{ -\big[\bar{B}_{\Delta\nu}(T_s) - \bar{B}_{\Delta\nu}(T(z))\big]\Big[\frac{\partial}{\partial z}\mathcal{T}^{\mathrm{f}}_{\Delta\nu}(0,z)\Big] \quad \cdots\cdots ① $$

$$-\bar{B}_{\Delta\nu}(T(z))\Big[\frac{\partial}{\partial z}\mathcal{T}^{\mathrm{f}}_{\Delta\nu}(z,\infty)\Big] \quad \cdots\cdots ②$$

$$-\int_z^\infty \big[\bar{B}_{\Delta\nu}(T(z')) - \bar{B}_{\Delta\nu}(T(z))\big]\Big[\frac{\partial^2}{\partial z'\,\partial z}\mathcal{T}^{\mathrm{f}}_{\Delta\nu}(z,z')\Big]dz' \quad \cdots\cdots ③$$

$$-\int_0^z \big[\bar{B}_{\Delta\nu}(T(z')) - \bar{B}_{\Delta\nu}(T(z))\big]\Big[\frac{\partial^2}{\partial z'\,\partial z}\mathcal{T}^{\mathrm{f}}_{\Delta\nu}(z',z)\Big]dz' \Big\} \quad \cdots\cdots ④ \quad (4.44)$$

ここに，$\mathcal{T}^{\mathrm{f}}_{\Delta\nu}(z,z')$ は高度 z と z' の間のバンド平均の散光（フラックス）透過関数である．また，大気下端に入射する放射は地表面が射出する黒体放射 $\bar{B}_{\Delta\nu}(T_s)$ であると近似し，大気上端（$z=\infty$）に入射する赤外放射はないとした．ある気層の放射による加熱・冷却は，その気層と他の気層との間の放射の授受の結果として生じるので，上式の右辺の｜｜内の各項がどのような放射の交換過程を表すかをみておく．第1項（①）は，考慮している気層と地表面との放射交換を意味する．通常は $T_s > T(z)$ であり，また，水蒸気のように大気の下層ほど大きな密度をもつ吸収気体の場合には $\partial \mathcal{T}^{\mathrm{f}}_{\Delta\nu}(0,z)/\partial z < 0$ であるので，①の値は正となり，放射加熱となる．第2項（②）は，その気層と大気上端（宇宙）との放射交換であるが，大気上端への入射はなく，また，通常 $\partial \mathcal{T}^{\mathrm{f}}_{\Delta\nu}(z,\infty)/\partial z > 0$ であるので，②は負の値となる．これは，その気層が宇宙空間へ直接射出して冷却することを表し，対宇宙冷却（cooling to space）と呼ばれる．赤外放射の全波数域にわたって第2項の値は，多くの場合に他の項の和よりも大きいので，赤外放射冷却率を第2項のみで近似することがある．これを対宇宙冷却近似という．一方，第3項（③）および第4項（④）は，それぞれ高度 z の気層とそれより上および下のすべての気層との間の放射交換の積算を表す．これらの項の寄与は，z 層と他の気層との温度差が大きく，かつ，近接する気層間の相互作用が強い（すなわち $\partial^2 \mathcal{T}^{\mathrm{f}}_{\Delta\nu}(z',z)/\partial z'\,\partial z$ の値が大きい）ほど，大きくなる．ただし，対流圏内のように気温が高度とともに直線的に減少する場合，高度 z が対流圏の中層にあるときには第3項と第4項の $[\bar{B}_{\Delta\nu}(T(z')) - \bar{B}_{\Delta\nu}(T(z))]$ の符号は逆になり，③の冷却効果と④の加熱効果は部分的に打ち消し合う．逆に，成層圏内のように高度とともに気温が高くなる場合には，③および④はそれぞれ加熱効果および冷却効果となり，やはり部分的に打ち消し合う．したがって，第3項と第4項を合

4.5 晴天大気の赤外放射伝達

わせた正味の効果が有効になるのは,対流圏界面や成層圏界面のような温度分布が極小あるいは極大になる領域である.そこでは③と④はともに加熱効果あるいは冷却効果となる.

4.5.2 モデル大気の赤外放射冷却率

本章で述べた計算法を実際の大気中の種々の吸収気体に適用するには,気体濃度と気温,気圧の高度分布を与える必要がある.大気放射学の分野では,熱帯・中緯度・亜寒帯・寒帯などの代表的な大気プロファイルのモデルが用意されており(たとえば,McClatchey *et al.*, 1972),放射計算の比較などに利用される.ここでは,モデル大気に対して計算された事例を用いて,赤外放射伝達による晴天大気の放射冷却を考察する.図4.9は,熱帯大気モデルにおける水蒸気(H_2O),二酸化炭素(CO_2)およびオゾン(O_3)の赤外吸収帯による放射冷却率の高度分布を表す.H_2Oに関しては,6.3μm振動-回転帯や純回転帯の吸収線バンドと連続吸収帯との寄与を分離して表示してある.まず,水蒸気の効果をみていく.水蒸気は対流圏下部に集中して存在し,高度とともにその濃度が急速に減少すること,また,赤外のほぼ全域にわたって吸収帯が存在することが特徴で

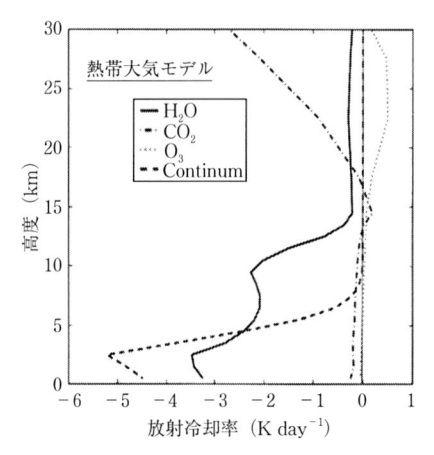

図4.9 熱帯大気モデルにおける水蒸気(H_2O),二酸化炭素(CO_2),オゾン(O_3)の赤外吸収帯による放射冷却率の高度分布(Petty, 2006, Fig. 10.8)
H_2Oに関しては,6.3μm振動-回転帯や純回転帯の吸収線バンドおよび連続吸収帯(Continum)の寄与を分離して表示.

ある．したがって，吸収線バンドにおいては，最下層を除く対流圏のほぼ全層で対宇宙冷却（(4.44) の②）が効果的である．高度 10 km および 3 km 付近にみられる冷却率の極大は，それぞれ純回転帯の効果，およびそれに重なった 6.3 μm 帯の効果によって生じる．純回転帯に比べて 6.3 μm 帯の効果が小さい理由は，後者の波長域が地球大気の温度範囲ではプランク関数の端の方に位置しており（図 4.1 参照），そこに含まれる放射エネルギーが小さいことによる．この図で眼を引くのは，3 km 以下の最下層に現れる H_2O 連続吸収帯による大きな放射冷却率である．3.5.1 項で触れたように連続吸収帯の吸収係数は水蒸気分圧に強く依存する．したがって，水蒸気が集中する最下層で連続吸収帯による対宇宙冷却が効果的に働くが，それより上層では連続吸収帯の影響は水蒸気密度の減少に伴って急減する．

次に，二酸化炭素による放射冷却をみる．CO_2 の体積混合比は対流圏から成層圏の全層にわたってほぼ一定であり，また，大気モデルによる濃度分布の違いも小さい．赤外放射の授受に関与する主要な吸収帯は，15 μm 振動-回転帯である．対流圏では高い気圧による吸収線の広がりと重合のため，この吸収帯はきわめて強い．したがって，ある高度の気層から射出された放射は温度のあまり違わない隣接した層でほとんど吸収されてしまう．また，逆の交換もあるので，その気層での正味の放射交換量は小さくなる．これが，対流圏において CO_2 の放射冷却率が小さいことの理由である（図 4.4 参照）．高度が上がり気圧低下とともに吸収線が狭まるにつれ，対宇宙冷却の効果が効いてくる．これにより，成層圏では高度とともに CO_2 による冷却率が増大している．なお，低温の対流圏界面付近で CO_2 による弱い加熱がみられるのは，前項で述べた (4.44) の第3項と第4項の効果である．最後にオゾンの効果をみる．O_3 は成層圏の高度 20〜25 km に濃度分布の極大をもつ．9.6 μm 付近と 14 μm 付近に吸収帯があるが，強いのは 9.6 μm 帯である．図 4.9 において，対流圏ではオゾンがほとんどないので冷却率はほぼゼロであるが，高度約 30 km までの成層圏では弱い加熱がみられる．これは，オゾン層の下部において，地表面からの赤外放射が 9.6 μm 帯で吸収された結果であり，(4.44) の第1項の効果に対応する．図には示されていないが，30 km より上の成層圏ではオゾン層上部の対宇宙冷却が有効になり，50 km 付近の成層圏界面では放射冷却率が約 2 K day^{-1} に達する（Fu and Liou, 1992）．

4.5 晴天大気の赤外放射伝達

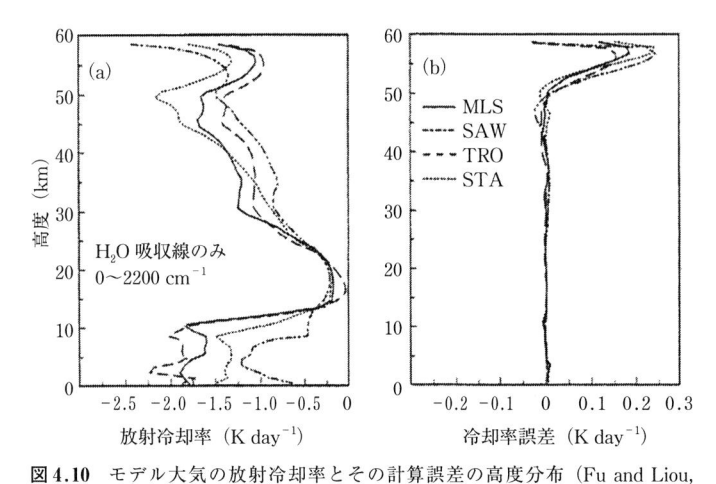

図 4.10 モデル大気の放射冷却率とその計算誤差の高度分布（Fu and Liou, 1992, Fig. 5）
(a)：異なる大気モデルにおける水蒸気（H_2O）の振動-回転帯と純回転帯による放射冷却率のLBL法により計算された高度分布．(b)：相関k分布法を用いて計算した場合の誤差（LBL計算との差）の高度分布．それぞれ，中緯度夏（MLS），亜寒帯冬（SAW），熱帯（TRO），および米国標準（STA）の各大気モデルに対する結果．

上記の例は，大気プロファイルが熱帯モデルの場合に対するものである．気温や水蒸気などの高度分布が異なれば，放射冷却率の分布も当然違ってくる．図 4.10 には，熱帯モデルに加えて，中緯度夏モデル，亜寒帯冬モデル，および米国標準大気モデルを用いた場合の水蒸気の回転帯と振動-回転帯による放射冷却率の高度分布を示した．大気プロファイルによって H_2O による放射冷却率が大きく変わることが示されている．また，図では，相関k分布法を用い計算した場合の誤差を，LBL法による精密な計算の結果からの差として示した．成層圏界面より上を除いて相関k分布法は十分によい結果をもたらすことが示されている．本節でみてきたように，地球大気は対流圏界面付近を除いて，吸収気体の赤外放射伝達により冷却している．冷却率の範囲は，対流圏では$1 \sim 3 \, \mathrm{K \, day^{-1}}$の程度であり，成層圏では上層ほど大きく成層圏界面付近で$10 \, \mathrm{K \, day^{-1}}$のオーダーに達する．なお，実際の晴天の対流圏における放射冷却率の高度分布の観測事例を後出の図 6.10 に示す．

5章 大気微粒子による光散乱

本章では，大気中の微粒子による光（電磁波）の散乱過程を学ぶ．まず，大気微粒子による散乱過程の特徴およびその定式化について述べる．次いで，任意サイズの1個の均質な球形粒子による光散乱の厳密解であるミー散乱理論の概要とミー散乱の特徴を概観する．また，粒子のサイズが入射波長に比べて非常に小さい場合のレイリー散乱，逆に非常に大きい場合の幾何光学近似による解法についても述べる．さらに，光散乱による大気光学現象についても触れる．最後に，いろいろなサイズの大気微粒子を含む体積の散乱特性を記述する．

5.1 大気粒子と散乱過程

大気中には空気分子以外にも，各種のエーロゾル粒子，雲粒や雨滴などの水滴，氷晶や雪片，霰などの氷粒子などの多様な粒子状の物質が存在する．放射はこれらの粒子によって散乱され，あらゆる方向に拡散していく．大気粒子による散乱を考える場合には，放射を電磁波として扱う．散乱の様相と効果は，粒子の大きさ，光学特性および形状などに依存して大きく異なる．このうち最も重要な物理特性は，入射する放射（電磁波）の波長に対する粒子の相対的な大きさである．粒子が球形であるとして，その大きさを半径 r で代表するとき，次式で定義される無次元量 x をサイズパラメータ（size parameter）と呼ぶ．

$$x \equiv \frac{2\pi r}{\lambda} \tag{5.1}$$

すなわち，サイズパラメータは，入射波長 λ に対する球粒子の中心断面の円周長（$2\pi r$）の比である．なお，非球形粒子のサイズパラメータは，取り扱う問題に応じて，同じ体積または断面積をもつ球，あるいは粒子の最大長を直径とする球などの粒径を用いて表される．散乱の様相はサイズパラメータによって大きく異なる．図5.1に，サイズパラメータの値に応じて適用できる散乱理論の大雑

5.1 大気粒子と散乱過程

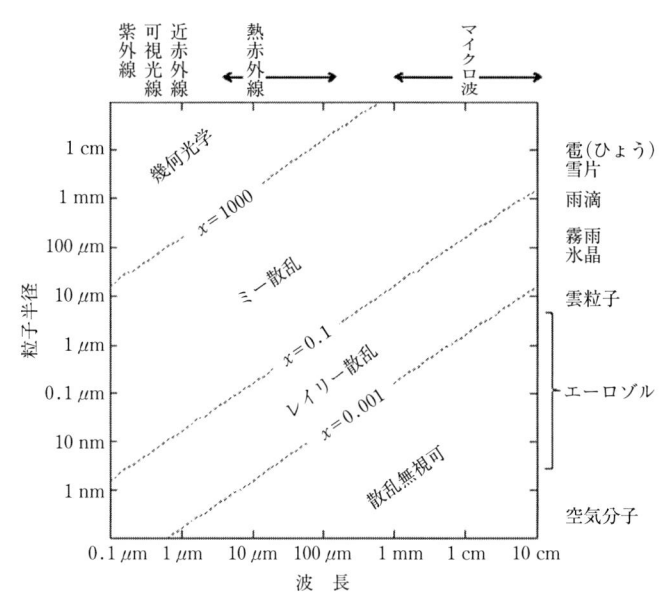

図 5.1 大気粒子のサイズと入射波長による散乱パターンの違い
境界のサイズパラメータ x の値はオーダーを表し，厳密な値ではない．

把な範囲を示す．サイズパラメータの値がきわめて小さい（$x \leq 0.001$）場合には散乱の効果は無視できる．また，粒子が入射波長に比べて十分に小さい（$0.001 \leq x \leq 0.1$）場合にはレイリー散乱（5.3節）が適用でき，波長と同程度以上の大きな球形粒子に対してはミー散乱（5.4節）と呼ばれる散乱理論が適用できる．さらに，十分大きなサイズパラメータ（$x \geq 1000$）に対しては幾何光学の近似法が有効になる（5.5節）．大事なことは散乱の様相は粒子そのものの大きさではなく，波長に対する相対的な大きさに依存することである．したがって，Å単位の空気分子による太陽可視光の散乱と mm 単位の雨滴による気象レーダー電波の散乱とが，同じくレイリー散乱として記述できる．

散乱において次に重要な粒子の物理特性は，複素屈折率（complex index of refraction）として表される光学特性である．補章 B で触れるように，複素屈折率の実数部の値は，物質中における電磁波の速度，すなわち屈折率（refractive index）を決める．一方，その虚数部の値は粒子物質による吸収の強さを表す．したがって吸収性のない物質に対しては虚数部の値はゼロである．散乱において

重要なパラメータは，粒子物質そのものの複素屈折率 $\tilde{N}_1$ ではなく，粒子が存在する周囲の媒質の複素屈折率 $\tilde{N}_2$ に対する相対値である．角周波数 $\omega \equiv 2\pi\tilde{\nu}$ の電磁波の時間変動項を $\exp[+i\omega t]$ とおいたとき，相対的な複素屈折率 $\tilde{m}$ は次式のように書き表せる（補章 B 参照）．

$$\tilde{m} \equiv \frac{\tilde{N}_1}{\tilde{N}_2} = m_r - m_i i \tag{5.2}$$

ここに，m_r および m_i は，それぞれ相対複素屈折率 $\tilde{m}$ の実数部と虚数部を表す．また，$i \equiv \sqrt{-1}$ であり，虚数単位を表す．なお，時間変動項の指数部の符号のとり方は任意であり，$\exp[-i\omega t]$ とした場合には，$\tilde{m} = m_r + m_i i$ とおくと m_i は負値にならない．複素屈折率の値は，粒子の物質組成に依存し，一般に波長によって異なる．空気分子による太陽光の散乱を考える場合には真空中（$\tilde{N}_2 = 1.0 - 0.0i$）に分子があるとするが，エーロゾルや雲粒子などによる散乱の場合には空気中にそれらの粒子が存在しているとする．なお，太陽放射の主要波長域における 1 気圧の乾燥空気の屈折率 m_r は，次式で近似できる（『理科年表 2008』）．

$$(m_r - 1) \times 10^8 = 6432.8 + \frac{2949810}{146 - \lambda^{-2}} + \frac{25540}{41 - \lambda^{-2}} \tag{5.3}$$

ここに，λ は真空中の波長で，単位は μm である．このように空気の屈折率は真空の値（$m_r = 1$）とあまり違わないので，実用上はエーロゾルや雲粒子などの散乱粒子は真空中に存在するとしてよい．

　粒子の形や表面状態も散乱特性に大きな影響を及ぼす．硫酸エーロゾルや雲粒，雨滴などの液体の粒子は球形と近似でき，後述のミー散乱理論が適用できる．一方，土壌ダストや海塩粒子，氷晶などの固体の粒子はさまざまな形状を有する．ただし，多様な非球形粒子の散乱特性を効率的に計算できる汎用の散乱理論は現在のところない．非球形粒子による光散乱の問題は，本書の範疇を超えるので，興味のある読者は専門書を参照されたい（5.4.3 項参照）．本章では，大気粒子を球形と仮定して，それらの 1 次散乱特性がレイリー散乱およびミー散乱の理論でどのように記述されるかをみていく．

　散乱理論に入る前に，地球大気における散乱過程の特徴をまとめておく．本章では，1 個の粒子による 1 回の単散乱（single scattering）のメカニズムを扱うが，実際の大気中では，放射は種々の大気粒子によって多数回の多重散乱（multiple scattering）を受けて，拡散していく．多重散乱による放射伝達につい

ては次章で述べる.さて,多数の大気粒子による散乱を考える場合,粒子間の平均距離は,通常は粒径の10倍以上あるので,各粒子による散乱は他の粒子とは無関係に独立に起こるとみなすことができる.これを独立散乱 (independent scattering) の近似という.たとえば,地表面付近 (1気圧) の空気分子の数密度は約 2.7×10^{19} cm^{-3} であるので,分子間の平均距離は約3nmとなり,空気分子の直径の10倍ほどの大きさである.また,数密度がそれぞれ 10^4 cm^{-3} と 100 cm^{-3} の代表的なエーロゾルおよび雲粒の場合には,平均の粒子間距離はそれぞれの平均直径の1000倍および100倍の位であるので,やはり独立散乱の仮定が当てはまる.さらに,大気中で粒子は勝手に動いているので各粒子の位置は不規則であり,それぞれ独立に散乱された光(散乱電磁波)の間に,整合した位相関係はない.すなわち,これら散乱波の間に干渉は起きない.このような散乱を非干渉性散乱 (incoherent scattering) と呼ぶ.この場合には,複数の粒子による散乱効果は,個々の粒子による散乱電磁波の振幅の重ね合わせではなく,強度(すなわち,振幅の2乗)の和として得られる.つまり同種の N 個の粒子による散乱強度は,1個の粒子の散乱強度の N 倍となる.この独立散乱と非干渉性散乱の仮定に基づく散乱光強度の加法性は,いろいろな粒径分布をもつ種々の粒子が混在する大気中における散乱過程の理論的扱いを簡単化する (5.6節参照).

5.2 光散乱過程の定式化

観測される光(電磁波)は,一般に,それぞれが持続時間 $<10^{-8}$ 秒(長さ $<\sim 3$ m)程度の波列 (wave trains) が,無数に重なり混合したものとみなせる.各波列は単色であり,完全偏光(一般には楕円偏光)している.観測される光は,無数の波列が混合した正味効果として測られ,一般には部分偏光している(補章A参照).一方,太陽からの放射のようにまったく偏光していない光を無偏光または自然光 (natural light) と呼ぶ.太陽放射は太陽光球面の全体から射出された互いに無関係な無数の波列が混合したものであり,その結果として無偏光となる.部分偏光は完全偏光と自然光との重ね合わせとして表すことができる.また,楕円偏光は,互いに直交する2つの直線偏光に分解することができる.したがって,さまざまな偏光状態にある入射光の散乱問題は,入射光が互いに直交する直線偏光に対する散乱問題を解くことに帰着する.

いま,図5.2のように z 軸方向に伝播する直線偏光した正弦波形の入射光が

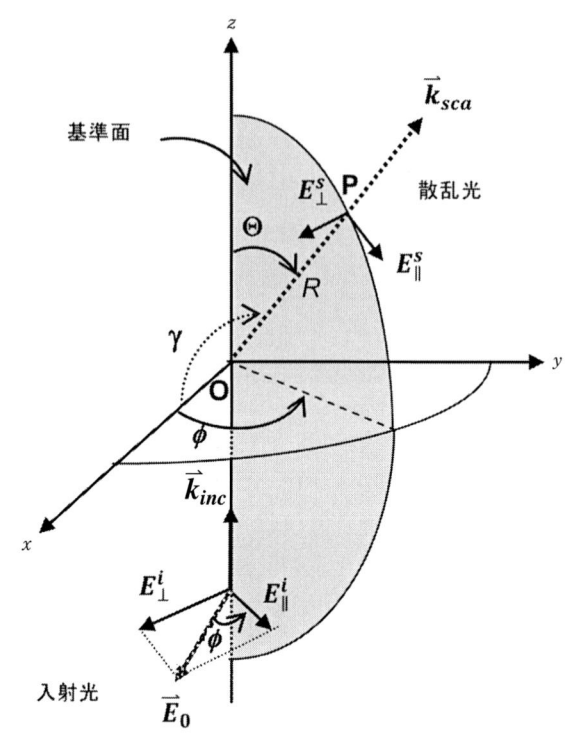

図 5.2 散乱の空間座標の模式図

z 軸方向に進む入射光 $\vec{k}_{inc}$ が O 点の粒子によって散乱され，距離 R 離れた任意の点 P において散乱光 $\vec{k}_{sca}$ を観測するとした場合．入射光の進行方向 $\overrightarrow{Oz}$ と散乱方向 $\overrightarrow{OP}$ を含む面を基準面にとる．入射光は直線偏光であるとし，その電場 $\vec{E}_0$ は x 軸に平行に振動しているとする．入射電場の基準面に平行な成分を $E_\parallel^i$ とし，垂直な成分を $E_\perp^i$ と表す．$E_\parallel^s$ および $E_\perp^s$ は，それぞれ観測点 P において基準面に平行および垂直な方向の散乱電場の振幅を表す．基準面上で P 点の座標は $(R;\Theta,\phi)$ で表せる．天頂角 Θ は散乱角に相当する．入射電場の振動方向（この場合は x 軸）と散乱光の進行方向との成す角を γ とする．これらの角の間には $\cos\gamma = \sin\Theta\cos\phi$ なる関係がある．

O 点にある球形粒子によって散乱される場合を考える．なお，入射波は，散乱粒子を一様に照射するに十分な広がりをもつ位相の揃った平面電磁波であるとする．また，入射光の電場ベクトル $\vec{E}_0$ 次式のように表せるとする（補章 A 参照）．

$$\vec{E}_0 = E_0 \vec{n}_x \exp[-ikz + i\omega t] \tag{5.4}$$

5.2 光散乱過程の定式化

ここに,矢印つきの太字は大きさとともに方向性をもったベクトル量であることを表す.$\vec{n}_x$ は x 軸方向の単位ベクトルである.また,$k \equiv 2\pi/\lambda$ は波長 λ の電磁波の伝播波数(または,位相定数)であり,角周波数 ω と光速 c との間に $\omega = kc$ の関係がある.入射光と散乱光の進行方向を含む面を散乱場を記述する基準面(reference plane)にとる.入射電場ベクトル $\vec{E}_0$ の基準面に平行および垂直な振幅成分を $E_\parallel^i$ および $E_\perp^i$ と表すと,図 5.2 の場合には,$E_\parallel^i = E_0 \cos\phi$ および $E_\perp^i = E_0 \sin\phi$ である.散乱粒子から離れた観測点 P における散乱光の電場ベクトルの成分を $E_\parallel^s$ および $E_\perp^s$ とおくと,散乱過程は時間振動項 $e^{i\omega t}$ を消去して一般に次式の関係式で書き表される(たとえば,van de Hulst, 1981).

$$\begin{bmatrix} E_\parallel^s \\ E_\perp^s \end{bmatrix} = \frac{\exp[-ikR + ikz]}{ikR} \begin{bmatrix} S_2 & S_3 \\ S_4 & S_1 \end{bmatrix} \begin{bmatrix} E_\parallel^i \\ E_\perp^i \end{bmatrix} \tag{5.5}$$

右辺の分数項は,散乱体から十分遠方($R > \lambda$)では,散乱波がそれぞれの方向に球面波として広がり,その振幅は距離 R に反比例して減衰することを表している.その分子は,入射光からみた散乱光の位相の遅れを表す.また,分母の ik は,要素 $S_1 \sim S_4$ からなる行列を無次元化する便宜上で付加される.この行列は,散乱電磁波が受ける振幅の変調を表す項で,散乱振幅行列と呼ばれる.散乱問題を解くことは,行列要素の振幅関数(amplitude functions)$S_1 \sim S_4$ を求めることにほかならない.なお,均質な球形粒子による散乱の場合には,$S_3 = S_4 = 0$ となることが知られている.また,S_1 および S_2 は,サイズパラメータ x,複素屈折率 $\tilde{m}$ および散乱角 Θ の関数であり,一般には複素数となる.振幅行列の角度依存に関して,散乱粒子が均質な球の場合には方位角 ϕ に無関係になり,天頂角(すなわち散乱角)Θ のみに依存する.

さて,放射の強度は電磁波の振幅の 2 乗に比例するので,球形粒子による散乱光の基準面に垂直および平行な強度成分($I_\perp^s$ および $I_\parallel^s$)は,それぞれ次式で与えられる.

$$I_\perp^s(x, \tilde{m}; \Theta, \phi) = I_\perp^i \frac{i_1(x, \tilde{m}; \Theta)}{(k^2 R^2)} = I_0 \frac{i_1}{k^2 R^2} \sin^2\phi \tag{5.6a}$$

$$I_\parallel^s(x, \tilde{m}; \Theta, \phi) = I_\parallel^i \frac{i_2(x, \tilde{m}; \Theta)}{(k^2 R^2)} = I_0 \frac{i_2}{k^2 R^2} \cos^2\phi \tag{5.6b}$$

ここに,i_1 および i_2 は,次式で定義される関数である.

$$i_1(x,\tilde{m};\Theta) \equiv |S_1(x,\tilde{m};\Theta)|^2; \quad i_2(x,\tilde{m};\Theta) \equiv |S_2(x,\tilde{m};\Theta)|^2 \quad (5.7)$$

それぞれ垂直成分と水平成分の散乱の強度関数（intensity functions）と呼ばれる．また，$I_0 = |E_0|^2$ は入射光の強度であり，$I_\perp^i = |E_\perp^i|^2$ および $I_\parallel^i = |E_\parallel^i|^2$ は基準面に垂直および水平な成分である．任意の (Θ, ϕ) 方向の全散乱光強度は，

$$I^s(x,\tilde{m};\Theta,\phi) = I_\perp^s + I_\parallel^s = \frac{I_0}{k^2 R^2}(i_1 \sin^2\phi + i_2 \cos^2\phi) \quad (5.8)$$

で与えられる．特に自然光の入射の場合には，$I_\perp^i = I_\parallel^i = I_0/2$ とおけるので，$I^s = (I_0/2k^2 R^2)(i_1 + i_2)$ となり，散乱光の全強度は方位角に無関係になる．

1個の粒子によって全空間に散乱された放射エネルギーがある面に入射するエネルギーに等しいとしたとき，その面の大きさを散乱断面積（scattering cross section）という．散乱断面積 σ_s は次式で定義され，面積の単位で与えられる．

$$\sigma_s(x,\tilde{m}) \equiv \frac{1}{I_0 \Delta\omega}\int_\Omega (I^s \Delta\omega) R^2 d\omega' = \frac{R^2}{I_0}\int_0^{2\pi}\int_0^\pi I^s(x,\tilde{m};\Theta,\phi)\sin\Theta d\Theta d\phi \quad (5.9)$$

ここに，$\Delta\omega$ および Ω は，それぞれ空間の微小立体角および全立体角を表す（1.1.3項（1）参照）．また，散乱過程による消散断面積は前方散乱 $(\Theta=0)$ の振幅に比例するという光学定理（optical theorem）によると（たとえば，van de Hulst, 1981；Born and Wolf, 1965），サイズパラメータ x の球粒子の消散断面積 σ_e は次式のように書き表される．

$$\sigma_e(x,\tilde{m}) = \frac{4\pi}{k^2}Re[S(x,\tilde{m};0)] \quad (5.10)$$

ここに，$S(x,\tilde{m};0)$ は前方 $(\Theta=0)$ 方向の振幅関数 $(S(0) = S_1(0) = S_2(0))$ を表し，Re は [ ] 内の複素変数の実数部のみをとることを示す．単散乱アルベド ϖ は，散乱断面積と消散断面積の比として $\varpi \equiv \sigma_s/\sigma_e$ で定義される．

一般に散乱によって，入射光の偏光状態は変化を受ける．散乱光の偏光状態は散乱粒子のサイズや物性，形状などに関する情報を含むので，大気や雲のリモートセンシングにおいては偏光状態の測定が有効である．たとえば直線偏光度（degree of linear polarization）LP は，大気混濁度，散乱粒子の形状や吸収性などの指標として利用されており，全散乱光強度に対する直線偏光成分の差の割合として次式で定義される．

$$LP(x, \tilde{m}; \Theta, \phi) \equiv \frac{(I_\perp^s - I_\parallel^s)}{(I_\perp^s + I_\parallel^s)} \tag{5.11}$$

直線偏光度は垂直〔水平〕成分が卓越する場合に正〔負〕の値をとる．特に入射光が自然光の場合には，LP の角度分布は方位角に無関係となり，散乱角 Θ のみに依存する．ただし，散乱に伴う偏光状態の変化を完全に記述するには，放射場をストークスパラメータ（補章 A 参照）を用いて表現する必要がある．その場合の偏光状態の変化は 4 行×4 列の散乱マトリックス（A.17）を用いて記述される．一般に偏光を考慮した放射伝達計算は複雑で手数のかかるものになる．本章では，主に全散乱光強度に着目して，偏光状態に関しては，直線偏光度 LP を除いて，これ以上立ち入らない．

5.3 レイリー散乱

5.3.1 レイリー散乱理論

　入射波長に比べてきわめて小さい均質な球形粒子による散乱を考える．この散乱過程は，空気分子による太陽光の散乱問題を解いたレイリー卿（Lord Rayleigh）を称してレイリー散乱（Rayleigh scattering）と呼ばれる．彼は，入射する電磁波によって微小な粒子内に誘起される電気双極子による 2 次放射が散乱光であるとして，その散乱の理論解を得た．そして，その結果を用いて青空が生じる理由を説明した．レイリー理論によると，入射波長より十分小さい均質な球粒子が振動する電磁波に曝されると，粒子内部に入射光に同期して振動する電気双極子が誘起される（これを誘導分極という）．その電気双極子モーメントの大きさは，粒子の分極率と入射電場の振幅に比例する．振動する電気双極子からは，十分遠方における振幅が電気双極子モーメントの加速度（すなわち時間についての 2 階微分）に比例する電磁波が放射される（補章 A 参照）．これがこの場合の散乱波である．上記の結果は，数式では下記のように表せる．すなわち，入射電場の時間振動項を $\exp[i\omega t] = \exp[ickt]$ として図 5.2 を参照すると，入射光の電場ベクトル $\vec{E_0}$ と角 γ を成す方向の P 点における散乱波の電場 $\vec{E^s}$ は次式で与えられる．

$$\vec{E^s} = -\vec{E_0} \frac{e^{-ik(R-ct)}}{R} k^2 \alpha \sin\gamma \tag{5.12}$$

ここに，比例係数 α は分極率（polarizability）であり，$-k^2$ は振動する電気双

極子モーメントの時間に関する2階微分から出てくる．また，$\sin\gamma$項はP点からみた電気双極子モーメントの大きさがそれに比例することを表す．すなわち，電気双極子モーメントの大きさは，電気双極子を真横（$\gamma=\pi/2$）からみた場合に最大であり，真上や真下（$\gamma=0, \pi$）からみた場合にはゼロとなる．これを図5.2に当てはめると，レイリー散乱光の基準面に垂直および平行な振幅成分は，(5.5)の行列形式では次式のように書ける．

$$\begin{bmatrix} E_\parallel^s \\ E_\perp^s \end{bmatrix} = -\frac{e^{-ik(R-ct)}}{R} \begin{bmatrix} k^2\alpha\sin\left(\frac{\pi}{2}-\Theta\right) & 0 \\ 0 & k^2\alpha\sin\left(\frac{\pi}{2}\right) \end{bmatrix} \begin{bmatrix} E_\parallel^i \\ E_\perp^i \end{bmatrix}$$

$$= -\frac{e^{-ik(R-ct)}}{R} k^2\alpha \begin{bmatrix} \cos\Theta & 0 \\ 0 & 1 \end{bmatrix} \begin{bmatrix} E_\parallel^i \\ E_\perp^i \end{bmatrix} \quad (5.13)$$

放射の強度は電磁波の振幅の2乗に比例するので，入射光の強度を $I_0=|E_0|^2$ とするとき，散乱光の強度 $I^s=|E^s|^2$ は，(5.12) より次式で与えられる．

$$I^s = \left(\frac{1}{R^2}\right) I_0 k^4 \alpha^2 \sin^2\gamma \quad (5.14)$$

この式は，レイリー散乱の特徴を表している．まず，散乱光強度 I^s は，k^4 に比例，すなわち波長 λ の4乗に逆比例する．また，その空間分布は $\sin^2\gamma$ に比例して変化する．たとえば，$\gamma=0$ および $180°$ の方向（入射電場の振動方向である x 軸に平行な方向）では，$I^s=0$ となる．すなわち，電気双極子はその振動方向には放射しない．他方，$\gamma=90°$ および $270°$ の場合，すなわち，入射光の振動方向に直角な基準面（図5.2では，y 軸と z 軸を含む面）の上では，I^s は散乱角 Θ によらず一定の最大値をとる．角 γ を極座標 (Θ, ϕ) で表し，散乱強度の3次元空間分布を図示すると，図5.3 (a) のようなドーナツ型の分布になる．上述のように，電気双極子の振動方向には散乱光はなく，それと直角な方向で最大の強度になる．図5.3 (a) の分布図を中心の電気双極子モーメントに平行な x-z 面および垂直な y-z 面で切って，それぞれの面上で散乱角 Θ について表した分布が，図5.4の曲線 a および曲線 b となる．それらは，それぞれの基準面に平行および垂直に完全偏光した成分の強度分布に対応している．前者（曲線 a）は $\cos^2\Theta$ に比例した分布になるが，後者（曲線 b）は散乱角によらない等方的な分布になる．

5.3 レイリー散乱

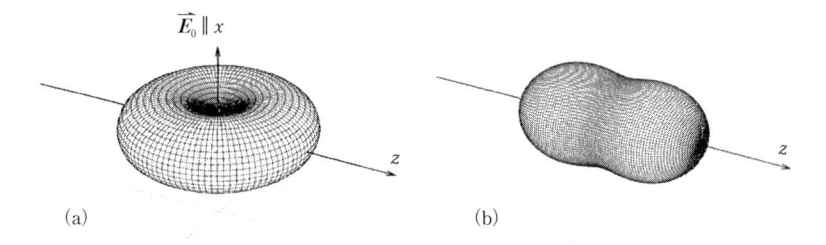

図 5.3 レイリー散乱光強度の 3 次元空間分布 (Petty, 2004, Fig. 12.3 を一部改変)
(a) x 軸に平行に振動する直線偏光の入射の場合. (b) 無偏光 (自然光) の入射の場合.

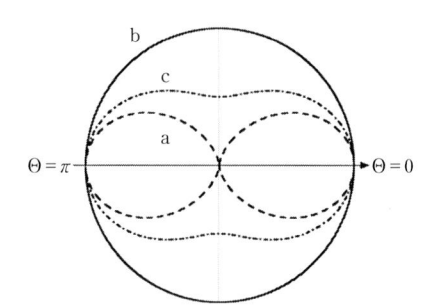

図 5.4 レイリー散乱位相関数の散乱角パターン
入射する直線偏光の電気ベクトルが基準面 (紙面) に平行 (a) および垂直 (b) な場合. (c) 入射光が無偏光 (自然光) の場合.

入射光が自然光の場合には，入射光の電場ベクトルの振動方向は z 軸まわりのあらゆる方向をとりうるので，その場合の散乱強度の空間分布は，図 5.3 (a) の分布を方位角 ϕ について積分して平均化することにより得られ，図 5.3 (b) の繭形の分布になる．任意の基準面におけるこれの散乱角分布は，$(1+\cos^2\Theta)/2$ となり，図 5.4 の曲線 c で表される．これは，図 5.4 の曲線 a と曲線 b の平均であることを想起されたい．したがって，全散乱強度 $I^s = I^s_\perp + I^s_\parallel$ は，入射光強度の偏光成分を $I^i_\perp = I^i_\parallel = I_0/2$ とおくと，次式で与えられる．

$$I^s = \frac{1}{R^2} I_0 \alpha^2 \left(\frac{2\pi}{\lambda}\right)^4 \frac{1+\cos^2\Theta}{2} \tag{5.15}$$

この式は Rayleigh (1871) によって導出されたレイリー散乱の原式である．また，この場合の 1.3.2 項で導入した基準化された位相関数 $P_R(\cos\Theta)$ は，次式のようになる．

$$P_R(\cos\Theta) = \frac{3(1+\cos^2\Theta)}{4} \tag{5.16}$$

5.3.2 空気分子によるレイリー散乱

さて，上記のレイリー散乱理論を空気分子による太陽放射の散乱に適用するには，散乱効果の大きさを表す散乱断面積を導入するとともに，ミクロな量である空気分子の分極率 α をマクロな量である空気の屈折率で表現すると便利である．この場合の散乱断面積 σ_s^R は，(5.9) に (5.15) を代入して積分することにより，次式を得る．

$$\sigma_s^R = \frac{128\pi^5}{3\lambda^4}\alpha^2 \tag{5.17}$$

他方，空気分子の分極率 α は，ローレンツ・ローレンスの式（Lorentz-Lorenz formula）と呼ばれる電磁波の分散公式によって，下記のように空気の複素屈折率 $\tilde{m}$ と関係づけられる（たとえば，Liou, 2002, (D. 26)）．

$$\alpha = \frac{3}{4\pi N_s}\left(\frac{\tilde{m}^2-1}{\tilde{m}^2+2}\right) \approx \frac{(m_r^2-1)}{4\pi N_s} \tag{5.18}$$

ここに，最後の近似式は，空気の屈折率が1にきわめて近いという性質（$m_r \cong 1$ および $m_i \cong 0$）を利用している．また，N_s は単位体積あたりの空気分子の数である．これを (5.17) に代入すると，

$$\sigma_s^R(\lambda) = \frac{8\pi^3(m_r^2-1)^2}{3\lambda^4 N_s^2}f(\delta) \tag{5.19}$$

を得る．ただし，上式では，実際の空気分子の分極が等方的でないことに対する補正項 $f(\delta)$ を付加した．つまり，実際の空気分子の電気的構造が球対称でないことにより，誘起される電気双極子が入射電場に完全には平行にならない．この効果に対する補正項は，カバネスの校正因子（Cabanes correction factor）と呼ばれ，$f(\delta) = (6+3\delta)/(6-7\delta)$ で与えられる．ここに，δ は誘導分極の非等方性を表す因子であり，偏光解消因子（depolarization factor）あるいは減偏光因子などと呼ばれる．その値は分子によって異なるが，平均的な乾燥空気に対しては，$\delta \approx 0.03$ 程度の値となる．このことは，誘起される電気双極子が入射電場に完全に平行ならば散乱角 $\Theta = 90°$ においてゼロになるはずの入射電場に平行な散乱成分が，垂直成分の3%ほどの強さをもって出現することを意味する．この δ

の値に対して$f(\delta) \approx 1.052$となり，実際の空気分子の散乱断面積は理想的なレイリー散乱の値よりも約5%大きくなる．また，この補正を考慮すると（5.16）の位相関数は次式のように改められる．

$$P_R(\cos\Theta) = \frac{3}{(4+2\delta)} \cdot \{(1+\delta) + (1-\delta)\cos^2\Theta\} \tag{5.20}$$

さらに，この場合の直線偏光度LPは，(5.11) を用いると次式のように書ける．

$$LP = \frac{\sin^2\Theta}{[1+\cos^2\Theta + 2\delta/(1-\delta)]} \tag{5.21}$$

すなわち，自然光の入射の場合，前方（$\Theta = 0°$）および後方（$\Theta = 180°$）では，$I_\parallel^s = I_\perp^s$であるので$LP = 0$となる（図5.4参照）．しかし，側方（$\Theta = 90°$）では完全な垂直偏光（$LP = +1$）にならず，わずかながら水平成分も現れて$LP \approx 0.94$となる．実際の大気の偏光状態は必ずしも1回のレイリー散乱の結果として表すことはできないが，澄んだ晴天時の場合には，太陽から90°離れた天空方向において直線偏光度の値が最も大きくなることが期待される．ただし，エーロゾルを多く含む混濁大気ほど，$\Theta = 90°$方向のLPの値は減少する．

さて，分子大気のレイリー散乱による光学的厚さτ_Rは，散乱断面積$\sigma_s^R(\lambda)$を空気分子の高度分布を考慮して大気全体で積分することにより得られる．すなわち，τ_Rは次式で与えられる．

$$\tau_R(\lambda) \equiv \int_0^\infty \sigma_s^R(\lambda) N_s(z) dz = \sigma_s^R(\lambda) \int_0^\infty N_s(z) dz \tag{5.22}$$

上式の最後の積分項は気圧に比例するので，標準気圧p_0における光学的厚さを$\tau_R(\lambda, p_0)$とおくと，任意の気圧pにおける光学的厚さは，$\tau_R(\lambda, p) = (p/p_0)\tau_R(\lambda, p_0)$で与えられる．太陽放射の波長域に対する$\tau_R(\lambda, p_0)$については，さまざまな近似式が提唱されている．たとえば，下記の近似式は，実用上十分な精度で利用できる．

$$\tau_R(\lambda, p_0) = 0.008569\lambda^{-4}(1 + 0.0113\lambda^{-2} + 0.00013\lambda^{-4}), \quad (\delta \approx 0.031) \tag{5.23a}$$

$$\tau_R(\lambda, p_0) = 0.00864\lambda^{-(3.916 + 0.074\lambda + 0.050/\lambda)}, \quad (\delta \approx 0.028) \tag{5.23b}$$

前者の（5.23a）はHansen and Travis (1974) による経験式であり，（5.23b）

は Fröhlich and Show (1980) をもとにした Young (1981) による近似式である．ただし，これらにおいて，$p_0 = 1013$ hPa および波長 λ は μm 単位である．両者の値は太陽放射の中心波長域においてほぼ一致する．(5.23) によると，分子大気の光学的厚さの波長依存性は厳密には λ^{-4} 則に従っていない．これは，(5.3) にみられるように，空気分子の屈折率がわずかではあるが波長に依存する結果である．

　本節の最後に，レイリー卿による空の青色の解釈を復習する．前述のように，空気分子による太陽光の散乱はレイリー散乱として記述でき，その散乱の強さはほぼ波長の4乗に反比例する．したがって，波長の短い光ほど強く散乱され，波長の増加とともに急激に弱くなる．たとえば，波長 0.45μm（青）対する散乱は，波長 0.70μm（赤）対する散乱よりも約6倍も強い．この強い波長依存性が，基本的には澄んだ空が青く見える理由である．それならなぜ空は，可視光のうち最も波長の短い紫色ではなく，青く見えるのだろうか．確かに太陽可視光が上層大気に入射して最初に受ける散乱は紫の光が最も強い．そして，太陽光が大気を通過していく間に，紫の光を一番大きな割合で失っていく．残った光線がさらに下層で散乱を受ける場合に，紫の次に波長の短く，まだあまり弱っていない青色の光が最も強く散乱されることになる．また，もともと太陽放射は青色の波長帯でエネルギーが一番大きいスペクトル（図 1.3 参照）を有している．さらに，暗いものより明るいものの色を認識しやすいという人間の眼の感度も関係する．つまり，太陽放射のスペクトル分布に対しては，地球の分子大気の厚さはちょうど青色の光が最も強く散乱されて見えるような厚さにあるということである．もし，分子大気がもっと厚いならば，緑とか黄とか，さらには赤い空も生じうるわけである．事実，夕方や明け方の橙や赤い空の色はこのようにして説明される．逆に上空では，空気が希薄で散乱光も弱いので，空は暗い紫色に見える．その例としては，スペースシャトルなどにより大気圏外から写した地球大気のカラー写真にこれらの色がみられる．青空からの天空光（スカイライト）のために，遠くの暗い山は青味がかって見える．他方，日に照らされた遠方の明るい雲などは黄色味を帯び，また，日の出・日の入りの太陽は赤く見える．これは，光が長い光路を通過してくる間に，明るい光源からの白色光のうち短い波長の部分が空気分子やエーロゾルによる散乱によって失われた結果である．

5.4 ミー散乱

5.4.1 ミー散乱理論

任意の大きさの均質な球形粒子による平面電磁波の散乱は，ミー散乱（Mie scattering）と呼ばれる．この散乱問題は G. Mie（1908）によって厳密解が得られたが，それ以前に L. V. Lorenz（1890）によっても独立に解かれているので，最近の文献ではローレンス・ミー散乱と呼ばれるようになっている．また，Mie の論文が発表された直後に P. Debye（1909）が同様の解を出したので，ローレンス・ミー・デバイ散乱と称されることもある．ただし，本書では流布しているミー散乱の呼称を踏襲する．ミー散乱理論は，マクスウェルの電磁波理論（補章 A 参照）を均質な球粒子による散乱に適用して境界値問題として解いたものである．そこでは，入射平面波，粒子内部への透過波，および散乱球面波のそれぞれの電場・磁場ベクトルを球座標系で展開した球面調和関数の無限級数として表す．それらの展開係数は粒子表面における電磁場の連続性を満たすように決定される．その数理展開は複雑なので専門書にゆずり，ここでは結果のみを記する．ミー散乱理論によると，(5.5) の散乱振幅行列の要素は次式のような無限級数の形に書き表せる．

$$S_1(x,\tilde{m};\Theta) = \sum_{n=1}^{\infty} \frac{2n+1}{n(n+1)} \left[a_n(x,\tilde{m})\pi_n(\cos\Theta) + b_n(x,\tilde{m})\tau_n(\cos\Theta) \right] \quad (5.24\text{a})$$

$$S_2(x,\tilde{m};\Theta) = \sum_{n=1}^{\infty} \frac{2n+1}{n(n+1)} \left[b_n(x,\tilde{m})\pi_n(\cos\Theta) + a_n(x,\tilde{m})\tau_n(\cos\Theta) \right] \quad (5.24\text{b})$$

ここに，S_1 および S_2 は，それぞれ散乱電場の基準面（散乱面）に垂直および水平な振幅成分を与えるので，振幅関数と呼ばれる．5.2 節で述べたように，均質で光学的に等方性の球粒子によるミー散乱の場合には，$S_3 = S_4 = 0$ である．右辺の $\pi_n(\cos\Theta)$ および $\tau_n(\cos\Theta)$ は，散乱角 Θ に関する角度分布を与える角度係数であり，それぞれ第1種ルジャンドル倍関数 $P_n^1(\cos\Theta)$ を用いて定義される．係数 a_n と b_n は，ミー係数（Mie coefficients）と呼ばれ，粒子のサイズパラメータと複素屈折率の関数となり，一般には複素数である．ミー係数はリッカチ・ベッセル関数などの特殊関数を用いて定式化される．振幅関数 S_1 および S_2 を用いて，散乱光の基準面に垂直および平行な強度成分は，(5.24) を (5.7) に代入した (5.6) により与えられる．ミー散乱による消散断面積 $\sigma_e^M(x,\tilde{m})$ は，

(5.24) を (5.10) に代入して，次式のように書き表される．

$$\sigma_e^M(x, \tilde{m}) = \frac{4\pi}{k^2} Re[S(x, \tilde{m};0)] = \frac{2\pi}{k^2} \sum_{n=1}^{\infty} (2n+1) Re[a_n + b_n] \quad (5.25)$$

上式は，(5.24) において前方散乱 ($\Theta = 0$) に対しては，$S_1(x, \tilde{m};0) = S_2(x, \tilde{m};0) = S(x, \tilde{m};0)$ および $\pi_n(1) = \tau_n(1) = n(n+1)/2$ となることより導かれる．消散断面積を散乱粒子の幾何学的な断面積で割って無次元化した量を消散の効率因子 (efficiency factor) と呼ぶ．その値は，散乱過程によって入射光から消散されたエネルギーが粒子の断面積に入射するエネルギーの何倍であるかを表す．ミー散乱の消散効率因子 $Q_e(x, \tilde{m})$ は次式で与えられる．

$$Q_e(x, \tilde{m}) = \frac{\sigma_e^M}{\pi r^2} = \frac{2}{x^2} \sum_{n=1}^{\infty} (2n+1) Re[a_n + b_n] \quad (5.26)$$

一方，ミー散乱の散乱断面積 σ_s^M は，強度関数を取り入れた次式を積分することにより得られる ((5.8), (5.9) 参照)．

$$\sigma_s^M(x, \tilde{m}) = \frac{\pi}{k^2} \int_0^\pi [i_1(x, \tilde{m};\Theta) + i_2(x, \tilde{m};\Theta)] \sin\Theta d\Theta \quad (5.27)$$

ミー散乱の散乱効率因子 Q_s は，(5.24) を代入して上式を散乱角について積分することにより，次式のように与えられる．

$$Q_s(x, \tilde{m}) = \frac{\sigma_s^M}{\pi r^2} = \frac{2}{x^2} \sum_{n=1}^{\infty} (2n+1) [|a_n|^2 + |b_n|^2] \quad (5.28)$$

消散と散乱の差として，吸収の断面積 σ_a^M と効率因子 Q_a はそれぞれ次式で与えられる．

$$\sigma_a^M(x, \tilde{m}) = \sigma_e^M - \sigma_s^M; \quad Q_a(x, \tilde{m}) = Q_e - Q_s \quad (5.29)$$

粒子が光吸収性をもつ場合，すなわち複素屈折率の虚数部が正値 ($m_i > 0$) の場合，σ_a^M および Q_a は正値となる．ミー散乱の単散乱アルベド ϖ は，サイズパラメータと複素屈折率の関数となり，次式で定義される．

$$\varpi(x, \tilde{m}) \equiv \frac{\sigma_s^M}{\sigma_e^M} = \frac{Q_s}{Q_e} \quad (5.30)$$

電磁波理論によれば，光はその進行方向にエネルギーとともに運動量も運ぶ．散乱光により前方方向 ($\Theta = 0$) に運ばれる全運動量は，散乱光強度の前方成分を全立体角について積算することで得られる．ミー散乱の場合には，これは，

$$\langle\cos\Theta\rangle\cdot\sigma_s^M(x,\tilde{m}) = \frac{\pi}{k^2}\int_0^\pi [i_1(x,\tilde{m};\Theta) + i_2(x,\tilde{m};\Theta)]\cos\Theta\sin\Theta d\Theta \quad (5.31)$$

に比例する．この式は，散乱光の角度分布を重みにした $\cos\Theta$ の平均値 $\langle\cos\Theta\rangle$ の定義式になっている．$\langle\cos\Theta\rangle$ は散乱の非等方因子 (asymmetry factor) と呼ばれ，散乱光強度の角度分布の指向性を表す．ミー散乱に対しては，(5.24) を代入して (5.31) を積分することにより，次式を得る．

$$g \equiv \langle\cos\Theta\rangle$$
$$= \frac{4}{x^2 Q_s}\sum_{n=1}^\infty\left\{\frac{n(n+2)}{n+1}Re[a_n a_{n+1}^* + b_n b_{n+1}^*] + \frac{2n+1}{n(n+1)}Re[a_n b_n^*]\right\} \quad (5.32)$$

非等方因子 g の値は，等方散乱およびレイリー散乱の場合には，$g=0$ となる．全体として前方向 ($\Theta<90°$) への散乱が後方向 ($\Theta>90°$) への散乱よりも強い〔弱い〕場合には，$g>0$〔$g<0$〕となる値をとる．特に $\Theta=0°$ 方向への指向性が強いほど，$g\to 1$ となる．以上の結果を参考にすると，ミー散乱の全散乱強度に対する規格化された散乱位相関数 $P_M(\cos\Theta)$ は，次式で与えられる．

$$P_M(\cos\Theta) = \frac{4}{x^2 Q_s}[i_1(x,\tilde{m};\Theta) + i_2(x,\tilde{m};\Theta)] \quad (5.33)$$

また，ミー散乱の直線偏光度 LP は，ミー散乱強度を (5.11) に適用することにより得られる．

上記のように，ミー散乱においては散乱場は無限級数で表される．実際に計算する場合には，無限級数を有限の項数で打ち切るが，サイズパラメータの値が大きいほど多くの項数をとる必要がある．打ち切りの次数は $n\sim|\tilde{m}x|+(2\sim 5)$ 程度にとれば十分であることが経験的に知られている．ミー散乱理論は，任意のサイズパラメータの球粒子に適用できるが，$x\ll 1$ の場合の散乱特性は，レイリー散乱のそれに近づく．特に，$x\to 0$ としたときに，(5.24) において最も寄与の大きなミー係数である a_1 項のみを残して計算した散乱特性は，前節で求めたレイリー散乱の結果と一致する．このことは a_1 項はレイリー散乱と同様に誘起された電気双極子による2次放射に相当することを意味している．さらに，ミー係数 $b_1, a_2, b_2, \cdots$ は，それぞれ磁気双極子，電気4重極子，磁気4重極子などからの寄与を表すことが知られている．このように粒子径が波長より小さいか同程度の場合のミー散乱は，物理的には電気的および磁気的な多重極子による散乱効果の重ね合わせと解釈することができる (Born and Wolf, 1965)．他方，サイズパ

ラメータがきわめて大きい場合には，後述のようにミー散乱は幾何光学によって近似できる．ミー散乱を計算するプログラムは多くの研究者により公開されており，また専門書（たとえば，Bohren and Huffman, 1983）などに掲載されている．

ところで，ミー散乱は $x \to 0$ の極限でレイリー散乱に一致するが，$x \ll 1$ の場合に a_1 項のみを使って表した散乱特性をレイリー散乱近似という．この場合，散乱効率因子および吸収効率因子はそれぞれ次式のように書き表せる．

$$Q_s^R(x, \tilde{m}) = \frac{8}{3} x^4 \left| \frac{\tilde{m}^2 - 1}{\tilde{m}^2 + 2} \right|^2, \quad Q_a^R(x, \tilde{m}) = 4x \mathscr{I}_m \left[\frac{\tilde{m}^2 - 1}{\tilde{m}^2 + 2} \right] \quad (5.34)$$

ここに，$\mathscr{I}_m$ は [ ] 内の複素変数の虚数部のみをとることを表す．上式において，$Q_s^R \propto x^4$ および $Q_a^R \propto x$ であるので，$x \ll 1$ に対しては $Q_s^R \ll Q_a^R \approx Q_e$ である．したがって，レイリー散乱近似の単散乱アルベドは $\varpi \propto x^3$ となる．このことは，水蒸気分子などの吸収帯における消散は吸収であり，分子による散乱効果は無視できるとした第3章の議論と整合する．また，(5.34) より散乱断面積 σ_s は次式のように近似できる．

$$\sigma_s(r, \tilde{m}) = 2\pi r^2 Q_s^R \propto \left| \frac{\tilde{m}^2 - 1}{\tilde{m}^2 + 2} \right|^2 \frac{r^6}{\lambda^4} \quad (5.35)$$

レイリー散乱近似における散乱断面積が粒子半径の6乗（すなわち体積の2乗）に比例するというこの関係式は，気象レーダーのシグナルから雨滴の粒径分布を仮定して降雨強度を推定する際に利用されている．

5.4.2 ミー散乱の特性
(1) ミー散乱光の角度分布

大気中のほとんどの粒子は金属ではない誘電体の粒子である．誘電体粒子による散乱の特徴のひとつは，サイズパラメータが大きくなるほど前方すなわち入射光の進行方向への散乱が卓越することである．これは球形粒子に限らず，非球形の粒子の場合にも共通する特徴である．図5.5は，自然光が入射する場合の複素屈折率 $\tilde{m} = 1.33 - 0.0i$ の球粒子による散乱光強度の散乱角分布を，4つのサイズパラメータについて示す．レイリー散乱の図5.3に対応する3次元空間分布は，それぞれを横軸のまわりに回転したパターンとして得られる．この図において，たとえば入射光が波長 $\lambda = 0.628 \mu m$ の橙色の光であるとした場合，サイズパラメータ $x = 1$ および $x = 10$ のケースは，それぞれエーロゾルの大粒子サイズ

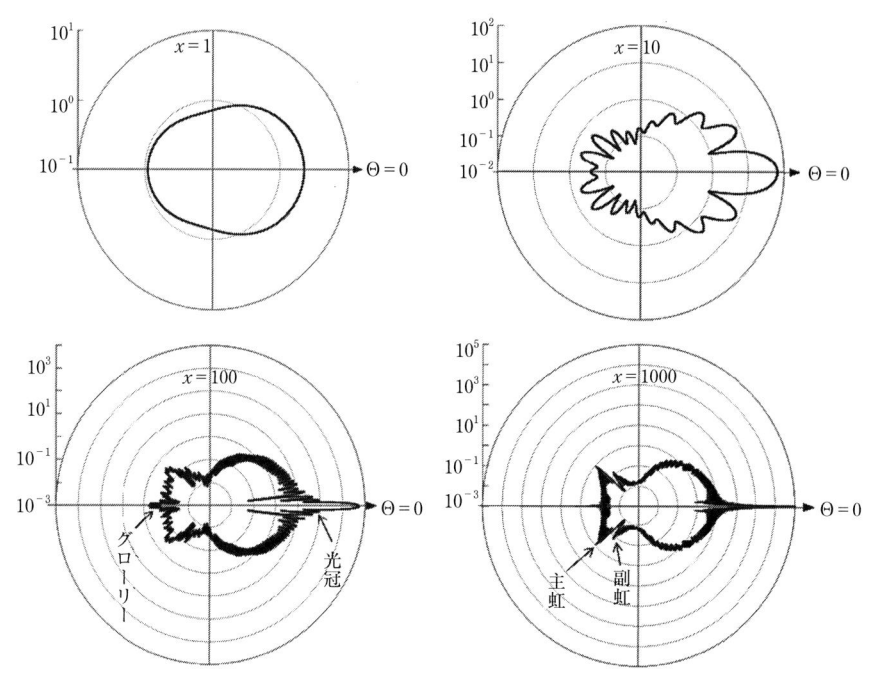

図 5.5 自然光の入射に対する複素屈折率 $\tilde{m} = 1.33 - 0.0i$ の球形粒子によるミー散乱の位相関数の極座標分布図

異なる4つのサイズパラメータ x に対する任意の基準面における散乱角分布を表し，各同心円の半径は対数目盛の大きさに対応する．3次元空間分布はこれを横軸のまわりに回転したパターンとして得られる．ある特定方向の散乱パターンと対応する光学現象を記した．

にある半径 $r = 0.1\,\mu\mathrm{m}$ および $r = 1\,\mu\mathrm{m}$ の微小水滴による散乱に対応する．同様に $x = 100$ および $x = 1000$ のケースは，それぞれ半径 $r = 10\,\mu\mathrm{m}$ および $r = 100\,\mu\mathrm{m}$ の雲粒および雨滴による散乱に対応する．前述のようにミー散乱理論は $x \to 0$ の極限でレイリー散乱を含むが，$x = 1$ のケースではすでに前方と後方への散乱が等しいレイリー散乱の特徴（図 5.4 参照）から外れて，前方散乱が勝る分布になっている．サイズパラメータが大きくなるほど，角度分布に細かな変動が増えるとともに，特に入射光の進行方向（$\Theta = 0°$）への指向性が強まり，$\Theta = 0°$ 方向に鋭いピークをもつ散乱パターンになる．たとえば，$x = 1$ の場合の $\Theta = 0°$ 方向の最大値と $\Theta = 150°$ 付近の最小値との違いは約3倍であるが，$x = 1000$ の場合には $\Theta = 0°$ 方向のピーク値と $\Theta = 135°$ 付近の最小値とでは7桁の違いがある．

なお，後者の最小値の前後における極大は，雨滴による散乱とした場合の主虹と副虹をもたらすピークに対応する．また，雲粒（$x=100$）による散乱の場合の$\Theta=0°$付近および$\Theta=180°$（後方散乱）付近の極大・極小の微細変動は，それぞれ光冠（コロナ）および後光（グローリー）と呼ばれる水雲の光学現象の成因となる．このように散乱光が特定の方向に集中して現れることにより対応した光学現象が生じる（図5.13参照）．

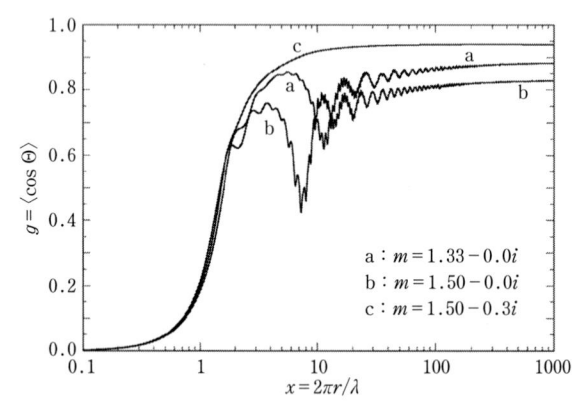

図5.6は，異なる複素屈折率 $\tilde{m}$ をもつケースについて散乱非等方因子 g を比較する．入射光が可視光とした場合，$\tilde{m}=1.33-0.0i$ のケースaは水滴による散乱に相当する．ケースb（$\tilde{m}=1.50-0.0i$）およびケースc（$\tilde{m}=1.50-0.3i$）は，それぞれ土壌ダストなどの固体粒子および中程度の強さの光吸収性をもつ粒子を想定して選んだ．いずれのケースにおいても最初の極大に達するまでは，サイズパラメータ x が大きくなるとともに g 値は増大し，散乱は全体として前方方向への指向性が強くなることが示されている．x の値が非常に大きくなるにつれて g は幾何光学近似で予想される値（ケースaの場合 $g\sim 0.88$）に収束する．一方，$x\to 0$ では $g\to 0$ となり，屈折率の値にかかわらず，レイリー散乱の極限値 $g=0$ に近づく．さて，吸収のない（$m_i=0$）ケースのaとbを比較すると，大きなサイズ領域（$x\geq 20$）では，屈折率 m_r の値が大きい方が g 値が小さい．これは，m_r の値が大きいほど粒子による反射や屈折によって後方へ散乱される

図5.6 サイズパラメータ x の関数として表したミー散乱の非等方因子 g
複素屈折率が (a) $\tilde{m}=1.33-0.0i$，(b) $\tilde{m}=1.50-0.0i$ および (c) $\tilde{m}=1.50-0.3i$ の場合の比較．

割合が増えるためと考えられる．また，粒子に吸収性がある場合（ケース c）とない場合（ケース b）とを比較すると，大きなサイズ領域では吸収性がある方が g 値が大きい．この性質は，$m_i > 1$ のように極度に吸収が強い場合を除いて，一般的にいえる．この結果は，吸収性のある大きな粒子の場合，内部へ侵入した光が吸収されて，屈折して後方に出てくる成分がなくなるためと考えられる．ところで図 5.5 でみたように，可視光を考えた場合に $x \sim 100$ のサイズパラメータは雲粒のサイズに相当する．曲線 a から，可視光に対する水雲の平均的な非等方因子は，$g \approx 0.85$ であることが読み取れる．さらに，$x \approx 1 \sim 10$ はサブミクロンサイズのエーロゾルに相当するので，多くのエーロゾルの屈折率がケース a と b の間にあることを考慮すると，エーロゾルの非等方因子の平均値は $g \approx 0.7 \pm 0.1$ 程度であることが予想される．

(2) 消散係数，散乱係数，吸収係数

次に，ミー散乱における消散効率因子や散乱効率因子などの積分散乱量の振る舞いをみる．図 5.7 は，複素屈折率が $\tilde{m} = 1.33 - 0.0i$ と $\tilde{m} = 1.50 - 0.0i$ の吸収のない粒子に対する消散効率因子，および $\tilde{m} = 1.50 - 0.3i$ の吸収性の粒子に対する消散，散乱および吸収の効率因子をサイズパラメータ x の関数としてプロ

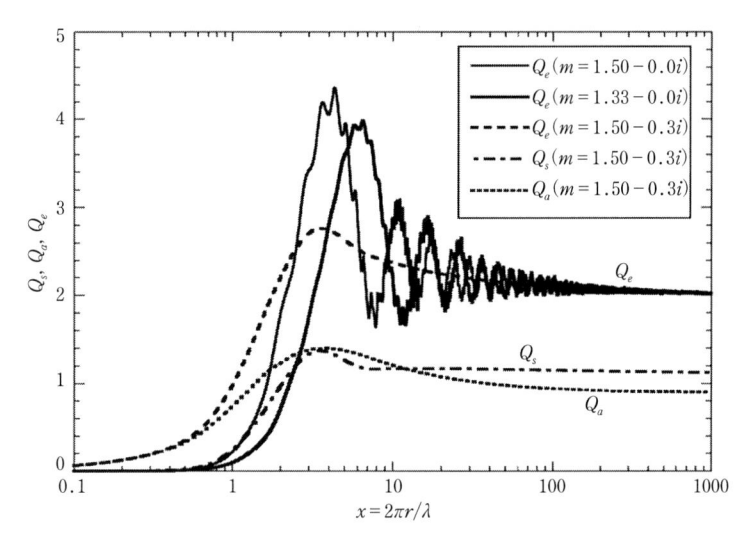

図 5.7 サイズパラメータ $x = 2\pi r/\lambda$ の関数としてプロットした吸収のない粒子（$\tilde{m} = 1.33 - 0.0i$ および $\tilde{m} = 1.50 - 0.0i$）の消散効率因子 Q_e と $\tilde{m} = 1.50 - 0.3i$ の吸収性の粒子の消散 Q_e，散乱 Q_s および吸収 Q_a の効率因子

ットしたものである．図には対数目盛で表した広範な x 値にわたる効率因子の典型的な振る舞いが示されている．すなわち，吸収のない粒子の消散効率因子 Q_e は，$x=0$ での $Q_e=0$ からスタートして，x の増加につれて単調増大し，$x \approx 4$ 〜7付近において最初の大きな極大に達する．その後の変動を繰り返しながら減少し，非常に大きな x に対して $Q_e=2$ の極限値に収斂している．図の事例では，第1極大の値は $Q_e \geq 4$ に達している．このことは，このサイズパラメータにおいては，粒子断面積の4倍の面積（すなわち，粒子の外側に粒子直径を半径として広がる同心円の面積）を超える領域に入射する電磁波が散乱の影響を受けることを意味する．この極大が現れるサイズと理由については後述する（図5.8参照）．粒子が吸収性を有するケース（$\tilde{m}=1.50-0.3i$）では，第1極大値は対応する吸収のないケース（$\tilde{m}=1.50-0.0i$）に比べるとかなり小さくなっている．この場合，$x \ll 1$ においては（5.34）から予想されるように，$Q_s \approx 0$ である一方で $Q_e \approx Q_a$ となっている．すなわち，吸収がある場合のレイリー散乱近似の領域では，吸収の効果の方が散乱効果よりも圧倒的に大きいことを示している．また，第1極大のサイズでは $Q_a>1$ となり，粒子の周囲に入射する光も吸収されることを意味しており興味深い．さらに，$x \to \infty$ の極限では，$Q_s \to (1+\epsilon)$，$Q_a \to (1-\epsilon)$ および $Q_e \to 2$ に収斂する．ここに，$1>\epsilon \geq 0$ なる微小量 ϵ は吸収の強さに依存する．

　図5.7では，吸収のない（あるいは弱い）粒子の消散効率因子 Q_e はサイズパラメータの増加につれて大きく変動していること，さらにその大きな変動に小波のような小さな変動が重なっていることをみた．また，Q_e の大きな極大・極小の現れる位置は，屈折率 m_r の値が小さい方が大きなサイズパラメータの方へずれている．この Q_e の大きな極大・極小の変動の成因を探るため，吸収のない粒子（$\tilde{m}=1.33-0.0i$ および $\tilde{m}=1.50-0.0i$）の消散効率因子 Q_e を図5.8に再プロットした．ただし，この場合の横軸は，位相差パラメータと呼ばれる $\rho \equiv 2x(m_r-1)$ にとり，線形目盛とした．このパラメータは，粒子の中心を透過する光が粒子の外を通過する光に対して受ける位相の遅れを表す．このようにプロットすると，異なる屈折率に対する曲線がほぼ同じ位相で変動し，同じ ρ 値で極大・極小となることがわかる．大きな極大〔あるいは極小〕と次の極大〔極小〕との間の ρ 値の差は約6.3つまり 2π である．このことは，Q_e の大きな極大〔極小〕は，粒子の外を通過した電磁波と内部を透過した電磁波の強め〔弱め〕合う

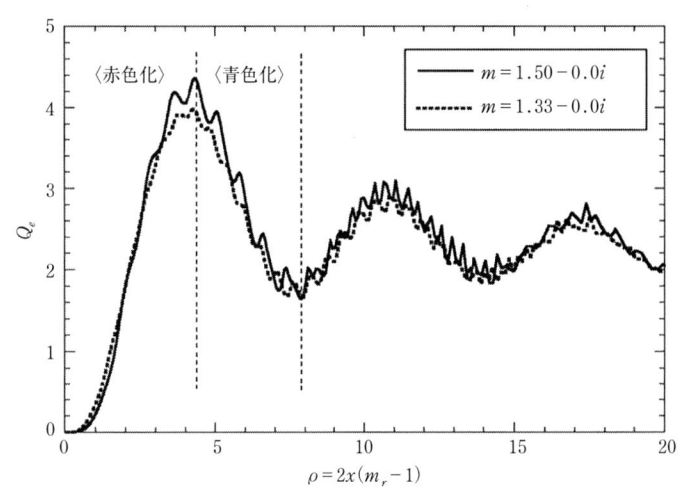

図 5.8 位相差パラメータ $\rho = 2x(m_r - 1)$ の関数としてプロットした複素屈折率 $\tilde{m} = 1.33 - 0.0i$ および $\tilde{m} = 1.50 - 0.0i$ の粒子の消散効率因子 Q_e

干渉により生じていることを示唆する．入射光が可視光である場合，多くの大気微粒子の m_r の値は本図の2例の間にあるので，光吸収性が弱い大気粒子の消散効率因子は，図の2本の曲線の極大値と極小値を結ぶ包絡線で囲まれる範囲内に入る．なお，大きな変動に重なる小波状の変動は，粒子の縁に入射した光がつくる表面波による放射と粒子の外を通る回折光（5.5節参照）との干渉の結果とされている（van de Hulst, 1981）．

ここで，図5.7と図5.8に示された消散効率因子 Q_e の振る舞いと大気光学現象との関連について触れておこう．これらの図の横軸の変数 x はサイズパラメータ（$x = 2\pi r/\lambda$）である．したがって，粒子の半径を固定した場合には，x は波長 λ に反比例して変化することになり，λ が小さいほど x の値は大きくなる．消散効率因子は第1極大に達するまで x の増加とともに増大している．図5.8中で〈赤色化〉と記した範囲では，粒子を固定した場合に波長が短い放射ほど強い消散（散乱）を受ける．可視光で考えた場合，半径 $r \lesssim 0.3 \mu$m の微小な大気粒子はこの範囲に入る．したがって，このような粒子からなるエーロゾル層を透過した太陽可視光は，波長が長いほど生き残って，赤みが増すことになる．これがレイリー散乱とともに夕日を赤くする原因である．他方，〈青色化〉と記した第

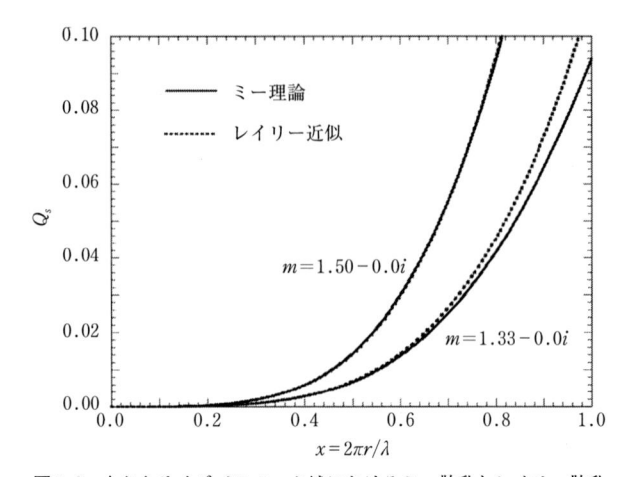

図 5.9 小さなサイズパラメータ域におけるミー散乱とレイリー散乱近似の散乱効率因子 Q_s の比較
粒子の複素屈折率が $\tilde{m} = 1.33 - 0.0i$ および $\tilde{m} = 1.50 - 0.0i$ の場合．

1極大から第1極小の間の $5 \leq \rho \leq 7$ では，Q_e と x の関係は逆である．たとえば，屈折率 $\tilde{m} = 1.40 - 0.0i$ の物質を考えた場合，$0.4 \leq r \leq 0.9\,\mu$m の半径をもつ粒子がこの範囲に入る．そのような範囲内にあるほぼ均一な粒径をもつ粒子層を透過した可視光は，波長の長い光の方が強く散乱されて，青味を帯びることになる．大規模な森林火災などで発生した煙の層を通して見た太陽〔月〕がまれに青く見えることがあるブルーサン〔ブルームーン〕の現象はこれによる．また，NASAの火星探査機によって撮られた火星の夕日が青味を帯びていたのも同じ理由によると考えられる．つまり，火星では大気が薄く（表面気圧は地球大気の0.6%）レイリー散乱の効果が弱いので，上記の粒径内にある均一なダストが卓越した場合に，火星の空や夕日の色はダストの散乱によってもたらされる．他方，$x \gtrsim 100$ である大きな粒子に対しては $Q_e \approx 2$ となり，波長依存性はなくなる．したがって，半径 $10\,\mu$m 程度の雲粒からなる薄い水雲を透かした太陽が特に色づくことはない．

サイズパラメータ $x \ll 1$ においてはレイリー散乱近似が利用できると述べたが，その適用範囲をみておこう．図5.9は，(5.34)のレイリー散乱近似式で計算した散乱効率因子 Q_s^R とミー理論による計算値との比較である．$x < 0.2$ では図の分解能でみるかぎり，両者はほぼ一致している．$x > 0.2$ では，Q_s^R が x^4 に比

例して増加するのに対して，ミー理論による散乱効率因子の x に対する依存性は 4 乗よりも若干弱い．また，屈折率 m_r の値が大きい方がより大きな x 値まで近似度がよいことが示されている．図では示さないが，$x<0.2$ の場合のミー散乱位相関数は，レイリー散乱の位相関数（図 5.4）とほとんど一致する．したがって，$x \lesssim 0.2$ の大気粒子に対しては，実用上レイリー散乱近似を用いることができる．

5.4.3 非球形粒子による散乱との比較

これまで球形粒子の散乱特性をみてきたが，ここで非球形粒子による散乱との違いについて簡単に触れておく．球形粒子の場合には，形の対称性により散乱強度の場は入射方向に無関係であり，また，散乱光強度の方位角 ϕ に対する依存性は，(5.6) のように $\sin^2\phi$ または $\cos^2\phi$ で与えられる．一方，非球形粒子の場合には，粒子の形とそれに対する入射方向に依存して散乱場は大きく異なる．また，散乱光の方位角依存も球粒子の場合のような単純な対称性はない．たとえば，楕円をその長軸（扁長球）あるいは短軸（扁平球）のまわりに回転して得られる回転楕円体による散乱と球による散乱とを図 5.10 に模式的に対比する．回転楕円体の形は長軸と短軸の長さの比で表現される．任意の形の回転楕円粒子による光散乱の問題は Asano and Yamamoto (1975) によって解かれた．図には，同じ表面積をもつ球粒子と回転楕円粒子の散乱断面積の相対的な大小関係を模式的に示した．回転楕円粒子の光散乱特性については，Asano (1979) および Asano and Sato (1980) を参照されたい．大気粒子による光散乱ではしばしば，ランダムに方位する非球形粒子の散乱特性を体積あるいは表面積が等しい球粒子の散乱特性で代用する近似がなされる．波長よりも大きな粒子による散乱と吸収の効果は，粒子の断面積（あるいは表面積）と体積にそれぞれ異なった振る舞いで依存している．球は同じ体積で最も小さな表面積を有する立体である．一方，回転楕円体形を含めた非球形粒子の表面積は同体積の球のそれに比べて必ず大きい．したがって，球に比べて細長い粒子と平たい粒子を混合して，それらの散乱特性の平均をとるとしても，すべての散乱特性を同一の球粒子の散乱特性で適正に表すことはできない．さらに，球や回転楕円体のような滑らかな表面をもつ粒子と氷晶のように面と面の境界が角ばった粒子や凹凸の表面を有する粒子とでは反射・屈折の効果は異なる（5.5 節参照）．つまり，光散乱において，球は一方

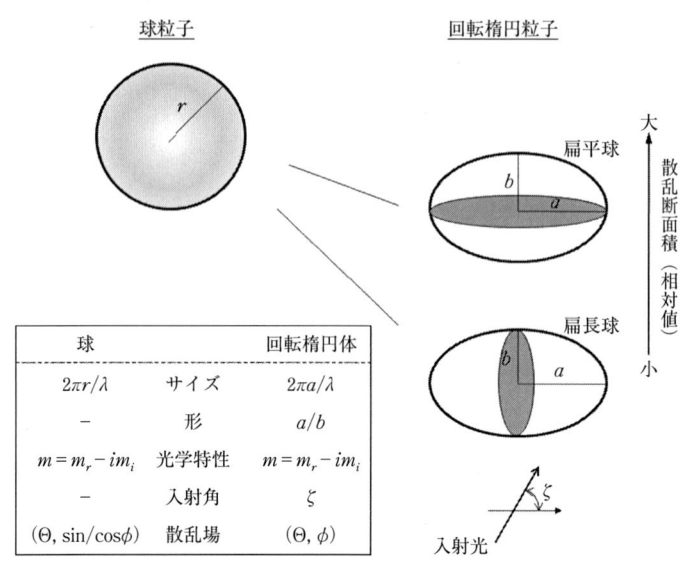

図 5.10 球による散乱と回転楕円体による散乱の比較 散乱断面積の大きさの相対的関係を模式的に示す.

の極となる特別な形であるといえる. 非球形の大気粒子による光散乱の問題は, 大気放射学における重要課題のひとつとして盛んに研究がなされている（たとえば, Liou, 2002; Mishchenko *et al.*, 2000).

5.5 幾何光学近似

粒子が入射光の波長に比べて非常に大きな場合には, 入射光は波（電磁波）としてではなく光線（ビーム）の束として扱えるようになる. そして粒子表面の境界における反射・屈折の法則により各光線の光路を追跡していく光線光学と粒子による回折の効果を組み合わせた幾何光学の近似法が有効になる. 図 5.11 に幾何光学近似の概念を模式的に表す. 図において, $\ell=0$ の線は粒子の周囲を回り込む回折光を表し, $\ell=1$ の線は入射光線が粒子表面で直接反射された部分を表す. 線 $\ell=2$ は粒子境界で 2 回屈折して粒子を透過した光線を表す. また, $\ell=3, 4, \cdots$ の各線は, それぞれ粒子の内壁で 1 回, 2 回, … の内部反射を受けた後に屈折して出てきた光線を表す. 粒子の各境界点における反射と屈折の方向および強度は, スネルの法則とフレネルの法則（補章 B 参照）を適用して求める. 粒

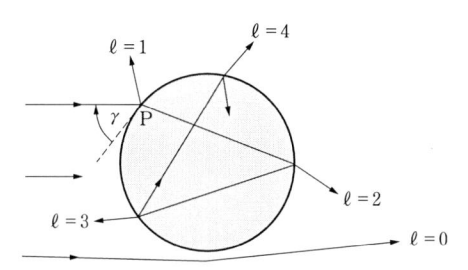

図 5.11 大きな球粒子に入射した光線の光路追跡による幾何光学近似の模式図
線分 $\ell = 0, 1, 2, \cdots$ の意味は本文参照．粒子境界の点 P における反射・屈折の効果は，その点における接線と光線が成す入射角 γ をもとにスネルの法則とフレネルの法則によって決める．

子が光吸収性をもつ場合には，粒子内部の光路長に応じた減衰を考慮する．光線の追跡は，その光線成分の寄与が無視できるほど小さくなるまで行う．したがって，散乱光の強度分布は，粒子表面の各点に入射した光線の反射・屈折・吸収を経たすべての光線成分（$\ell = 1, 2, 3, \cdots$）の寄与，および回折光（$\ell = 0$）の寄与の和として与えられる．

回折の効果（$\ell = 0$）は，粒子から十分遠方の観測点における回折光の強度分布を与えるフラウンホーファー回折理論（Fraunhofer diffraction theory）により求める（たとえば，Takano and Asano, 1983）．この場合，回折に関するバビネの原理（Babinet's principle）を適用する．この原理は，球粒子による回折と同じ断面積の円孔をもつスリットによる回折とでは，回折された電磁波の振幅の大きさは同じであるが，符号（位相）が逆になることを教える．したがって，回折光の強度分布は両者で同じになる．そこで，球と同じ断面積の円孔によるフラウンホーファー回折の強度分布を求めるわけである（Born and Wolf, 1965）．その結果，回折光の強度分布はサイズパラメータと散乱角のみの関数となり，屈折率したがって物質には依存しない．また，この場合の回折による消散効率因子 Q_e への寄与は 1 である．一方，粒子に直接入射した光線の反射・屈折・吸収による散乱光強度の分布は複素屈折率に依存するが，サイズによらず同じパターンになる．それらによる Q_e への寄与も 1 である．したがって，両者の効果を合わせると，$Q_e = 2$ となる．これが，図 5.7 において，非常に大きな x に対して $Q_e \to 2$ の極限値に収斂することの意味である．

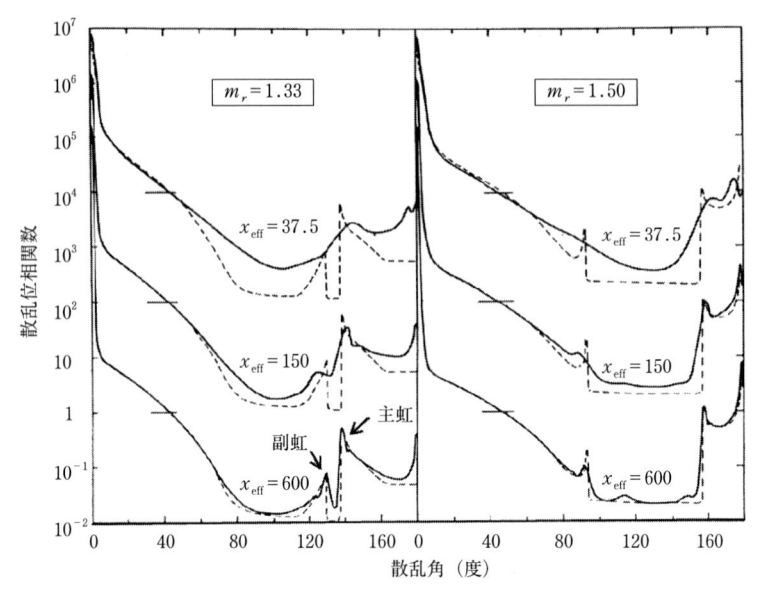

図 5.12 ミー散乱理論（実線）および幾何光学近似（破線）によって計算した散乱位相関数の比較（Hansen and Travis 1974, Fig.5）．屈折率が $m_r=1.33$（左）と $m_r=1.50$（右）の2ケースについて，ミー散乱における角度分布の変動を滑らかにするために，有効サイズパラメータ x_{eff} を中心とするある狭い粒径分布について積分して平滑化した値．縦軸の値は，$x_{eff}=600$ に対するもので，$x_{eff}=150$ および $x_{eff}=37.5$ に対する結果は重なりを避けるために，それぞれ100倍ずつ上にずらしてプロットしてある．

どれ位の大きさのサイズパラメータに対して幾何光学近似が適用できるかをみておく．図5.12に，ミー散乱理論および幾何光学近似による自然光の入射に対する散乱位相関数を，粒子の屈折率が $m_r=1.33$ と $m_r=1.50$ との場合について比較する．大きな有効サイズパラメータ $x_{eff}=600$ では，幾何光学近似は，ミー散乱の結果をおおむね再現している．位相関数の極大・極小の位置や値の再現性は，屈折率の大きな $m_r=1.50$ の方がよりよい．一方，$m_r=1.33$ の場合も主虹や副虹に対応する極大の位置はほぼ再現されているが，ミー散乱でみられる散乱角 $\Theta \approx 180°$ 方向の極大・極小は幾何光学近似では再現されない．この $m_r=1.33$ の場合の $\Theta \approx 180°$ 方向の極大・極小は，粒子の縁に入射した光がつくる表面波が $\Theta \approx 180°$ 方向へ放出される際の回折効果による．この効果は幾何光学近似には含まれていないので再現できない．なお，図5.5で触れた雲粒によるグローリー（後光）の光学現象はこの回折効果によるとされる．他方，雨滴による主虹

5.5 幾何光学近似

粒径	半径 (μm)
	10^{-3}　10^{-2}　10^{-1}　10^{0}　10^{1}　10^{2}　10^{3}

大気微粒子：空気分子／エーロゾル（エイトケン粒子，大粒子，巨大粒子）／雲粒／氷晶／雨滴

光学現象：青空，天空光／薄明光，オーリオール，大気混濁／ブルーミスト，ブルーサン／光冠，グローリー，彩雲／ハロ（暈）／虹

散乱様式：レイリー散乱／ミー散乱／幾何光学近似

$2\pi r/\lambda$　　10^{-2}　10^{-1}　10^{0}　10^{1}　10^{2}　10^{3}　10^{4}
($\lambda = 0.628\,\mu m$)

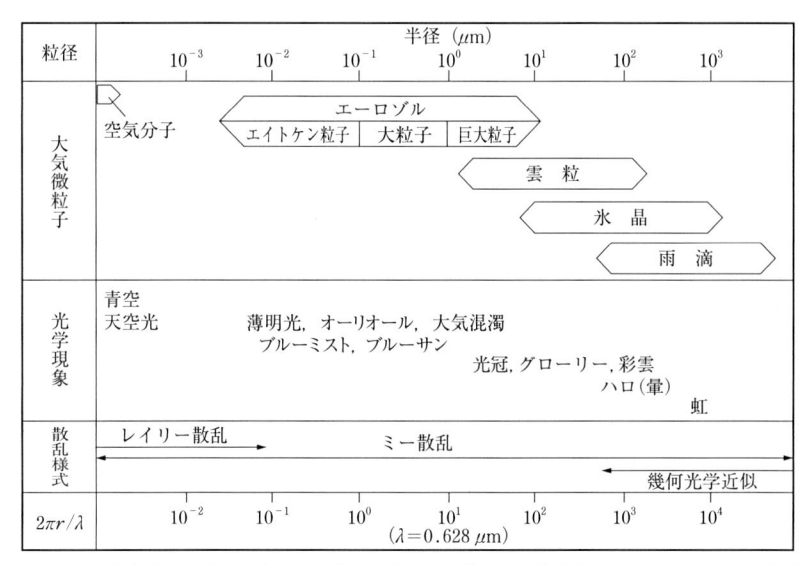

図 5.13　大気微粒子と光学現象および散乱理論の適用範囲の関係（浅野, 2005b, 図 8.1 を改変）

および副虹に対応する極大は，内部で 1 回（$\ell = 3$）および 2 回（$\ell = 4$）の反射を受けた光線がそれぞれの方向に集中して出てくることによる．虹が色づくのは，水の屈折率が可視域では波長が短いほどわずかずつ大きいことによる．そのために微小ではあるが，波長が短い光ほど強く屈折されて，主虹〔副虹〕の極大は散乱角の大きな〔小さな〕方へずれて出現する．すなわち，個々の水滴がプリズムの働きをして，白色の入射光を虹色に分光している．なお，図にみられるように，異なる屈折率（$m_r = 1.50$）の粒子の主虹や副虹に対応する極大は，雨粒（$m_r \approx 1.33$）による場合とは大きくずれた位置に現れる．以上から判断すると，幾何光学近似は，水滴に対する後方散乱を除いて，サイズパラメータがほぼ $x \gtrsim 700$ の大気粒子に対して，ミー散乱の代用として使える．この幾何光学近似法は，光散乱の厳密解が得られていない氷晶などの大きな非球形粒子に対して特に有効である．氷晶への応用について興味のある読者は Liou（2002）の教科書などを参照されたい．

ここで，光散乱によって生じる主な光学現象と対応する大気粒子との関係を図 5.13 にまとめる．これらの光学現象は，散乱の強い波長依存性や，散乱の結果として特定の方向に散乱光が集中して明るく輝いたり，あるいは分光されて色づ

いたりすることにより現れる．図中のハロ（halos）とは，本書では触れなかった氷晶による光散乱によって生じる光学現象の総称である．大気光学現象の解説については，浅野（2005b）や柴田（1999）などを参照されたい．図の下段には，波長 $0.628\,\mu\mathrm{m}$ の橙色の光に対するサイズパラメータの値と関連する散乱理論の適用範囲を示した．

5.6 多分散粒子系による散乱

エーロゾルや雲は，一般には単一粒径の粒子の集合体ではなく，図 5.13 に示すように，ある広がりの粒径分布をもった多分散系を成している．そのようなエーロゾルや雲粒子の散乱特性を評価するには，考える体積中に含まれる粒径の異なるすべての粒子の寄与を考慮しなければならない．この場合，5.1 節で述べた独立散乱と非干渉性の仮定から，散乱強度の加法性が適用できる．いま，半径が r と $r+dr$ との間にある粒子の単位体積あたりの数を $n(r)dr$ と書くとする．この $n(r)$ は，粒径分布関数（size distribution function）と呼ばれ，単位は［$\mathrm{cm}^{-3}\,\mu\mathrm{m}^{-1}$］などで与えられる．エーロゾルや雲粒子などの粒径分布をモデル化するのに，指数分布関数，対数正規分布関数，変形ガンマ関数などが，$n(r)$ の関数形として用いられる．粒径分布関数を使って単位体積あたりの消散係数 β_e［単位：長さ$^{-1}$］は，次式で与えられる．

$$\begin{aligned}\beta_e(\lambda,\tilde{m}) &= \int_{r_{\min}}^{r_{\max}} \sigma_e(x,\tilde{m})n(r)dr \\ &= \int_{r_{\min}}^{r_{\max}} \pi r^2 Q_e\left(\frac{2\pi r}{\lambda},\tilde{m}\right)n(r)dr\end{aligned} \quad (5.36)$$

ここに，$r_{\min}$ および $r_{\max}$ は，それぞれ含まれる粒子の最小および最大の半径を表す．同様に体積散乱係数 β_s および体積吸収係数 β_a は，それぞれ次式で与えられる．

$$\beta_s(\lambda,\tilde{m}) = \int_{r_{\min}}^{r_{\max}} \pi r^2 Q_s\left(\frac{2\pi r}{\lambda},\tilde{m}\right)n(r)dr \quad (5.37)$$

$$\beta_a(\lambda,\tilde{m}) = \beta_e - \beta_s = \int_{r_{\min}}^{r_{\max}} \pi r^2 Q_a\left(\frac{2\pi r}{\lambda},\tilde{m}\right)n(r)dr \quad (5.38)$$

また，単位体積あたりの単散乱アルベド ϖ は，次式で定義される．

5.6 多分散粒子系による散乱

$$\varpi \equiv \frac{\beta_s}{\beta_e} = \frac{\beta_s}{(\beta_s + \beta_a)} \tag{5.39}$$

たとえば大陸性エーロゾルの粒径分布は，光学的に重要な $0.1\,\mu\mathrm{m} \leqq r \leqq 1\,\mu\mathrm{m}$ の粒径範囲で，ほぼ指数関数で近似できる．すなわち，$n(r) = Cr^{-(\eta+3)}$ と表せる．ここに，指数 $\eta = 1$ の場合が，いわゆるユンゲ分布と呼ばれ，Junge (1963) がヨーロッパ大陸上のエーロゾルの平均的な粒径分布を表現した関数形である．この場合，$r_{\min} = 0$ および $r_{\max} = \infty$ とおき，かつ積分変数を半径 r からサイズパラメータ x に変換すると，

$$\beta_e = 2^{\eta} \pi^{(\eta+1)} C \lambda^{-\eta} \int_0^{\infty} Q_e(x, \tilde{m}) x^{-(\eta+1)} dx \tag{5.40}$$

を得る．すなわち，粒子の複素屈折率がほぼ一定である波長域では，$\beta_e(\lambda) \propto \lambda^{-\eta}$ の比例関係が成り立つ．エーロゾルの粒径分布が全高度にわたって同じ形になっているとすると（ただし，比例係数 C は高度の関数），(5.40) の両辺を高度について積分することにより，大気柱に含まれるエーロゾルによる光学的厚さ $\tau_{\mathrm{A}}(\lambda)$ として，

$$\tau_{\mathrm{A}}(\lambda) = B \lambda^{-\eta} \tag{5.41}$$

を得る．ここに，係数 B は次式で与えられる．

$$B \equiv 2^{\eta} \pi^{(\eta+1)} \int_0^{\infty} C(z) \int_0^{\infty} Q_e(x, \tilde{m}) x^{-(\eta+1)} dx dz \tag{5.42}$$

この係数 B はある基準波長におけるエーロゾル層の光学的厚さを表す．その値は気柱内のエーロゾル量（総数）に比例するので，大気混濁度のひとつの目安として用いられる．光学的厚さの波長分布を (5.41) の形に表したとき，B および η をそれぞれオングストローム (Ångström) の混濁係数 (turbidity factor) および指数 (index) と称する．オングストローム混濁係数 B は，波長 $\lambda = 1\,\mu\mathrm{m}$ でのエーロゾルの光学的厚さを与える．一方，オングストローム指数 η は粒径分布の勾配を与え，その値が大きい〔小さい〕ほど，その粒径分布は小さな〔大きな〕粒径のエーロゾル粒子を相対的に多く含むことを表す．多くの場合，$0.5 \leqq \eta \leqq 1.5$ の範囲にあるが，B と η の値との間にはユニークな相関関係はなく，場所や状況により相関のパターンは変わるようである．いずれにしても，可視域におけるエーロゾルの光学的厚さの波長依存性は，分子大気によるレイリー散乱

の波長依存性（$\tau_R \propto \lambda^{-4}$）に比べて緩やかである．これが，エーロゾルが多い濁った空が白っぽくなる故である．また，エーロゾルに比べて1桁以上大きな粒径の雲粒に対しては，消散係数の波長依存性はさらに小さくなる（$\tau_C \propto \lambda^0$）．このことが，水雲は無色（入射光と同色），つまり，明るさに応じて白や灰色に見える理由である．エーロゾルと水雲の体積消散係数および単散乱アルベドの波長分布の事例が図2.10に示してある．

次に，単位体積あたりの散乱強度の角度分布をみる．ミー散乱の全立体角について1に規格化された位相関数 $P_M(\cos\Theta)$ は，個々の粒子に対する散乱強度関数を用いて，自然光入射の場合には次式で与えられる．

$$\frac{1}{4\pi}P_M(\cos\Theta) = \frac{1}{k^2\beta_s(\lambda)}\int_{r_{\min}}^{r_{\max}}\frac{1}{2}\left[i_1\left(\frac{2\pi r}{\lambda},\tilde{m};\Theta\right) + i_2\left(\frac{2\pi r}{\lambda},\tilde{m};\Theta\right)\right]n(r)dr \quad (5.43)$$

図5.14に，波長 $\lambda = 0.5\mu m$ の自然光が入射する場合のエーロゾルおよび積雲の粒径分布について積分したミー散乱位相関数を示す．それぞれの粒径分布関数を図に挿入した．また，比較のためレイリー散乱の位相関数も示した．すでに5.4.2項においてみたように，粒子サイズが大きくなるほど位相関数は前方散乱が卓越した非等方性の強い分布となる．特に，積雲モデルの前方には回折による強いピークがみられる．

なお，雲粒などの多分散系の粒子の平均的サイズを表す場合，その代表的な値として下記で定義される有効半径 r_e がしばしば利用される．

$$r_e \equiv \frac{\int_{r_{\min}}^{r_{\max}} r\pi r^2 n(r)dr}{\int_{r_{\min}}^{r_{\max}} \pi r^2 n(r)dr} \quad (5.44)$$

つまり，r_e は粒子の断面積を重みにして粒径分布について平均した半径である．右辺の分子項は粒径分布について積分した球粒子の総体積 V の3/4倍であり，分母項は断面積の総和 G を表す．したがって，$r_e = (3/4)V/G$ と書き表すことができる．この関係を用いると，たとえば，有効半径 r_e からなる均質な水雲層について鉛直積算した総雲水量 LWP（liquid water path）および可視光に対する光学的厚さ $\tau_C(VIS)$ との間に，次式の近似的な比例関係を得る．

$$LWP \approx \frac{2}{3}\rho_w r_e \tau_C(VIS) \quad (5.45)$$

この関係式は，$V = 4r_e G/3$ の両辺を雲層について高度積分することにより得ら

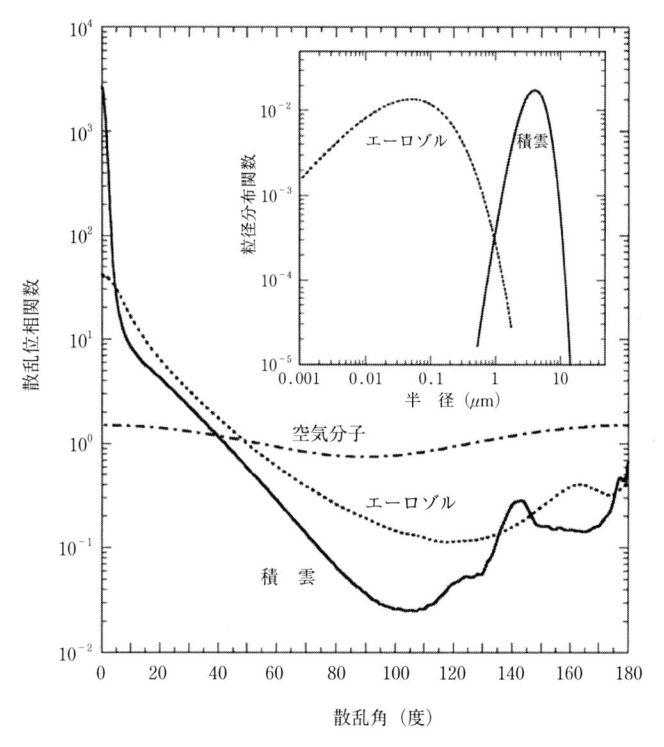

図 5.14 波長 $0.5\,\mu$m の自然光の入射に対するエーロゾル（$\bar{m}=1.45-0.0i$）および積雲（$\bar{m}=1.33-0.0i$）のミー散乱位相関数．図に挿入されたそれぞれの粒径分布について積分した値．比較のために空気分子のレイリー散乱位相関数も示す．

れる．すなわち，左辺の LWP は，水の密度 $\rho_w=1\,\mathrm{g\,cm^{-3}}$ として，V を高度について積算した量である．一方，右辺は，可視光に対する雲粒の消散効率因子は $Q_e \approx 2$ と近似できること，および，光学的厚さ τ_C は $Q_e G$ を雲の厚さについて積分した量であることから導かれる．(5.45) の関係式は実用的に有益な意味をもつ．まず，雲層の LWP が一定の場合，r_e と τ_C は互いに反比例する．一般に光学的に厚い雲ほど反射率が高いので，このことは，総雲水量が同じ雲層の場合には，小さな雲粒子からなる雲層ほど光学的に厚く，太陽可視光の反射率が高いことを意味する．また，3 つのパラメータ（$\tau_\mathrm{C}(VIS)$, r_e, LWP）のうちの 2 つが何らかの方法で知られているとすると，残りの量は (5.45) から推定することができる（たとえば，Asano *et al.*, 1995）．

6章 散乱大気における太陽放射の伝達

本章では,大気上端に入射する平行光線の太陽放射が,空気分子やエーロゾル,雲粒子などの散乱粒子を含む平行平面大気中を伝播する過程を定式化する.多重散乱による放射伝達の過程を計算するさまざまな手法が開発され,利用されている.ここでは,代表的な数例の解法について,演算の詳細には立ち入らずに,その背景となる考え方を中心に概説する.

6.1 散乱大気の放射伝達方程式

本章は散乱による偏光を無視して,放射場を強度のスカラー量として扱う.偏光を考慮した厳密な扱いをする場合には,以下の議論において放射場をストークスパラメータを要素とするベクトル,散乱位相関数を散乱マトリックスに置き換えなければならない(補章 A 参照).なお,放射エネルギーの収支に関係する放射フラックスを計算にする場合には,偏光を無視したことによる誤差は一般には小さいことが知られている.ただし,放射輝度や偏光の情報を利用するリモートセンシングなどにおいては偏光を考慮した厳密な扱いをする必要がある.

さて,波長 λ の単色光の太陽放射に対する偏光を無視した場合の平行平面大気における伝達方程式は,極座標表示で次式のように書き表せる((1.47) 参照).

$$\mu \frac{dI_\lambda(\tau_\lambda; \mu, \phi)}{d\tau_\lambda} = I_\lambda(\tau_\lambda; \mu, \phi) - J_\lambda(\tau_\lambda; \mu, \phi) \tag{6.1}$$

ここに,μ は極座標における天頂角 θ の余弦 ($\mu = \cos\theta$) である.なお,μ の値を $0 \leq \mu \leq 1$ の範囲に限定して用いる場合には,$\mu = |\cos\theta|$ として,対応する上向きおよび下向きの方向をそれぞれ $+\mu$ および $-\mu$ で表す.以下では,この表記を用いるので注意されたい.また,厚さ dz の気層の光学的厚さ $d\tau_\lambda$ は次式で与えられる.

6.1 散乱大気の放射伝達方程式

$$d\tau_\lambda(z) = -\beta_e(\lambda;z)dz \tag{6.2}$$

右辺の $\beta_e(\lambda;z)$ は，波長 λ および高度 z における体積消散係数を表す．(6.1) の右辺の放射源関数 J_λ は次式のように書き表せる ((1.32) 参照).

$$\begin{aligned}J_\lambda(\tau_\lambda;\mu,\phi) = &\frac{\varpi}{4\pi}\int_0^{2\pi}\int_{-1}^1 P_\lambda(\mu,\phi;\mu',\phi')I_\lambda(\tau_\lambda;\mu',\phi')d\mu'd\phi'\\&+\frac{\varpi}{4\pi}P_\lambda(\mu,\phi;-\mu_0,\phi_0)F_{0,\lambda}\exp\left[-\frac{\tau_\lambda}{\mu_0}\right]\end{aligned} \tag{6.3}$$

ここに，P_λ は規格化された散乱位相関数（1.3.2項参照）を表し，その変数である散乱角の余弦 $\cos\Theta$ を（1.31）により極座標系における入射方向 (μ',ϕ') と散乱方向 (μ,ϕ) の関数として表した．$(-\mu_0,\phi_0)$ は太陽光の入射方向を表す $(0<\mu_0\leq 1)$．右辺の第1項は，考慮している微小体積にあらゆる方向から入射するすでに散乱を受けた拡散光が，さらに考慮している (μ,ϕ) 方向に散乱される多重散乱の効果を表す．第2項は，平行光線（1.1.3項(2)参照）の太陽直達光が減衰を受けながら微小体積に入射し，そこで考慮している方向に散乱される寄与を表す．放射伝達方程式を解くには境界条件が必要である．ここでは図 6.1 に示されるように，太陽放射が入射方向に垂直な面でフラックス $F_{0,\lambda}$ をもつ平行光線として大気上端 $(\tau=0)$ に入射し，また，大気下端 $(\tau=\tau^*)$ には地表

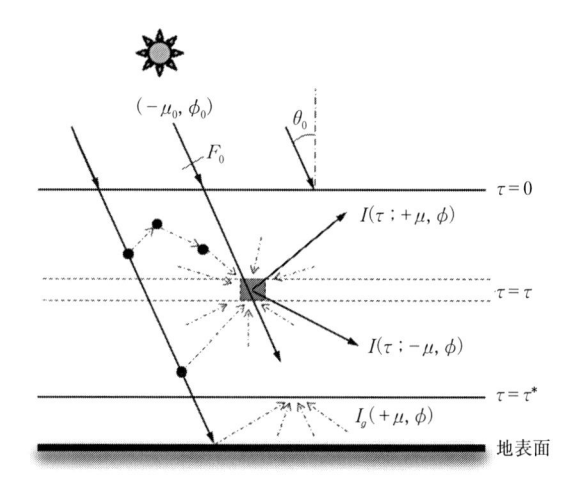

図 6.1 多重散乱大気における太陽放射伝達の模式図

表6.1 気体成分および大気微粒子による1次散乱と吸収のパラメータ

	レイリー散乱	ミー散乱	気体吸収
体積消散係数	$\beta_e^R = \sigma_s^R N_s(z)$	β_e^M	β_e^G
光学的厚さ	$\Delta\tau^R = \beta_e^R \Delta z$	$\Delta\tau^M = \beta_e^M \Delta z$	$\Delta\tau^G = \beta_e^G \Delta z$
単散乱アルベド	$\varpi^R = 1.0$	ϖ^M	$\varpi^G = 0.0$
散乱位相関数	$P_R(\cos\Theta) \to (5.16), (5.20)$	$P_M(\cos\Theta) \to (5.43)$	—
散乱非等方因子	$g^R = 0.0$	g^M	—

面で反射された放射 $I_g(+\mu, \phi)$ が入射するとする．太陽放射の伝達を考える場合，直達光の強度は光学的厚さがわかれば直ちに得られるので，放射伝達方程式は通常は拡散光のみを扱う．光学的厚さ τ のレベルにおける直達光の強度 I_{dir} は，ディラック（Dirac）のデルタ関数を用いて，$I_{\text{dir}}(\tau_\lambda; -\mu_0, \phi_0) = F_{0,\lambda}\exp[-\tau_\lambda/\mu_0]\delta(\mu+\mu_0)\delta(\phi-\phi_0)$ と表記できる．ここに，$\delta(\mu+\mu_0)\delta(\phi-\phi_0)$ は直達光が $(-\mu_0, \phi_0)$ の方向に進む平行光線であることを表している．なお，以下の議論では，表記を簡略化して，単色光を意味する添字の λ を省略する．

本章では地球大気中での太陽放射の伝達を扱うので，波長によっては，空気分子によるレイリー散乱，エーロゾルや雲粒子などによるミー散乱，さらに水蒸気やオゾンなどの気体吸収の効果を同時に考慮する必要がある．そこで，それらの効果による単位体積あたりの1次散乱量および吸収量に関するパラメータを表6.1に示される記号または値で表すとする．これらの記号や値を使うと，3つの効果が共存する気層の光学的厚さ $\Delta\tau$ は，それぞれの効果による光学的厚さの和であるので，次式のように書ける．

$$\Delta\tau = \Delta\tau^R + \Delta\tau^M + \Delta\tau^G \tag{6.4}$$

同様にして，その気層の単散乱アルベド ϖ, 散乱位相関数 $P(\cos\Theta)$ および非等方因子 g は，純散乱効果による光学的厚さを重みとした平均値をとることにより，それぞれ次式のように書き表せる．

$$\varpi = \frac{(\varpi^R\Delta\tau^R + \varpi^M\Delta\tau^M + \varpi^G\Delta\tau^G)}{\Delta\tau} = \frac{(\Delta\tau^R + \varpi^M\Delta\tau^M)}{\Delta\tau} \tag{6.5}$$

$$P(\cos\Theta) = \frac{(\Delta\tau^R P_R(\cos\Theta) + \varpi^M\Delta\tau^M P_M(\cos\Theta))}{(\Delta\tau^R + \varpi^M\Delta\tau^M)} \tag{6.6}$$

$$g = \frac{\varpi^{M} \Delta\tau^{M} g^{M}}{(\Delta\tau^{R} + \varpi^{M} \Delta\tau^{M})} \tag{6.7}$$

先に 1.4.2 項において，(6.1) の形の放射伝達方程式の形式解は，(1.48) および (1.49) で与えられることをみた．ただし，散乱大気の放射源関数 (6.3) は，その中に放射輝度を含んでいるので，放射伝達方程式の解が得られた後でなければその値を知ることができない形になっている．はじめに，特殊な例外として，気層の光学的厚さが非常に小さい（$\tau^{*} \ll 1$）場合を考える．この場合，放射は気層内で 1 回だけ散乱されて気層から出ていくと仮定する．このときの放射源関数は (6.3) の右辺第 2 項のみとなる．さらに，外から気層への散乱光の入射がない（すなわち，地表面反射はない）とすると，気層上端からの上向き放射輝度 $I(0;+\mu,\phi)$ は，(1.48) により次式で与えられる．

$$\begin{aligned} I(0;+\mu,\phi) &= \int_{0}^{\tau^{*}} J(t;\mu,\phi) \exp\left[-\frac{\tau^{*} - t}{\mu}\right] \frac{dt}{\mu} \\ &= \frac{\varpi}{4\pi} \frac{\mu_{0}}{\mu + \mu_{0}} F_{0} P(\mu,\phi;-\mu_{0},\phi_{0}) \left\{1 - \exp\left[-\tau^{*}\left(\frac{1}{\mu} + \frac{1}{\mu_{0}}\right)\right]\right\} \end{aligned} \tag{6.8}$$

同様にして，気層下端における下向き放射輝度 $I(\tau^{*};-\mu,\phi)$ は，(1.49) から次式で与えられる．

$$I(\tau^{*};-\mu,\phi) = \begin{cases} \dfrac{\varpi}{4\pi} \dfrac{\mu_{0}}{\mu - \mu_{0}} F_{0} P(-\mu,\phi;-\mu_{0},\phi_{0}) \left\{e^{-\tau^{*}/\mu} - e^{-\tau^{*}/\mu_{0}}\right\}, & (\mu \neq \mu_{0}) \\ \dfrac{\varpi \tau^{*} F_{0}}{4\pi \mu_{0}} P(-\mu_{0},\phi_{0};-\mu_{0},\phi_{0}) \exp\left[-\dfrac{\tau^{*}}{\mu_{0}}\right], & (\mu = \mu_{0}) \end{cases} \tag{6.9}$$

これらを 1 次散乱近似 (single-scattering approximation) の解と呼ぶ．これより $\tau^{*} \ll 1$ である場合の双方向反射関数 $R(\mu,\mu_{0};\phi_{0}-\phi)$ は，(6.8) を用いて次式のように近似できる（(2.10) 参照）．

$$R(\mu,\mu_{0};\phi_{0}-\phi) \equiv \frac{\pi I(0;+\mu,\phi)}{\mu_{0} F_{0}} = \frac{\varpi}{4\mu\mu_{0}} \tau^{*} P(\mu,\phi;-\mu_{0},\phi_{0}) \tag{6.10}$$

このように，1 次散乱近似が成り立つほどに光学的に薄い気層の双方向反射関数は光学的厚さ τ^{*} と散乱位相関数の積に比例する．この関係式は，人工衛星から太陽反射光の放射輝度を測定してエーロゾルの光学的厚さを推定する場合などに利用される．ただし，その場合には，あらかじめ観測する角度での散乱位相関数の値を知っておく必要がある．

次に，放射源関数が（6.3）で与えられる多重散乱を含む一般的ケースの解法をみていく．球形粒子あるいはランダムに方位する非球形粒子の集合体に対する散乱位相関数は，方位角の差（$\phi-\phi'$）の偶関数になるので，次式のように級数展開することができる．

$$P(\cos\Theta) = P(\mu,\phi;\mu',\phi') = \sum_{m=0}^{\infty} P^{(m)}(\mu,\mu')\cos m(\phi-\phi') \quad (6.11)$$

ここに，展開係数 $P^{(m)}$ は，

$$P^{(m)}(\mu,\mu') = \frac{1}{(1+\delta_{0m})\pi}\int_0^{2\pi} P(\mu,\phi;\mu',\phi')\cos m(\phi-\phi')d(\phi-\phi') \quad (6.12)$$

で与えられる．右辺分母の δ_{0m} は，クロネッカーの δ 記号であり，$m=0$ のときに 1，それ以外では 0 の値となる．また，散乱された放射場は太陽光の入射方向を含む子午面を挟んで方位角に関して対称である．そこで，位相関数と同様に，放射輝度 $I(\tau;\mu,\phi)$ も下記のように展開する．

$$I(\tau;\mu,\phi) = \sum_{m=0}^{\infty} I^{(m)}(\tau;\mu)\cos m(\phi-\phi_0) \quad (6.13)$$

放射伝達方程式（6.1）に（6.11）および（6.13）を代入すると，m 次数の展開係数 $I^{(m)}(\tau;\mu)$ に関する方程式，

$$\mu\frac{dI^{(m)}(\tau;\mu)}{d\tau} = I^{(m)}(\tau;\mu) - \frac{\varpi}{(4-2\delta_{0m})}\int_{-1}^{1} P^{(m)}(\mu,\mu')I^{(m)}(\tau;\mu')d\mu'$$
$$- \frac{\varpi}{4\pi}P^{(m)}(\mu,-\mu_0)F_0\exp\left[-\frac{\tau}{\mu_0}\right], \quad (m=0,1,2,\cdots) \quad (6.14)$$

を得る．放射輝度を求めるには，放射伝達方程式（6.14）を各 m 次数の $I^{(m)}$ について独立に解き，無限級数（6.13）により和を計算する．この場合，境界条件も方位角について展開して，対応する m 次数の条件を適用する．ただし，実際には散乱位相関数が（6.11）の展開によって要求する精度で十分に表せる有限の項数 M までを考慮すればよい．たとえば，レイリー散乱の場合には，（5.16）より，

$$P_R(\mu,\phi;\mu',\phi') = \frac{3}{8}[(3-\mu^2-\mu'^2+3\mu^2\mu'^2)$$
$$+ 4\mu\mu'(1-\mu^2)^{1/2}(1-\mu'^2)^{1/2}\cos(\phi-\phi') \quad (6.15)$$
$$+ (1-\mu^2)(1-\mu'^2)\cos 2(\phi-\phi')$$

と表せるので（たとえば，Chandrasekhar, 1960, p.101），$M=2$ である．一方，雲粒子によるミー散乱の場合などのように前方散乱が卓越した散乱位相関数に対しては，(6.11) の展開はなかなか収束しない．そのような場合，後述のように打切り項数を減らす工夫がなされる．

散乱光の上向きおよび下向きの放射フラックス $F_{\mathrm{dif}}^{\uparrow\downarrow}$ を求める場合には，(1.50) 式に (6.13) を代入し，方位角 ϕ について積分すると，$m=0$ 次の項のみが残って，

$$\begin{aligned} F_{\mathrm{dif}}^{\uparrow\downarrow}(\tau) &\equiv \int_0^{2\pi}\int_0^1 I(\tau;\pm\mu,\phi)\mu d\mu d\phi \\ &= 2\pi \int_0^1 I^{(0)}(\tau;\pm\mu)\mu d\mu \end{aligned} \tag{6.16}$$

となる．したがって，放射フラックスの計算には，$m=0$ 次の項のみを解けばよい．方位角に無関係な $m=0$ 次の放射輝度 $I^{(0)}(\tau;\mu)$ の伝達方程式は，次式のように書き表せる．

$$\begin{aligned} \mu\frac{dI^{(0)}(\tau;\mu)}{d\tau} &= I^{(0)}(\tau;\mu) - \frac{\varpi}{2}\int_{-1}^1 P^{(0)}(\mu,\mu')I^{(0)}(\tau;\mu')d\mu' \\ &\quad - \frac{\varpi}{4\pi}P^{(0)}(\mu,-\mu_0)F_0 e^{-\tau/\mu_0} \end{aligned} \tag{6.17}$$

ここに，$P^{(0)}(\mu,\mu')$ は，(6.11) の展開における $m=0$ 次の係数であり，(6.12) より方位角について平均した散乱位相関数に相当する．これはまた，第1種のルジャンドル関数（Legendre polynomials）$P_\ell(\mu)$ を用いると，次式のように書き表すことができる（たとえば，Liou, 2002, 6.1.2項参照）．

$$P^{(0)}(\mu,\mu') = \sum_{\ell=0}^\infty \varpi_\ell P_\ell(\mu) P_\ell(\mu') \tag{6.18}$$

ここに，ϖ_ℓ は展開係数である．ルジャンドル関数の直交性，および $P_0(\mu)=1$, $P_1(\mu)=\mu$ である性質を利用すると，$\varpi_0=1$ および $\varpi_1=3g$ を得る．なお，散乱位相関数は散乱角の関数であるから，入射方向と散乱方法を逆にしても値は同じである．すなわち，$P^{(0)}(\mu,\mu')=P^{(0)}(\mu',\mu)$ である．ところで (6.16) で与えられる放射フラックスは1回以上の散乱を受けた拡散光のフラックスである．下向きの全太陽放射のフラックスを問題にする場合には，直達光成分のフラックスを加える必要がある．太陽放射の直達光成分による水平面フラックスは，ビーア・ブー

ゲー・ランバートの法則による減衰を考慮して，次式で与えられる．

$$F_{\mathrm{dir}}(\tau) = \mu_0 F_0 e^{-\tau/\mu_0} \tag{6.19}$$

本章の以下の議論では，方位角に無関係な (6.17) の放射伝達方程式を解いて太陽放射フラックスを求めることに限定して，標記の簡潔化のために $m=0$ 次項を表す添え字 (0) を省略する．

多重散乱の放射伝達方程式の解法を述べる前に，Petty (2004) の図を借用して散乱大気中における放射伝播の様相を可視化しておこう．図 6.2 は，光学的厚さ $\tau^*=10$ の散乱大気の上端に光線—ここでは 100 個の '光子'—が入射した場合の各光子の軌跡を描いている．これはレーザー光線で散乱気層を照射する場合

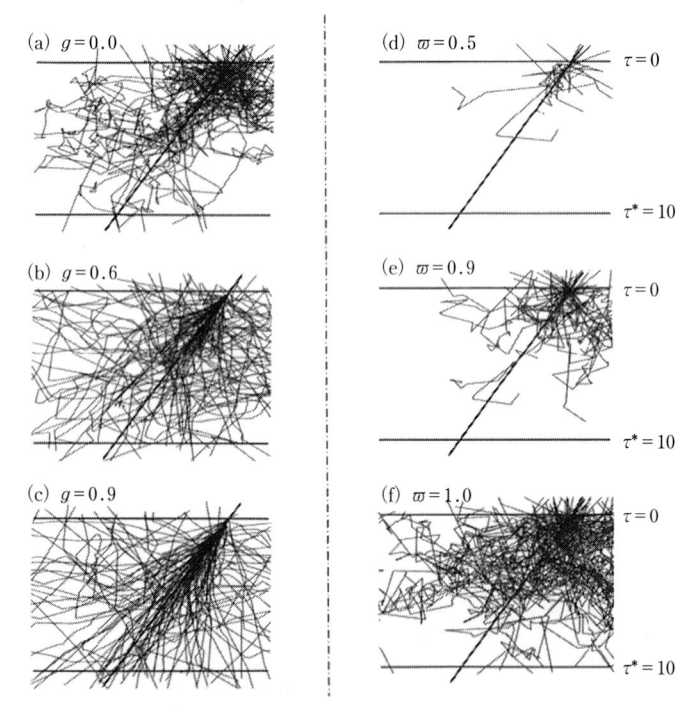

図 6.2 光学的厚さ $\tau^*=10$ の散乱大気の上端に 100 個の '光子' を天頂角 30° で入射した場合の光子の軌跡 (Petty, 2004, Fig. 13.1 および Fig. 13.2 を編集)
左半分は単散乱アルベド $\varpi=1$ の吸収のない大気で，非等方因子が (a) $g=0$, (b) $g=0.6$, (c) $g=0.9$ の場合．右半分は等方散乱大気 ($g=0$) で，単散乱アルベドが (d) $\varpi=0.5$, (e) $\varpi=0.9$, (f) $\varpi=1.0$ の場合．同じ条件の (a) と (f) の結果が一致していないのは，サンプル数不足によるモンテカルロ法の統計的ふらつきのためと思われる (6.3.3 項参照)．

に対応しており，平行光線の太陽放射が入射する場合には，図に示された模様が水平方向に重なって分布することになる．図の左半分は吸収のない大気で非等方因子 g を変えた場合の様相であり，図の右半分は等方散乱の大気で吸収性（すなわち単散乱アルベド ϖ）を変えた場合の様相である．光子は反射されて大気上端から上へ，あるいは透過して大気下端の下に出るか，あるいは気層内で吸収されて消えるまで追跡される．その軌跡は後述のモンテカルロ法によって計算された（6.3.3項参照）．散乱大気中における放射の拡散の様相は，前章で導入した1次散乱特性の違いによって，大きく異なることが示されている．

6.2 放射伝達方程式の近似解法

6.2.1 2 流 近 似

散乱大気中での放射フラックスを簡便に計算するためのさまざまな近似計算法が開発されてきた．最も広く利用されているものに放射伝達の2流（ツーストリーム）近似法（two-stream approximation）がある．2流近似法では，上向きおよび下向きの放射場をそれぞれ等方的，あるいは μ に関する1次関数（エディントン（Eddington）近似の場合）と仮定する．この近似の概念を図6.3に示す．両者はともに2個の未知数の放射輝度で放射場を代表しようとするので，エディントン近似を含めて広義の2流近似と呼ばれる．図6.2を振り返ると，これらの仮定はかなり大胆に思えるが，解が解析的に表せるので，効率的な計算が優先される気候モデルなどで現在も用いられている．

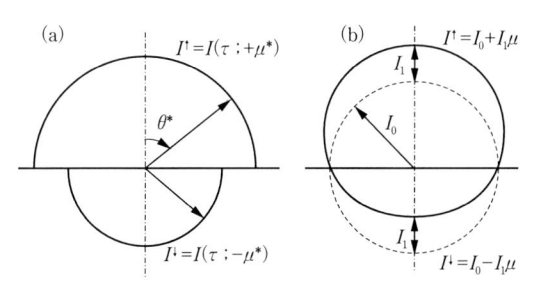

図 6.3 2流近似における上向き放射輝度 $I^{\uparrow}$ および下向き放射輝度 $I^{\downarrow}$ の概念の模式図
(a)：狭義の2流近似．ただし，$\mu^* = \cos\theta^*$．(b)：エディントン近似．それぞれ2個の未知数（$I(+\mu^*)$ と $I(-\mu^*)$，あるいは，I_0 と I_1）で放射場を近似する．

上下の方向にそれぞれ等方的な放射場を仮定する狭義の2流近似(図6.3 (a))では，上向きおよび下向きの放射場をそれぞれある特定の$\pm\mu^*$方向の放射輝度$I^\uparrow(\tau)\equiv I(\tau;+\mu^*)$および$I^\downarrow(\tau)\equiv I(\tau;-\mu^*)$で代表させる。したがって，$I^{\uparrow\downarrow}$が求まれば，等方な放射場の上向きおよび下向きの拡散放射フラックスは$F^{\uparrow\downarrow}_{\text{dif}}=\pi I^{\uparrow\downarrow}$で与えられる。この場合の，たとえば，上向き放射輝度$I^\uparrow$に対する(6.17)の放射伝達方程式は，次式のように書き直せる。

$$\mu\frac{dI^\uparrow(\tau)}{d\tau} = I^\uparrow(\tau) - \frac{\varpi}{2}I^\uparrow(\tau)(1-b(\mu))$$
$$- \frac{\varpi}{2}I^\downarrow(\tau)b(\mu) - \frac{\varpi F_0}{4\pi}P(\mu,-\mu_0)e^{-\tau/\mu_0}, \quad (0\leq\mu\leq 1) \quad (6.20)$$

ここに，$b(\mu)$は位相関数の後方散乱の割合を表す因子であり，次式で定義される。

$$b(\mu) \equiv \int_{-1}^{0} P(\mu,\mu')d\mu' = 1 - \int_{0}^{1} P(\mu,\mu')d\mu', \quad (\mu>0) \quad (6.21)$$

下向き放射輝度$I^\downarrow$に対しても(6.20)と同様の形の方程式が得られる。上下方向の放射輝度$I^{\uparrow\downarrow}$は，これらの1階微分方程式を適当な境界条件のもとで連立させて解くことにより得られる。ただし，(6.20)にはμに関する依存が残っている。代表させる角度μ^*の選定や$b(\mu)$などのμに依存する項の扱い方の違いにより，多様な解法が開発されている．Meador and Weaver (1980)は，(6.20)の両辺の角積分$\int_0^1 \cdots d\mu$をとって，放射輝度の代わりに放射フラックス$F^{\uparrow\downarrow}_{\text{dif}}$に関する方程式に変形すると，エディントン近似を含めたさまざまな2流近似の方程式は次式の形で統一的に表現できることを示した．

$$\frac{dF^\uparrow(\tau)}{d\tau} = \gamma_1 F^\uparrow(\tau) - \gamma_2 F^\downarrow(\tau) - \gamma_3 \varpi F_0 e^{-\tau/\mu_0}$$
$$\frac{dF^\downarrow(\tau)}{d\tau} = \gamma_2 F^\uparrow(\tau) - \gamma_1 F^\downarrow(\tau) + \gamma_4 \varpi F_0 e^{-\tau/\mu_0} \quad (6.22)$$

ここに$\gamma_1\sim\gamma_4$はτに無関係な係数であり，γ_3とγ_4の間には$\gamma_3+\gamma_4=1$の関係がある。代表的な2流近似法におけるγ係数を表6.2に示す。気層に入射する拡散放射フラックスはないとする境界条件のもとに連立方程式(6.22)を解くと，大気上端におけるフラックス反射率$\hat{r}$，および大気下端のフラックス透過率$\hat{t}$は，それぞれ次式で与えられる。

6.2 放射伝達方程式の近似解法

表 6.2 いろいろな 2 流近似法におけるパラメータ $\gamma_1 \sim \gamma_3$

方法	γ_1	γ_2	γ_3
①	$1/4[7-\varpi(4+3g)]$	$-1/4[7-\varpi(4-3g)]$	$1/4(2-3g\mu_0)$
②	$1/4[7-\varpi'(4+3g')]$	$-1/4[7-\varpi'(4-3g')]$	$1/4(2-3g'\mu_0)$
③	$1/4[8-\varpi'(5+3g')]$	$3/4[\varpi'(1-g')]$	$1/4(2-3g'\mu_0)$
④	$\sqrt{3}/2[2-\varpi(1+g)]$	$\sqrt{3}/2[\varpi(1-g)]$	$1/2(1-\sqrt{3}\,g\mu_0)$
⑤	$\sqrt{3}/2[2-\varpi'(1+g')]$	$\sqrt{3}/2[\varpi'(1-g')]$	$1/2(1-\sqrt{3}\,g'\mu_0)$
⑥	$\{1-\varpi[1-b(\mu_0)]\}/\mu_0$	$\varpi b(\mu_0)/\mu_0$	$b(\mu_0)$
⑦	$\dfrac{7-3g^2-\varpi(4+3g)+\varpi g^2[4b(\mu_0)+3g]}{4[1-g^2(1-\mu_0)]}$	$\dfrac{-1+g^2+\varpi(4-3g)+\varpi g^2[4b(\mu_0)+3g-4]}{4[1-g^2(1-\mu_0)]}$	$b(\mu_0)$

①エディントン (Eddington) 近似:Kawata and Irvine (1970), ②δ-エディントン (delta-Eddington) 近似:Joseph et al. (1976), ③実用フラックス法 (practical improved flux method, PIFM):Zdunkowski et al. (1980), ④離散座標法 (discrete-ordinate method, DOM):Liou (1974), ⑤δ-離散座標法 (delta-DOM):Schaller (1979), ⑥δ-関数法 (delta-function method):Coakley and Chýlek (1975), ⑦ハイブリッド法 (hybrid modified Eddington-delta function):Meador and Weaver (1980). Meador and Weaver (1980) および King and Harshvardhan (1986) より改変.

$$\hat{r}(\mu_0) \equiv \frac{F^{\uparrow}(0)}{\mu_0 F_0}$$

$$= \frac{\varpi}{(1-\kappa^2\mu_0^2)[(\kappa+\gamma_1)e^{\kappa\tau^*}+(\kappa-\gamma_1)e^{-\kappa\tau^*}]} \\ \times [(1-\kappa\mu_0)(\alpha_2+\kappa\gamma_3)e^{\kappa\tau^*}-(1+\kappa\mu_0)(\alpha_2-\kappa\gamma_3)e^{-\kappa\tau^*} \\ -2\kappa(\gamma_3-\alpha_2\mu_0)e^{-\tau^*/\mu_0}] \tag{6.23}$$

$$\hat{t}(\mu_0) \equiv e^{-\tau^*/\mu_0} + \frac{F^{\downarrow}(\tau^*)}{\mu_0 F_0}$$

$$= e^{-\tau^*/\mu_0}\left\{1 - \frac{\varpi}{(1-\kappa^2\mu_0^2)[(\kappa+\gamma_1)e^{\kappa\tau^*}+(\kappa-\gamma_1)e^{-\kappa\tau^*}]} \right. \\ \times [(1+\kappa\mu_0)(\alpha_1+\kappa\gamma_4)e^{\kappa\tau^*}-(1-\kappa\mu_0)(\alpha_1-\kappa\gamma_4)e^{-\kappa\tau^*} \\ \left. -2\kappa(\gamma_4+\alpha_1\mu_0)e^{\tau^*/\mu_0}]\right\} \tag{6.24}$$

ここで新たに導入された係数 α_1 および α_2 は次式で定義される.

$$\alpha_1 = \gamma_1\gamma_4 + \gamma_2\gamma_3\ ;\qquad \alpha_2 = \gamma_1\gamma_3 + \gamma_2\gamma_4 \tag{6.25}$$

また，係数 κ は解の固有値であり，次式で与えられる．

$$\kappa = (\gamma_1^2 - \gamma_2^2)^{1/2} \tag{6.26}$$

ただし，表6.2の③実用フラックス法や④離散座標法などでは，吸収のない大気（$\varpi=1$）に対して $\gamma_1=\gamma_2$，すなわち $\kappa=0$ となり，(6.23) および (6.24) が発散することがある．そのような場合には，$\varpi=0.999999$ などの値で代用する．一般的にいうと，2流近似は多重散乱が卓越する光学的に厚い気層に対しては簡便なよい近似である．しかし，前方散乱が卓越する光学的に薄い気層や吸収の強い気層の場合には，図6.2から予想されるように，放射場は2流近似の仮定から離れた非等方な場になるので，誤差が大きくなる．King and Harshvardhan (1986) は，代表的な2流近似解の精度の比較を行い，それぞれの方法に適・不適の領域があることを示した．2流近似を使う場合には，適用限界と要求する精度を調べて利用することが大事である．

なお，$\hat{r}(\mu_0) = F^\uparrow(0)/\mu_0 F_0$ で定義される平面大気層の太陽入射角に依存するフラックス反射率を，平面アルベド（plane albedo）や局所アルベド（local albedo）と呼ぶことがある．一方，平行光線に照射される球面の反射率 $\hat{r}_p$ は，平面アルベドに μ_0 を掛けて積分した平均値，

$$\hat{r}_p = 2\int_0^1 \hat{r}(\mu_0)\mu_0 d\mu_0 \tag{6.27}$$

として与えられる．これを球面アルベド（spherical albedo）あるいはグローバルアルベド（global albedo）と呼ぶ．特に，宇宙から見た太陽放射に照射される地球全体の球面アルベドは，地球の惑星アルベド（planetary albedo）と呼ばれる．なお，Liou (2002) の教科書などでは，'planetary albedo' を地表面反射を含めた平面アルベドの意味で使用しているので注意されたい．

6.2.2 相似則

前項で2流近似は，散乱の非等方性が強く散乱回数の少ない光学的に薄い気層に対しては，概して精度が悪くなることを述べた．その根本的な原因は，エーロゾルや雲粒子などによる散乱においては前方散乱が卓越して，散乱位相関数の

6.2 放射伝達方程式の近似解法

$\Theta=0$ 方向に強い極大(ピーク)が現れることに起因する.図 5.5 や図 5.14 にみられるように,前方散乱の鋭いピークは特に雲粒子による散乱で顕著である.この特性により,散乱大気の放射場は散乱回数が少ないほど非等方性が強くなる.一般の数値解法においても,鋭い前方ピークを再現するには細かい角度分解が必要となる.また,前方散乱ピークが鋭ければ鋭いほど(6.18)の位相関数の展開に,より多くの項数が必要となり,放射伝達計算はやっかいになる.位相関数の前方散乱の鋭いピークは主に回折によってもたらされる(5.5 節参照).そこでは散乱光は入射光の進行方向のごく近傍に集中する.強い前方散乱の効果を多重散乱の放射伝達に取り入れるための近似法として,位相関数の前方散乱ピークの部分を切り取って,この部分を散乱を受けない直達光に組み込むことを考える.いま,図 6.4 のように実際の位相関数から除去した前方ピーク部分の位相関数全体に対する寄与の割合を f とする.すなわち,

$$f = \frac{1}{4\pi}\int_{4\pi}(P(\cos\Theta) - P'(\cos\Theta))d\omega \tag{6.28}$$

ここに,$P'(\cos\Theta)$ は前方散乱ピークを除去した位相関数を表す.前方ピークの削除の仕方には任意性があるが,たとえば,図 6.4 に示した積雲モデルに対しては,散乱角 $\Theta \leq 10°$ の前方部分を $\Theta=10°$ での勾配で外挿した.この場合には $f=0.46$ となり,除去された前方ピークの寄与は全体の半分弱である.また,非等方因子 g の値は,もとの位相関数では 0.85 であったが,$P'(\cos\Theta)$ に対しては 0.42 となり半減している.このとき,方位角に無関係な規格化された散乱位相関数 $P(\mu,\mu')$ および $P'(\mu,\mu')$ は次の関係式を満たす.

$$P(\mu,\mu') = 2f\delta(\mu-\mu') + (1-f)P'(\mu,\mu') \tag{6.29}$$

ここに,$\delta(\mu-\mu')$ は,$\Theta=0$ 方向すなわち $\mu=\mu'$ に対してのみ 1 となり,それ以外では 0 となることを表すディラックのデルタ関数である.

位相関数の調整に伴って,気層の光学的厚さ τ,単散乱アルベド ϖ および非等方因子 g の 1 次散乱パラメータを実際の放射伝達特性と等価な特性を保証するように調整する.調整された気層の 1 次散乱パラメータをダッシュを付けて表す(図 6.5 参照).光学的厚さ τ は散乱による効果(τ_s)と吸収の効果(τ_a)の和であるが,前方散乱ピークの部分は回折によるので,吸収とは無関係である.したがって,前方散乱ピークを除去した位相関数に対応するように調整された光学的

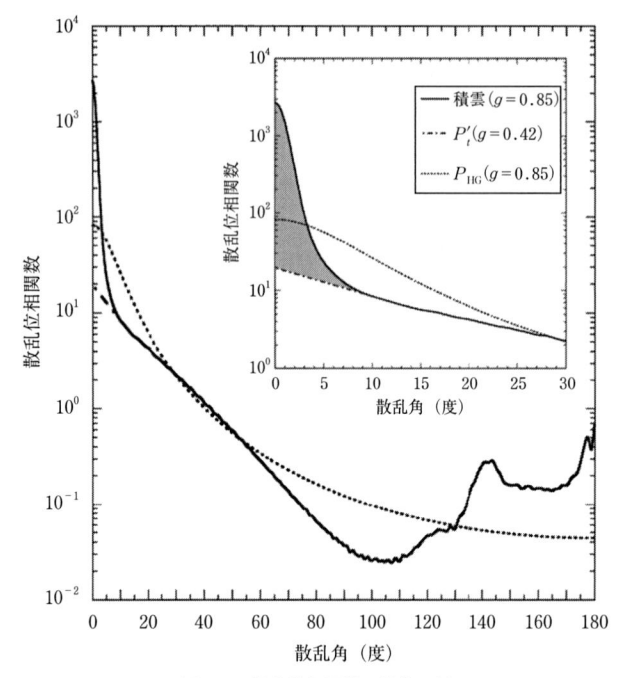

図 6.4 散乱位相関数の調整の例

散乱角 30°以内の前方部分を拡大した図を挿入．実線は図 5.14 の積雲モデルに対する位相関数であり，非等方因子 $g=0.85$ の値をもつ．1 点鎖線は，散乱角 10°以内の前方ピーク（影をつけた部分）を除去した位相関数であり，非等方因子は 0.42 の値をもつ．点線は $g=0.85$ の値を有する (6.34) のヘニエイ・グリーンスティン位相関数．

厚さ τ' は，次式で与えられる．

$$\tau' = \tau'_s + \tau'_a = (1-f)\tau_s + \tau_a = \tau(1-f\varpi) \tag{6.30}$$

すなわち，前方散乱部分を散乱を受けていないとして直達光に組み入れた場合の気層の光学的厚さ τ' は，実際の光学的厚さ τ よりも薄くなる．同様に，調整された単散乱アルベド ϖ' は次式のように書き表せる．

$$\varpi' = \frac{\tau'_s}{\tau'} = \frac{(1-f)\tau_s}{(1-f\varpi)\tau} = \frac{(1-f)\varpi}{(1-f\varpi)} \tag{6.31}$$

さらに，前方散乱ピーク部の非等方因子は 1 になることを思い出すと，(6.29) の関係より $g = f \cdot 1 + (1-f)g'$ を得る．これより，調整された非等方因子 g' は

次式のように書き表せる.

$$g' = \frac{(g-f)}{(1-f)} \tag{6.32}$$

関係式 (6.31) より,吸収のない ($\varpi=1$) 大気の場合には,当然ながら調整された単散乱アルベドも $\varpi'=1$ である.ただし,$\varpi<1$ の場合には $\varpi'<\varpi$ となり,実際の大気よりも見かけ上吸収性が強くなる.このことは,調整された気層の光学的厚さが薄くなり,また,非等方因子が小さく ($g'<g$) なって気層内で受ける散乱回数が変わることとあいまって,吸収性大気の放射エネルギー保存則を保証するように作用する.また,放射伝達方程式 (6.19) に (6.29) を代入して,前方ピークを切り詰めた位相関数と調整された 1 次散乱パラメータを用いて書き表すと,もとの放射伝達方程式とまったく同形の式が得られる.さらに,たとえば,2 流近似の解に含まれる固有値と光学的厚さの積の間に相似関係 $\kappa\tau = \kappa'\tau'$ が成り立つならば,実際の気層と調整された気層に対する放射伝達方程式の解の等価性が保たれる.この相似関係は,(6.30)〜(6.32) を用いると次式のように書き表せる.

$$\frac{\kappa'}{\kappa} = \frac{\tau}{\tau'} = \frac{(1-\varpi')}{(1-\varpi)} = \frac{\varpi'}{\varpi}\frac{(1-g')}{(1-g)} \tag{6.33}$$

上記のように,前方散乱ピークを除去した位相関数に合わせて調整した 1 次散乱パラメータをもつ気層が実際の気層と等価な放射伝達特性を有するとするこれらの関係は,放射伝達の相似則 (similarity principle) と呼ばれる (図 6.5).この概念は,放射伝達計算を省力化するのに有効な手段として,前方散乱の強い大気中での放射フラックス計算で広く用いられている.ちなみに,表 6.2 の δ-エデ

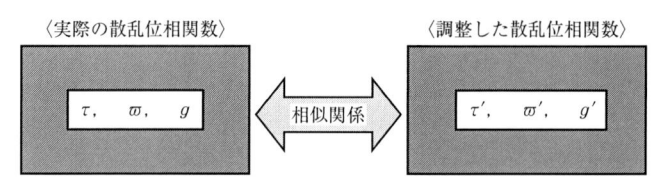

図 6.5 放射伝達における相似則の概念図
(左) 実際の位相関数を用いた場合の 1 次散乱パラメータ (τ, ϖ, g) をもつ気層.(右) 前方散乱ピークを除去した位相関数を用いた場合の調整された 1 次散乱パラメータ (τ', ϖ', g') をもつ気層.両者の間には等価な放射伝達特性をもたらす相似関係がある.

ィントン近似などのダッシュの付いたパラメータを用いる解法（②，③，および⑤）は，2流近似にこの概念を適用した方法である．

しばしば，散乱大気の放射フラックスの計算で実際の位相関数を用いる代わりに，同じ非等方因子の値をもつ解析的な関数形で代用することがある．その代表的な関数は，ヘニエイ・グリーンスティン位相関数 $P_{\mathrm{HG}}(\cos\Theta)$ と呼ばれるもので次式で定義される（Henyey and Greenstein, 1941）．

$$P_{\mathrm{HG}}(\cos\Theta) \equiv \frac{(1-g^2)}{(1+g^2-2g\cos\Theta)^{3/2}} \tag{6.34}$$

図6.4に積雲モデルの位相関数と同じ非等方因子をもつ $P_{\mathrm{HG}}(\cos\Theta)$ を示した．この位相関数は単調に変化する滑らかな関数であるので，(6.18) の展開は実際の位相関数に比べてずっと少ない項数で可能である．エーロゾルの場合などのように前方散乱ピークがそれほど鋭くない散乱大気に対して，$P_{\mathrm{HG}}(\cos\Theta)$ で代用した放射フラックスの計算は，実用上十分な精度の結果を与える．また，2流近似において，$P_{\mathrm{HG}}(\cos\Theta)$ の前方散乱部分をデルタ関数で置き換える近似を適用する場合には，$f=g^2$ で与えられることが知られている（たとえば，Joseph et al., 1976）．

6.3 数値解法

6.3.1 離散座標法

2流近似の考え方の拡張として，方向 μ について連続的に変化する非等方的な放射輝度の場を，不連続な複数個の方向における放射輝度で代表することが考えられる．計算する方向の数が多ければ多いほど，実際の放射場の再現性がよくなることが期待できる．この方法は，離散座標法（discrete-ordinate method, DOM）と呼ばれ，散乱大気の放射伝達計算に広く利用されている．その原型はChandrasekhar (1960) によって導入された．そこでは，散乱位相関数を(6.18) のようにルジャンドル多項式で展開し，放射伝達方程式に含まれる方向 μ に関する積分をガウス求積法（Gauss quadrature）を用いて，有限個の級数和で置き換える．区間 $(-1, +1)$ において連続な関数の積分に関しては，ガウス求積法が優れているので，通常これが用いられる．ガウス求積法によると任意の連続関数 $f(\mu)$ の積分は次式のように書ける．

$$\int_{-1}^{1} f(\mu) d\mu \cong \sum_{j=-n}^{n} a_j f(\mu_j) \tag{6.35}$$

ここに，$\mu_j (j= \pm 1, \cdots, \pm n)$ は積分区間 $(-1, +1)$ の求積点であり，偶数次のルジャンドル多項式 $P_{2n}(\mu)$ のゼロ点として与えられる．また，a_j は求積点 μ_j に対応する分割幅を表す重み係数であり，次式で与えられる．

$$a_j = \left[\frac{dP_{2n}(\mu_j)}{d\mu_j}\right]^{-1} \int_{-1}^{1} \frac{P_{2n}(\mu)}{(\mu - \mu_j)} d\mu \tag{6.36}$$

求積点と重み係数には，次のような関係がある．

$$\mu_{-j} = -\mu_j; \ a_{-j} = a_j; \ \sum_{j=-n}^{n} a_j = 2 \tag{6.37}$$

ガウス求積法の μ_j と a_j の値を得るには，既存の数表や数値計算コードが利用できる．

さて，ガウス求積法と (6.18) を用いると，方位角に無関係な場の放射伝達方程式 (6.17) は，次式のように書ける．

$$\begin{aligned}\mu_i \frac{dI(\tau;\mu_i)}{d\tau} &= I(\tau;\mu_i) - \frac{\varpi}{2}\sum_{l=0}^{N}\varpi_l P_l(\mu_i)\sum_{j=-n}^{n}a_j P_l(\mu_j)I(\tau;\mu_j) \\ &\quad - \frac{\varpi}{4\pi}F_0\left[\sum_{l=0}^{N}(-1)^l \varpi_l P_l(\mu_i)P_l(\mu_0)\right]e^{-\tau/\mu_0}, \quad (i = \pm 1, \cdots, \pm n)\end{aligned} \tag{6.38}$$

ここに，$I(\tau;\mu_i)$ は，$2n$ 個 $(i = \pm 1, \cdots, \pm n)$ の離散した方向における放射輝度を表す．方程式 (6.38) は，$2n$ 個の1階微分方程式からなる連立方程式系となっている．この連立方程式の一般解は，次式の形に書き表せる（たとえば，Liou, 2002, 6.2節）．

$$\begin{aligned}I(\tau;\mu_i) &= \sum_{j=-n}^{n} L_j \Phi(\kappa_j;\mu_i) \exp[-\kappa_j \tau] \\ &\quad + Z(\mu_i) \exp\left[-\frac{\tau}{\mu_0}\right], \quad (i = \pm 1, \cdots, \pm n)\end{aligned} \tag{6.39}$$

右辺の第1項は，(6.38) の右辺第3項を除いた連立方程式系の均質解であり，第2項は直達光成分に対する特解である．ここに，κ_j および $\Phi(\kappa_j;\mu_i)$ は固有値と固有ベクトルである．なお，固有値には $\kappa_{-j} = -\kappa_j (j=1, \cdots, n)$ なる性質があるので，それを求めるには，κ に関する $2n$ 次の特性方程式の代わりに，κ^2 に関する n 次の特性方程式を解けばよい（Asano, 1975）．未定係数 L_j は，(6.39) に

境界条件を適用した連立方程式系を解くことによって決定される．1次散乱特性が高度によって異なる不均質な大気の場合には，大気をそれぞれが均質とみなせる複数（たとえばL個）の気層に分割し，各気層ごとに(6.39)の解を求める．この場合の未定係数の数は$(2n \times L)$個となる．これらの未定係数は，大気の上端と下端における入射条件および気層間における放射場の連続性の条件を課した$(2n \times L)$個の連立方程式系を解くことによって決定される．気層の数Lが大きい場合には，連立方程式の次元は非常に大きくなり，DOMによる計算はやっかいになる．このような場合には，各均質層の解をDOMで求めておき，気層間の相互作用を次節で述べる加算法（adding method）と組み合わせて考慮する解法が有効になる．

ところで，$n=1$の場合に，ガウス求積法の求積点および重み係数はそれぞれ$\mu_1 = 1/\sqrt{3}$, $a_{\pm 1} = 1$となり，その解は表6.2の④離散座標法による2流近似解に帰着する．さらに，$n=2$の場合には4個の連立方程式を解くことになるが，この場合にも解を解析的な関数形で表すことができる（Liou, 1974）．これは，上下半球の放射場をそれぞれ2方向の放射輝度で代表させるもので，4流（フォーストリーム）近似（four-stream approximation）と呼ばれる．4流近似では，2流近似に比べて，計算精度に著しい改善がみられる．ガウス求積法の求積点の数が$n \geq 3$である一般のDOMの固有値は解析的には求まらず，数値解法が必要となる．

6.3.2　倍増-加算法

加算法（adding method）は，考慮している不均質大気をそれぞれが既知の反射特性および透過特性をもつ複数個の均質な気層に分割し，気層間の多重反射を考慮した相互作用の結果として放射伝達を記述する．この概念は，ガラス板を何枚も重ね合わせた堆積層による反射・透過の問題に対する幾何光学の光線追跡法から派生して発展した．組み合わせる2つの層のそれぞれがまったく同じ放射特性をもつ場合の加算法を，特に倍増法（doubling method）と呼ぶ．これらの方法を定式化するには，平行平板気層の反射および透過の特性を表す関数を導入すると便利である．

いま，図6.6 (a) のように，ある気層の上端に上から入射する場合の方位角に無関係な放射場の反射および透過の特性を表現する関数を$R(\mu, \mu')$およびT

6.3 数値解法

(a) 上からの入射 (b) 下からの入射

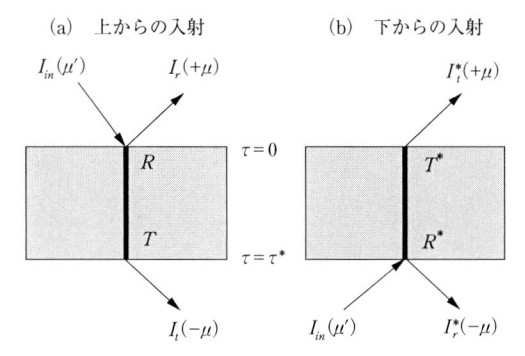

図 6.6 加算法における入射および反射と透過の模式図
(a) 上からの入射の場合，(b) 下からの入射の場合．

(μ, μ') と表す．ここに，角度変数 (μ, μ') は，反射〔または透過〕の方向 (μ) と入射の方向 (μ') を示す．この気層からの反射光 I_r および透過光 I_t は，それぞれ次式で与えられる（たとえば，Lacis and Hansen, 1974）．

$$I_r(0;+\mu) = 2\int_0^1 R(\mu, \mu') I_{in}(0;-\mu') \mu' d\mu' \quad (6.40\text{a})$$

$$I_t(\tau^*;-\mu) = 2\int_0^1 T(\mu, \mu') I_{in}(0;-\mu') \mu' d\mu' \quad (6.40\text{b})$$

右辺の積分に μ' が含まれているのは，均質層の場合に入射方向と反射〔あるいは透過〕の方向を逆にしても反射関数〔透過関数〕の値は同じになる性質を保証するためである．つまり，均質な層に対しては，

$$R(\mu, \mu') = R(\mu', \mu); \quad T(\mu, \mu') = T(\mu', \mu) \quad (6.41)$$

が成り立つ．入射光 I_{in} は，太陽直達光のような平行光線に対しては，

$$I_{in}(0;\mu') = \delta(\mu' + \mu_0) F_0 \quad (6.42)$$

で与えられる．この場合の反射関数と透過関数は，それぞれ次式で与えられる．

$$R(\mu, \mu_0) = \frac{\pi I_r(0;+\mu)}{\mu_0 F_0} \quad (6.43\text{a})$$

$$T(\mu, \mu_0) = \frac{\pi I_t(\tau^*;-\mu)}{\mu_0 F_0} \quad (6.43\text{b})$$

同様にして，気層の下端へ入射する場合の反射関数 R^* と透過関数 T^* は，それぞれ次式で定義される（図6.6 (b) 参照）．

$$R^*(\mu, \mu_0) = \frac{\pi I_r^*(\tau^*; -\mu)}{\mu_0 F_0} \quad (6.44a)$$

$$T^*(\mu, \mu_0) = \frac{\pi I_t^*(0; +\mu)}{\mu_0 F_0} \quad (6.44b)$$

気層が均質な場合には，反射関数および透過関数の値は，入射が気層の上からであるか，下からであるかにかかわらず同じになるので，

$$R^*(\mu, \mu_0) = R(\mu, \mu_0); \quad T^*(\mu, \mu_0) = T(\mu, \mu_0) \quad (6.45)$$

である．なお，ここでの透過関数 T および T^* は，散乱光に対して定義された拡散透過率である．直達光に対する透過率は，単純に $\exp[-\tau^*/\mu_0]$ で与えられる．ところで，入射方向および反射〔透過〕方向をそれぞれガウス求積法などの求積点 $(\mu_i; i=1, \cdots, n)$ にとると，反射関数および透過関数は，方向の変数 (μ_i, μ_j') に関する $(n \times n)$ 型の行列（マトリックス）の形になるので，以下では，それらを反射マトリックスおよび透過マトリックスと呼ぶ．

次に，それぞれの反射マトリックスと透過マトリックスがわかっている2つの気層を重ね合わせた場合の結合層に対する反射マトリックスおよび透過マトリックスを求めよう．図6.7のように，光学的厚さ τ_a の気層（a層）が光学的厚さ τ_b の気層（b層）上にあり，太陽光がa層の上端を照射しているとする．結合層 (τ_{a+b}) の放射伝達特性はa層とb層の間の逐次反射の効果を考慮することにより得られる．これを加算法と呼ぶ．光学的厚さが τ_{a+b} である結合層の反射マトリックスと透過マトリックスは，下記の一連の式により求まる（たとえば，Lacis and Hansen, 1974）．

① 上からの入射の場合のレシピ；

$$Q = R_a^* R_b \quad (6.46a)$$

$$S = Q[1 + Q + Q^2 + \cdots] = Q(1-Q)^{-1} \quad (6.46b)$$

$$D = T_a + ST_a + Se^{-\tau_a/\mu_0} \quad (6.46c)$$

$$U = R_b D + R_b e^{-\tau_a/\mu_0} \quad (6.46d)$$

$$R_{a+b} = R_a + e^{-\tau_a/\mu} U + T_a^* U \quad (6.46e)$$

$$T_{a+b} = e^{-\tau_b/\mu} D + T_b e^{-\tau_a/\mu_0} + T_b D \quad (6.46f)$$

6.3 数値解法

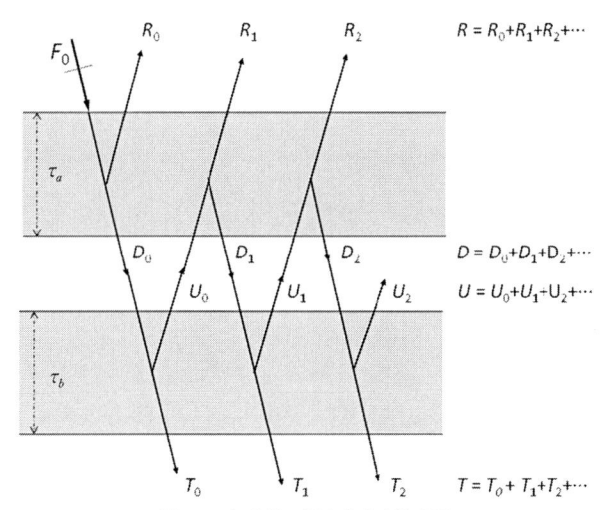

図 6.7 加算法の概念を表す模式図

光学的厚さ τ_a の気層が光学的厚さ τ_b の気層の上に重なっており，上からフラックス F_0 の平行光線の入射がある場合．便宜上，2 つの気層は物理的に分離して描かれている．記号 R_i, T_i, D_i, U_i の添字 i の値は，τ_a 層と τ_b 層との間の多重反射の回数を表す．D および U は，それぞれ 2 層の境界における下向き拡散放射および上向き拡散放射を与える多重反射関数である．

②下からの入射の場合のレシピ；

$$Q = R_b R_a^* \tag{6.47a}$$

$$S = Q(1-Q)^{-1} \tag{6.47b}$$

$$U = T_b^* + ST_b^* + Se^{-\tau_b/\mu'} \tag{6.47c}$$

$$D = R_a^* U + R_a^* e^{-\tau_b/\mu'} \tag{6.47d}$$

$$R_{a+b}^* = R_b^* + e^{-\tau_b/\mu} D + T_b D \tag{6.47e}$$

$$T_{a+b}^* = e^{-\tau_a/\mu} U + T_a^* e^{-\tau_b/\mu'} + T_a^* U \tag{6.47f}$$

ここに，(6.46b) および (6.47b) の S は，2 つの気層の間の多重反射の効果を表す関数である．

一連の式において，2 つのマトリックス A_a と B_b との積 $A_a B_b$ は，起こりうるすべての多重散乱の寄与を考慮した角度に関する積分を意味する．すなわち，

$$A_a B_b \equiv 2\int_0^1 A_a(\mu, \mu') B_b(\mu', \mu_0) \mu' d\mu' \tag{6.48}$$

で定義される．この積分に対してガウス求積法を適用すると，たとえば

(6.46a) は次式のように計算できる.

$$Q(\mu_i, \mu_j) \approx \sum_{l=1}^{n} R_a^*(\mu_i, \mu_l) R_b(\mu_l, \mu_j)(2\mu_l a_l), \quad (i, j = 1, \cdots, n) \quad (6.49)$$

すなわち，行列の積和の演算として表される．(6.46b) および (6.47b) の S には逆行列 $(1-Q)^{-1}$ の計算が含まれるが，それを除いた一連の計算は行列の積算であるので，数値計算としては比較的安定である．一方，結合層に対する直達光の透過率は，$\exp[-(\tau_a+\tau_b)/\mu_0]$ で与えられる．

まったく同じ光学的厚さと放射伝達特性を有する2つの気層を結合する倍増法では，(6.45) の関係があるので，計算は (6.46) の1組のレシピのみで十分である．この場合には，最初に (6.8) と (6.9) の1次散乱近似が成り立つような光学的に十分に薄い層（たとえば，$\Delta\tau \approx 10^{-8}$ 程度）からスタートする．そして，$\Delta\tau$ 層と $\Delta\tau$ 層の加算から2倍の厚さの $2\Delta\tau$ 層の反射と透過のマトリックスを求める．次いで，$2\Delta\tau$ 層と $2\Delta\tau$ 層を合成して $4\Delta\tau$ 層とする．順次この倍増法を繰り返すことにより，倍々の増え方で求める気層の光学的厚さに速やかに達することができる．1次散乱近似によるスタートの気層の反射マトリックスおよび透過マトリックスは，次式で与えられる（(6.10) 参照）．

$$R(\mu, \mu_0) = \frac{\varpi \cdot \Delta\tau}{4\mu\mu_0} \cdot P(\mu, -\mu_0) \quad (6.50a)$$

$$T(\mu, \mu_0) = \frac{\varpi \cdot \Delta\tau}{4\mu\mu_0} P(-\mu, -\mu_0) \quad (6.50b)$$

なお，光学的に厚い均質な雲などの気層を加算する場合には，その気層の反射マトリックスおよび透過マトリックスを倍増法で計算するよりも，たとえば前項の離散座標法で一気に求める方が容易なこともある．そのような場合には，離散座標法と加算法を組み合わせた計算法が便利である．

不均質な散乱大気内における放射フラックスの高度分布を求めるには，大気を複数個の均質とみなせる気層に区切る．そして，各層の反射マトリックスと透過マトリックスを倍増法（場合によっては，離散座標法など）により求めた後で，大気の最上層から順次に下に向かって隣接する気層を加算し，その都度結合した合成層の反射マトリックスと透過マトリックスを計算して記憶する．また，同様の加算法を逆に最下層から始めて上に向かって最上層まで適用する．次に各層の境界高度において，その高度より上の合成層と下の合成層の組み合わせに対して

加算法を適用して，その境界における上向き放射マトリックスUおよび下向き放射マトリックスDを計算する．すべての境界高度でUとDの計算を繰り返し，それらから上向きフラックスと下向きフラックスを求める．この場合の地表面における境界条件は，地表面を反射マトリックス$R_s(\mu, \mu')$および透過マトリックス$T_s(\mu, \mu')=0$をもつ1つの層として加算することによって取り入れることができる．たとえば，地表面が反射率r_gのランバート反射面の場合には$R_s(\mu, \mu')=r_g$とおくことができる．ただし，海水面などのようにランバート反射面で近似できない場合には，海水中の放射伝達を含めた大気–海洋系に対して上記の倍増–加算法を適用する（たとえば，Nakajima and Tanaka, 1983）．

6.3.3 モンテカルロ法

前記のDOMや倍増–加算法は原則として水平一様性を仮定した平行平面大気モデルに適した計算法である．したがって，雲などのように水平方向にも不均質であったり，あるいは広がりが有限であるような散乱媒質中の放射伝達計算には向いていない．モンテカルロ法（Monte Carlo method）は，そのような場合に有効な計算法として広く利用されている．モンテカルロ法では，大気中における放射の散乱や吸収を'モデル光子'の確率過程として扱う．媒質にたくさんの'光子'を入射し，個々の'光子'が散乱を受けて媒質から出ていくか，あるいは吸収されてエネルギーを失うまで，その軌跡を追跡して記録する．その際，散乱位相関数は，散乱された'光子'の進行方向が再配分される際の確率分布関数とみなされる．モンテカルロ法の概念は単純であり，また応用に柔軟性があるので，任意の複雑な形状の媒質にも適用可能である．ただし，モンテカルロ法による計算は統計的なふらつきの影響を受けやすいので，有意な結果を得るには，数多くの'モデル光子'を入射させる必要がある．したがって，ある程度以上の能力をもった計算機資源が必要となる．モンテカルロ法による放射伝達計算には，前進型と逆行型の2つの方法がある．前進型モンテカルロ法は，光の進行方向に沿って'光子'を追跡する．この方法では，1回のシミュレーションにより，求める放射量の空間分布を計算することができる．図6.2は，このようにして計算した例である．他方，逆行型モンテカルロ法は観測地点から放射源までの軌跡を逆にたどる方法であり，観測地点における放射量を比較的短時間に精度よく計算するのに適している．放射伝達計算のための効率的なモンテカルロ法がいろい

ろと開発されている(たとえば,Iwabuchi, 2006).また,さまざまなモンテカルロ計算コードが公開されている.

6.4 散乱大気の放射伝達特性

本章の最後に散乱大気の放射収支にかかわる放射フラックスの反射率 $\hat{r}(\mu_0)$ や透過率 $\hat{t}(\mu_0)$, 吸収率 $\hat{a}(\mu_0)$ などの放射伝達特性の特徴をみておく.図6.8は,太陽放射が天頂角60°で入射する場合の均質な散乱気層の放射特性を光学的厚さ

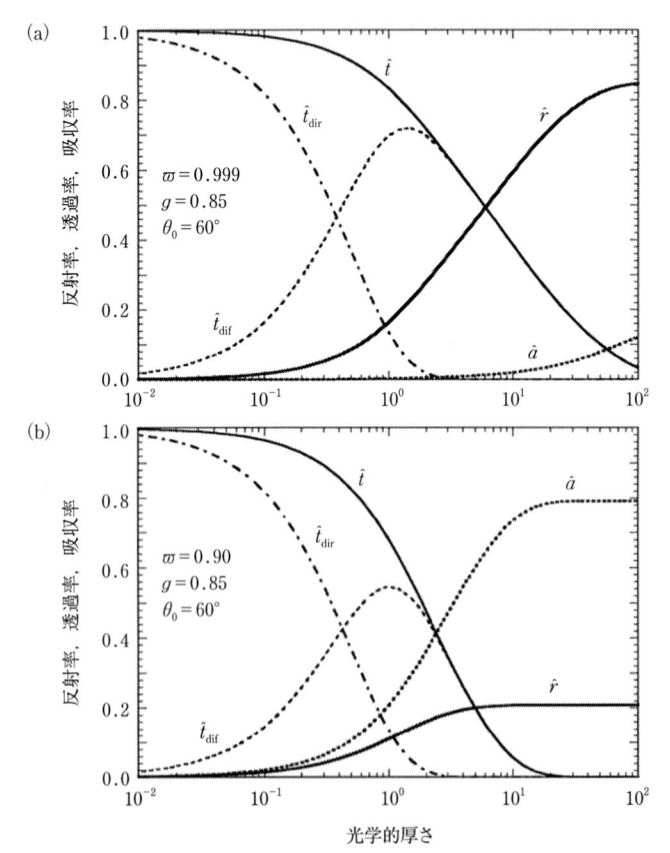

図6.8 天頂角60°($\mu_0=0.5$)で太陽放射が入射する場合の光学的厚さの関数として表した均質気層のフラックス反射率 $\hat{r}$,透過率 $\hat{t}$ および吸収率 $\hat{a}$ 非等方因子 $g=0.85$ のヘニエイ・グリーンスティン位相関数 $P_{HG}(\cos\Theta)$ を用いた倍増法による計算値.$\hat{t}_{dir}$ および $\hat{t}_{dif}$ はそれぞれ直達透過率および拡散透過率. (a):単散乱アルベド $\varpi=0.999$ の場合,(b):単散乱アルベド $\varpi=0.90$ の場合.

の関数として表す．ここでは，非等方因子を水雲の代表的な値の $g=0.85$ と仮定した．図 (a) は単散乱アルベド $\varpi=0.999$ の吸収の弱い場合であり，その値は太陽放射の全波長域で平均した水雲に対する値にほぼ対応する．図 (b) は，(a) に比べて少し吸収性が強い場合のケースで，単散乱アルベドの値 $\varpi=0.9$ は対流圏エーロゾルに対するひとつの代表値として選んだ．ただし，エーロゾルの非等方因子の値は $g \approx 0.7 \pm 0.1$ 程度であるが，ここでは (a) と同じにした．図 6.8 の事例では，地表面反射はないとしたので，気層のフラックス吸収率は，エネルギー保存則により $\hat{a}(\mu_0) = 1 - \hat{r}(\mu_0) - \hat{t}(\mu_0)$ で与えられる．図からは，$\hat{r}$ および $\hat{a}$ は，単散乱アルベドの値に敏感であることがみてとれる．図 (a) と図 (b) とでは，$\hat{r}$ と $\hat{a}$ の大小関係が逆転している．図 6.8 (a) の水雲モデルでは，光学的に厚くなると，入射する太陽放射の約 80% を反射するが，吸収はたかだか 10% にすぎないことが示されている．また，図 6.8 (b) より，光学的厚さが $0.1 \lesssim \tau^* \lesssim 1$ 程度であるエーロゾル層では，反射と吸収の大きさは同程度であるか，むしろ吸収の方が大きいことが予想される．

他方，透過率 $\hat{t}(\mu_0)$ は，直達光による成分 $\hat{t}_{\mathrm{dir}}$ と拡散光による成分 $\hat{t}_{\mathrm{dif}}$ に分けられる．直達光の透過率は，$\hat{t}_{\mathrm{dir}}(\mu_0) = \exp[-\tau^*/\mu_0]$ で与えられるので，τ^*/μ_0 の増加とともに急速に減少する．また，その値は単散乱アルベドや非等方因子に無関係である．一方，拡散透過率 $\hat{t}_{\mathrm{dif}}$ は散乱を受けて気層を透過した放射の割合を表すので，散乱が少ない $\tau^* \to 0$ では，当然 $\hat{t}_{\mathrm{dif}} \to 0$ となる．逆に光学的に非常に厚い ($\tau^* \to \infty$) 場合も，反射や吸収が卓越して透過光が減少するので，$\hat{t}_{\mathrm{dif}} \to 0$ となる．したがって，$\hat{t}_{\mathrm{dif}}$ は途中の光学的厚さが $\tau^* \sim 1$ 前後で極大となり，その値は吸収が弱いほど大きくなる．この光学的厚さによる透過率の変化の様相は，たとえば，温暖前線の接近に伴って雲層の厚さが増大するような場合に実感できる．最初に青空にまばらに巻雲が現れ，次第に空一面に広がった薄い巻層雲に変わる．この段階では薄い雲で覆われた空は白っぽくなるが，雲を透かして太陽はまだ輝いて見える．巻層雲の厚みが増し，高層雲が現れると，太陽は急速に見えなくなる．代わって空は白または薄い灰色で明るくなる．さらに，雲層が厚みを増すにつれて，空は濃い灰色に変わり，暗くなる．

次に，フラックス反射率 $\hat{r}(\mu_0)$，透過率 $\hat{t}(\mu_0)$ および吸収率 $\hat{a}(\mu_0)$ の入射角に対する依存性をみておく．図 6.9 は，単散乱アルベド $\varpi=0.98$，非等方因子が $g=0.85$ および光学的厚さ $\tau^*=1$ の均質な散乱気層の放射特性を太陽天頂角の関

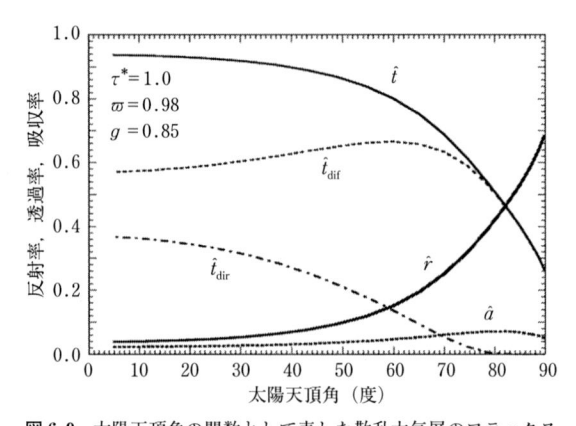

図6.9 太陽天頂角の関数として表した散乱大気層のフラックス反射率 $\hat{r}$, 透過率 $\hat{t}$ および吸収率 $\hat{a}$
単散乱アルベド $\varpi=0.98$, 非等方因子が $g=0.85$ および光学的厚さ $\tau^*=1$ の場合. $\hat{t}_{dir}$ および $\hat{t}_{dif}$ はそれぞれ直達透過率および拡散透過率.

数として表す．この気層の垂直入射に対する反射と吸収の効果はほぼ同じ程度であるが，$\varpi>0.98$〔逆に $\varpi<0.98$〕では反射〔吸収〕が卓越する．反射率 $\hat{r}$ は強い入射角依存性があり，斜め入射の角度が大きくなる（太陽天頂角 $\to 90°$）につれてその値は急増する．一方，透過率 $\hat{t}$ の振る舞いは逆である．また，反射率 $\hat{a}$ の入射角依存性は小さいことがみてとれる．

実際の大気中における放射フラックスや加熱率の高度分布の実測例はきわめて少ない．これらを測定するには航空機や気球などの特別の観測手段が必要となる．ここでは，著者らが開発した短波・長波放射ゾンデによる観測結果を紹介する．短波・長波放射ゾンデは，短波放射（日射）および長波放射（地球放射）の上向きフラックスと下向きフラックスをそれぞれ独立に測定する小型の日射計2個と長波放射計2個を，気温・湿度および風の高度分布を測定するラジオゾンデとともに組み込んだゾンデ装置である（浅野, 1999). これを気球に吊るして飛揚する．そして，信号電波を追跡して高度分布を測定する．ゾンデ観測は風で流され揺れながらの測定であるので，水平面フラックスの測定精度には問題が残るが，連続した高度プロファイルが得られる特徴がある．図6.10は，晴天時の観測事例である（Asano et al., 2004a). 詳細な議論は原著論文を参照していただきたいが，晴天時の短波放射フラックス（パネル(b)）と長波放射フラックス

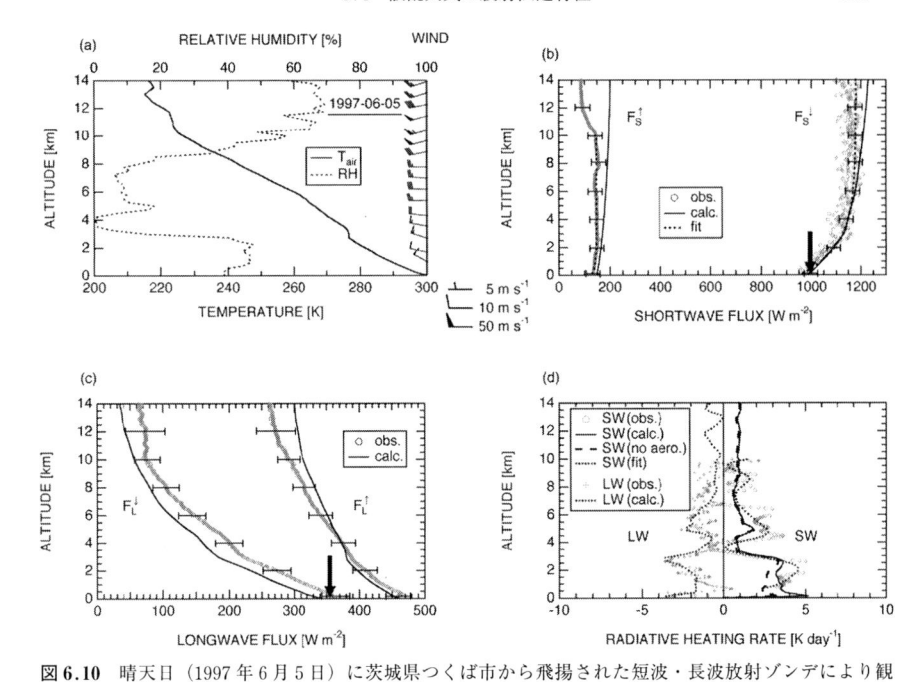

図 6.10 晴天日（1997 年 6 月 5 日）に茨城県つくば市から飛揚された短波・長波放射ゾンデにより観測された高度分布（Asano *et al.*, 2004a, Fig. 6）
(a) 気温・湿度および風，(b) 上向き $F_S^\uparrow$ および下向き $F_S^\downarrow$ の短波放射フラックス，(c) 上向き $F_L^\uparrow$ および下向き $F_L^\downarrow$ の長波放射フラックス，および (d) 短波放射（SW）と長波放射（LW）による加熱率．(b) と (c) の地表面に向かう太い矢印は，ゾンデ放球時の地上測器による観測値を指す．(b) ～ (d) においては，観測値は (a) の高度分布を用いた放射モデル計算値と比較されている．

（パネル (c)）の高度分布の特徴がみてとれる．図では，同時にラジオゾンデで観測された気温・湿度の高度分布（パネル (a)）を用いた放射計算値と比較した．放射伝達計算は大気の水平一様性を仮定して，倍増−加算法により行った．放射モデル計算では，ゾンデ飛揚地点と同様の一様な地表面を仮定した．実際の地表面は不均質であるので，上向き放射フラックスの測定値にその影響が現れている．たとえば，パネル (b) の高度 10 km より上で上向き短波放射フラックス $F_S^\uparrow$ が減少しているのは，ゾンデが暗い海上に流されたためである．また，放射計算では，波長 0.5 μm で光学的厚さ $\tau_A = 0.35$ の対流圏エーロゾルを考慮した．少なくとも高度 6 km 以下の下部対流圏においては，ゾンデによる観測値と放射モデルの計算値とはよく整合している．この放射フラックス分布から求めた放射加熱率の高度分布をパネル (d) に示す．対流圏下層における日射加熱率の

測定値（$3\sim5\,\mathrm{K\,day^{-1}}$）は気体吸収のみによる計算値（$2\sim3\,\mathrm{K\,day^{-1}}$）よりも有意に大きいことが示されている．すなわち，この事例では，エーロゾルが日射を吸収することにより，エーロゾルがないとした場合に比べて加熱率が1.5倍に増えている．一方，長波放射に対してはエーロゾルはほとんど効果を及ぼさず，放射冷却率はほぼ測定された気温と湿度の分布で決まっている（4.5.2項参照）．

曇天大気の場合の観測事例を図6.11に示す（Yoshida *et al.*, 2004）．この場合の雲は厚さ6.5 kmの巻層雲であり，その可視光に対する光学的厚さは$\tau_\mathrm{c}\approx6.1$と見積もられた．雲の微物理特性は短波・長波放射ゾンデに連結して打ち上げられた雲粒子ゾンデ（村上，1999）により測定された．その巻層雲では，角柱や砲弾状の氷晶が卓越していた．観測された非球形の氷晶に対する散乱特性は，異常回折理論（anomalous diffraction theory）と呼ばれる近似計算法（Mitchell and

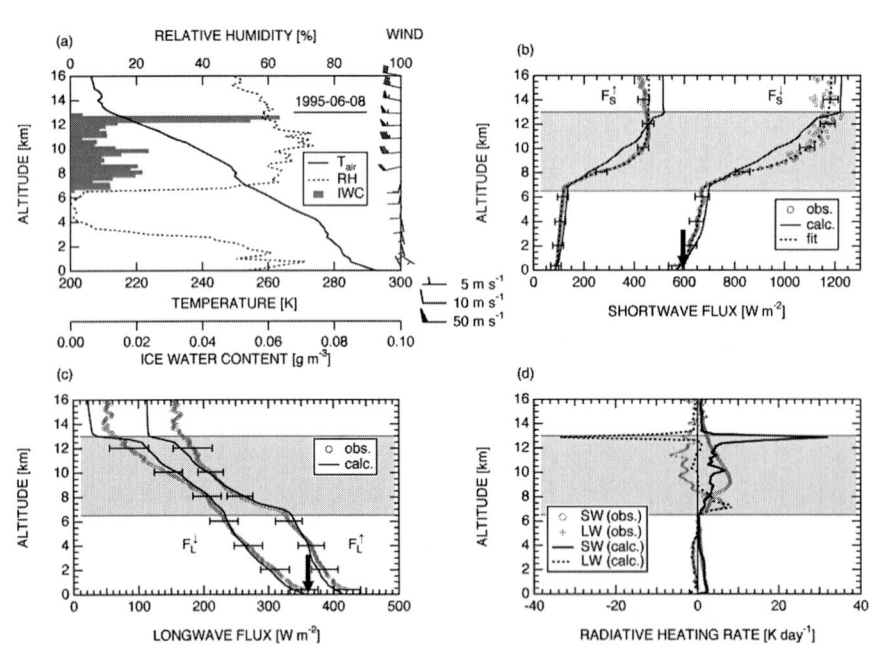

図 6.11 図6.10に同じ．ただし，巻層雲に覆われた曇天日（1995年6月8日）の観測例（Yoshida *et al.*, 2004, Fig. 5）
(a)には連結された雲粒ゾンデによる氷水量（*IWC*）の分布を追加．(b)～(d)において，雲層の高度領域を影で示した．

Arnott, 1994) を用いて求めた. 図からは, 上向きおよび下向きの放射フラックスが, 晴天時に比べて雲の中で大きく変化する様子がみてとれる. パネル (d) は, 放射フラックスの高度分布から出した放射加熱率の分布をモデル計算値と比較する. 雲頂部を除いて測定値とモデル計算値との整合性はよい. この巻層雲は太陽放射の吸収により, その中央部において最大加熱率が $8 \mathrm{~K~day}^{-1}$ に達する放射加熱を受けていた. 一方, 雲層上部においては, 長波放射の放出による冷却を, また, 雲層下部では地表面および下層大気からの長波放射の吸収による加熱を受けていた. このような放射加熱率の分布は, この巻層雲を熱力学的に不安定にするように働く. ところで, 雲頂部においては, 短波放射および長波放射の加熱率の計算値がそれぞれ過大評価になったのは, 雲粒子ゾンデによって測られた局所的に高密度の氷晶が水平方向に一様に広がっていると仮定したためである.

水平不均質な雲などの放射伝達を扱うには平行平面大気の近似に基づく計算法は不適当である. そのような場合には, モンテカルロ法や3次元放射伝達方程式に基づく解法が必要であり, 近年さまざまな解法の研究が進められている (たとえば, Marshak and Davis, 2005；Ishida and Asano, 2007).

7章 大気リモートセンシングへの応用

　本章では，これまで学んできた放射伝達理論を利用して放射の測定から気温分布，および構成物質の分布や性状などを推定する大気リモートセンシングの原理を概説する．具体例として，直達太陽光の分光測定によるオゾン量とエーロゾルの粒径分布，反射太陽光の分光測定からの雲物理特性，および赤外放射やマイクロ波放射の多波長測定による気温分布の抽出法の原理をとりあげ，それらに大気放射学の知識がどのように応用されているかを概観する．

7.1　大気リモートセンシングとは

　遠隔探査すなわちリモートセンシング（remote sensing，以下 RS と略記）は，対象物に接触することなしに，そこからのシグナルを解釈して対象物の性状（物理的性質や分布状態）を推定することをいう．これに対置する用語が，現場測定（*in-situ* measurement）であり，測器をその場にもち込んで直接測ることを指す．一般に，RS においては，シグナルの媒体として，放射（電磁波）や音波などの波が用いられる．このうち放射は，対象物による散乱や吸収・射出などの過程を経て変調し，その物質の性状に関する何かしらのシグナルを含んで大気中を伝播する．すなわち放射は，エネルギーとともに大気の性状に関する情報も運ぶ．放射を利用した大気 RS の原理は，放射と相互作用する物質の注目する性状に敏感な特定の波長での放射測定値に含まれるシグナルを解釈して，その性状を逆に推定することである．この関係は形式的に次のように定式化される．

$$
\text{測定された放射量} = \text{関数}(\text{物質の性状}) \tag{7.1a}
$$
$$
\text{物質の性状} = \text{逆関数}(\text{測定された放射量}) \tag{7.1b}
$$

すなわち，測定された放射量を解析して物質の性状を抽出するには (7.1b) の逆問題を解かねばならない．この場合，すべての RS の逆問題に共通する困難

は，(7.1b) の解のユニーク性である．解が唯一とは限らないことの根本原因のひとつは，(7.1a) の物理関係にある．通常，測定される放射量は，問題としている物質の性状のみで決まるわけではない．他の多くのパラメータにも依存しており，それらの間のいろいろな組み合わせによっても同じ放射量が生じうる．さらに，一般に放射測定には誤差が伴う．このような条件のもとで，(7.1b) の関係式が安定な解を有するか否かの数学的問題もある．多くの大気 RS の問題では，(7.1b) の関係式は第 1 種のフレドホルム積分方程式の形に帰着する．この方程式を解くには，付加的な測定や物理的制限などの束縛条件を加えて，最も変動の少ない解や経験則に近い解を選ぶなどの，さまざまな解法が開発されている（たとえば，Twomey, 1977a）．したがって，RS により，ある大気物質の性状に関する有意な情報を抽出するには，その性状に敏感であり，かつ，他のパラメータの影響の小さい測定波長（1つとは限らない）を選ぶことが肝要である．また，RS により抽出された結果の信頼性を保証するには，現場測定など他の手法で得られた結果との比較による RS 法の検証が不可欠である．

さて，大気 RS は，測定する放射の発生源の違いにより，太陽や大気−地表面系が発する自然放射を利用する受動型（passive）RS，および人工光源を用いる能動型（active）RS に大別できる．もちろん，両者の長所を生かしてより確度の高い情報を得るために，組み合わせて併用する複合型 RS も行われる．受動型 RS では，対象物に応じて太陽放射，あるいは地球放射の赤外領域やマイクロ波領域の特定の波長域（または，それらの組み合わせ）の放射測定を利用する．人工衛星などにより宇宙から放射を測定する場合，図 7.1 に示すように放射計の視野をほぼ直下に向けて観測する直下探査法（nadir-sounding：光線 b〜e に対応）と上層大気を地平線に平行に観測する縁辺探査法（limb-sounding：光線 f, g に対応）がある．ただし，前者の場合，広義には直下を中心とした周囲の走査（スキャン）も含み，対象物を高い水平分解能で探査する場合や気温などの高度分布を求める場合に適している．一方，後者の縁辺探査は，大気を横断する長い光路がとれるので，濃度の低い成層圏のエーロゾルや微量気体の抽出に適しているが，逆にその分，水平分解能は劣り，また，雲のある対流圏の探査には使えない．さらに，太陽光線 f を利用する縁辺探査の解析には，本書で扱った平行平板大気ではなく球面大気における放射伝達を考慮する必要がある（2.2.3 項参照）．ただし，そのことによって放射伝達に新しい概念が加わるわけでもないの

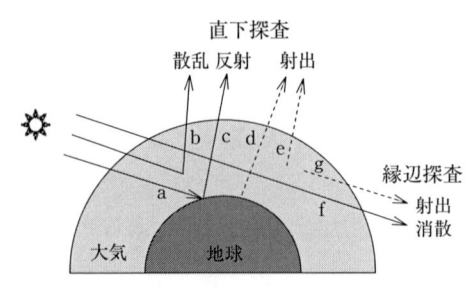

図7.1 宇宙からの受動型リモートセンシングにおける放射と対象物の相互作用および基本的な探査法の模式図
実線は太陽放射，点線は地球放射を意味する．

で，本書では縁辺探査についてはこれ以上触れない．

他方，能動型 RS の測定装置には，レーザー光を光源とするライダー（lidar）やマイクロ波を用いるレーダー（radar）などがあり，エーロゾルや微量気体，および雲や降雨などの探査に用いられる．能動型 RS 装置の多波長化に伴い，観測対象の拡大が進んでいる．多くの場合，これらは対象物による後方散乱を測定しており，したがって，放射の送信器とシグナルの受信器とは同じ場所に置かれる．能動型 RS の最大の特徴は，光源の発射とシグナルの受信との時間差から対象物までの距離が直ちに決まる点にある．これにより対象物の詳細な距離分布が得られる長所がある．最近，レーダーやライダーを人工衛星に搭載して宇宙からの雲やエーロゾルの 3 次元分布の探査が始まった．さらに，マイクロ波通信の全地球測位システム GPS（global positioning system）衛星を利用した気温や水蒸気分布の推定も一種の能動型 RS といえる．近年の大気 RS 技術の発展は目覚ましく，いろいろな対象物に対して多様な観測法や解析法が開発されている．特に宇宙からの RS は，いまや大気を含めた地球の観測・監視の根幹を成している．それらの詳細は専門書にゆずり，本章では受動型 RS の代表的な数例について，その原理および応用されている放射伝達理論の知識を復習する．

7.2 直達太陽光の分光測定によるリモートセンシング

7.2.1 ドブソン法によるオゾン全量の推定

はじめに図 7.1 の光線 a，すなわち晴天時の地表面における直達太陽光の分光測定によるオゾン全量の推定法の原理を述べる．この古典的な方法は開発者を称

してドブソン法(G. M. Dobson)と呼ばれる.オゾン(O_3)の紫外吸収帯の波長λにおける直達太陽光の強度I_λは,1.3.4項および6.1節の議論を踏まえると,ビーア・ブーゲー・ランバートの法則により次式のように書き表せる.

$$I_\lambda = I_{0,\lambda} \exp\left[-\left(\tau_R(\lambda) + \tau_A(\lambda) + \tau_{O_3}(\lambda)\right)m(\theta_0)\right] \quad (7.1)$$

ここに,$I_{0,\lambda} = (d_\oplus/d)^2 F_{0,\lambda}$ は,大気外における波長λの太陽放射の入射強度を表し,観測時の太陽-地球間距離dと太陽放射の標準照度スペクトル$F_{0,\lambda}$から得られる(2.2.2項参照).また,$\tau_R(\lambda)$, $\tau_A(\lambda)$, および$\tau_{O_3}(\lambda)$は,それぞれ波長λにおける分子大気のレイリー散乱,エーロゾルによる消散,およびオゾンによる吸収の光学的厚さである.$m(\theta_0)$は地表面で見た太陽天頂角θ_0のときの相対エアマスを表す(2.2.3項参照).オゾンは図2.7に示されるように主に成層圏に分布するので,オゾンに対する相対エアマスとして,正確にはその高度で見た太陽天頂角を用いるべきであるが,ここでは簡単化のために$m(\theta_0)$で近似した.高度zにおけるオゾンの密度を$\rho_{O_3}(z)$とすると,鉛直大気柱に含まれるオゾン全量Ωは,次式で与えられる.

$$\Omega = \int_0^\infty \rho_{O_3}(z)\,dz \quad (7.2)$$

これが求めるべき量である.オゾン全量は標準気圧・温度のもとに凝縮したときの純オゾン層の厚さで表す.伝統的に[atm-cm]の単位が使われてきたが,近年はその値を1000倍したドブソン単位[DU]で表記される.たとえば,0.3 atm-cmは300 DUと表される.さて,波長λにおけるオゾンの質量吸収係数を$k_{O_3}(\lambda)$とすれば,オゾン吸収による光学的厚さは,次式のように書ける.

$$\tau_{O_3}(\lambda) = k_{O_3}(\lambda)\Omega \quad (7.3)$$

一般に分光放射強度の絶対値を精度よく測定することは難しい.そこで,オゾンのハートレイ・ハギンス吸収帯(図3.8参照)の中の吸収の強い波長λ_1と弱い波長λ_2のペアを選び,その2つの波長での測定値の比をとることにより相対測定にする.この手法により測定誤差の影響を小さくする.すると,(7.3)を(7.1)に代入し,ペア波長に対する関係式の比をとることにより次式が得られる.

$$ln\left\{\frac{I_{\lambda_1}}{I_{\lambda_2}}\right\} - ln\left\{\frac{I_{0,\lambda_1}}{I_{0,\lambda_2}}\right\} = -\Omega \Delta k_{O_3} m(\theta_0) - (\Delta\tau_R + \Delta\tau_A)m(\theta_0) \quad (7.4)$$

ここに，右辺の $\Delta k_{O_3} \equiv k_{O_3}(\lambda_1) - k_{O_3}(\lambda_2)$ は，測定波長のペア (λ_1, λ_2) におけるオゾンの吸収係数の差であり，その値は吸収線データから得られる．同様に $\Delta \tau_R$ および $\Delta \tau_A$ は，それぞれレイリー散乱およびエーロゾルによる光学的厚さの差である．測定時の $\Delta \tau_R$ は気圧がわかれば，(5.23) などの関係式を用いて算出できる．未確定要因として $\Delta \tau_A$ が残るが，十分に近接した波長ペア (λ_1, λ_2) をとれば，第1近似として $\Delta \tau_A \approx 0$ とすることができよう．したがって，(7.4) から，2波長の直達光強度の比を測定することにより，未知数 Ω を決めることができる．実際には，世界気象機関（WMO）が定めた標準観測要領に従って測定がなされている．通常そこでは A 組（305.5 nm, 325.4 nm）と D 組（317.5 nm, 339.8 nm）との2組の波長ペアでの測定がなされる．それぞれの組に対して (7.4) を適用し，各辺の差をとる．両組のペア波長の差がほぼ同じなので，エーロゾル効果はほぼ等しくなる．すなわち，$(\Delta \tau_A)_A \approx (\Delta \tau_A)_D$ とおくことができて，エーロゾルによる不確定さを除去してオゾン全量を決めることができる．測定にはドブソンオゾン分光光度計が用いられる（たとえば，忠鉢・宮川，1999）．それを用いたオゾン全量の観測は，世界中で80以上の地点で行われており，国内では札幌，つくば，鹿児島，沖縄の気象官署において実施されている．

7.2.2 エーロゾル粒径分布の抽出

前項と同様に (7.1) の関係式から出発してエーロゾルの粒径分布を推定する RS の原理を述べる．対象とする物理量は大気柱に含まれる全エーロゾルの平均的な粒径分布である．この場合には，水蒸気などによる気体吸収のない複数個の狭い波長帯（チャンネル）で直達太陽光を測定する．一般に測定に用いられる装置はサンフォトメータ（sun-photometer）と呼ばれる一種の分光直達日射計であり，特定の波長帯を選ぶために干渉フィルターあるいは回折格子が用いられている（たとえば，寺坂，1999）．いま，この装置により M 個のチャンネル（$i=1, \cdots, M$）で測定するとした場合，i 番目のチャンネルで測定される直達太陽光の (7.1) に対応する関係式は次式のように書き表せる．

$$ln\, V(\lambda_i) = ln\, V_0(\lambda_i) - (\tau_R(\lambda_i) + \tau_A(\lambda_i) + \tau_G(\lambda_i))m(\theta_0), \quad (i=1, \cdots, M) \quad (7.5)$$

ここに，$V(\lambda_i)$ および $V_0(\lambda_i)$ は，それぞれ i チャンネルにおける太陽光強度の測定値 I_{λ_i} および大気外の値 I_{0,λ_i} に対応するサンフォトメータの出力値を表す．測

器の出力値は放射強度に比例するとする．右辺のレイリー散乱の光学的厚さ τ_R (λ_i) は前項と同様に理論式により求める．また，可視域には，オゾンのシャピュイ吸収帯による弱い吸収があるので（図3.8），その効果を表す気体吸収の光学的厚さを $\tau_G(\lambda_i)$ とした．この $\tau_G(\lambda_i)$ については，オゾン吸収帯に懸かるチャンネルに対してはオゾン全量の測定値をもとに算出し，それ以外の気体吸収のないチャンネルでは $\tau_G(\lambda_i)=0$ とおくことができる．大気柱の全光学的厚さから τ_R と τ_G の分を差し引いて，エーロゾルの光学的厚さ $\tau_A(\lambda_i)$ が得られる．ただし，それには各チャンネルにおける測器の器械定数すなわち $V_0(\lambda_i)$ を決定しておく必要がある．その方法としてラングレー法（Langley method）と呼ばれる手法がしばしば使われる．これは，(7.5) の左辺 $\ln V(\lambda_i)$ を縦軸にとり，相対エアマス $m(\theta_0)(>1)$ を横軸の変数として，たとえば快晴日の日の出から南中時までの測定値をプロットする．観測条件がよければ，測定データは直線上に乗り，その勾配は $(\tau_R(\lambda_i)+\tau_G(\lambda_i)+\tau_A(\lambda_i))$ となる．このとき，$m \to 0$ と外挿したときの縦軸切片の値が $\ln V_0(\lambda_i)$ を与える．このためには少なくとも半日の間，大気が安定であり，水平方向に均質であることが必要である．現実には，そのような好条件に恵まれる機会は多くはない．通常のサンフォトメータによるエーロゾル観測では，WMOと世界気候研究計画（WCRP）による「放射観測マニュアル」が推奨する368 nmと1034 nmの間の数チャンネルが利用されている（WCRP/WMO, 1986）．

次に，このようにして測定されたエーロゾルの光学的厚さ $\tau_A(\lambda_i)$ の波長分布から粒径分布を推定する．5.6節の議論を踏まえると，$\tau_A(\lambda_i)$ は次式のように書き表せる．

$$\tau_A(\lambda_i) = \int_0^\infty \left\{ \int_{r_{min}}^{r_{max}} \pi r^2 Q_e\left(\frac{2\pi r}{\lambda_i}, \tilde{m}(\lambda_i, z)\right) n(r, z) dr \right\} dz \tag{7.6}$$

いま，大気柱に含まれるすべてのエーロゾルについて平均した粒径分布関数を $n_c(r)$ と表記して，次式により定義する．

$$n_c(r) \equiv \int_0^\infty n(r, z) dz \tag{7.7}$$

これが求めようとしている粒径分布関数であり，気柱に含まれる単位面積あたり，単位粒径幅あたりのエーロゾル数を与える．$n_c(r)$ は，$[\mathrm{cm}^{-2}\mu\mathrm{m}^{-1}]$ などの単位で表される．エーロゾルの種類（または複素屈折率 $\tilde{m}$）が高度で変わらな

いと仮定すると，この $n_c(r)$ を用いて，(7.6) は次式のように書き直せる．

$$\tau_A(\lambda_i) = \int_{r_{\min}}^{r_{\max}} \pi r^2 Q_e\left(\frac{2\pi r}{\lambda_i}, \tilde{m}(\lambda_i)\right) n_c(r) dr, \quad (i=1, \cdots, M) \quad (7.8)$$

上式は，エーロゾルの粒径分布 $n_c(r)$ と光学的厚さの波長分布 $\tau_A(\lambda_i)$ との間の関係を表しており，異なった $n_c(r)$ に対応して異なった $\tau_A(\lambda_i)$ が生じることを意味している．両者を結びつけているのが積分に含まれる消散断面積 $\pi r^2 Q_e$ であり，これはエーロゾルを球形粒子とみなせば，ミー散乱理論により算出できる．逆に，この関係を使えば，複数の波長で $\tau_A(\lambda_i)$ を測定することにより，気柱に含まれるエーロゾルの粒径分布 $n_c(r)$ を推定することができる．この手法の利点は，散乱光強度を利用する RS に比べて，消散効率因子が球形粒子の複素屈折率 $\tilde{m}$ にそれほど強く依存しないことにある（5.4.2項参照）．実際に $n_c(r)$ の解析では，エーロゾルを球形粒子と仮定して代表的な複素屈折率の値が用いられる．

ところで，(7.8) は，$n_c(r)$ を未知数とし，$\pi r^2 Q_e$ を荷重関数とする第1種フレドホルム積分方程式を成している．一般には (7.8) から $n_c(r)$ を解析的に逆算することはできないので，数値的に解く．そのために，右辺の粒径の積分範囲を複数個（たとえば，N個）の区間に分割し，積分を N 区間の総和に置き換える．また，太陽光の消散に有効なサイズのエーロゾルの粒径分布は，多くの場合に指数関数のような粒径で急激に変化する関数形で近似できることが経験的に知られている（5.6節参照）．そこで，$n_c(r)$ を経験的な粒径分布に近い関数 $h(r)$（たとえば，ユンゲ分布関数 $h(r) = r^{-4}$）と，そのまわりに粒径に関して緩やかに変化する未知関数 $f(r)$ とに分けて，下記のように表す．

$$n_c(r) = h(r) f(r) \quad (7.9)$$

ここで未知関数 $f(r)$ は各区間内では一定であると仮定すると，(7.8) は次式のように書き直すことができる．

$$\tau_A(\lambda_i) = \sum_{j=1}^{N} \left\{ \int_{r_j}^{r_{j+1}} \pi r^2 Q_e\left(\frac{2\pi r}{\lambda_i}, \tilde{m}(\lambda_i)\right) h(r) dr \right\} f(\bar{r}_j), \quad (i=1, \cdots, M) \quad (7.10)$$

ここに，$\bar{r}_j$ は j 区間の平均半径であり，また，$r_1 = r_{\min}$，$r_{N+1} = r_{\max}$ である．上式は，M 個の測定値 $\tau_A(\lambda_i)$，$(i=1, \cdots, M)$ と N 個の未知数 $f(\bar{r}_j)$，$(j=1, \cdots, N)$ とを関係づける連立1次方程式系を成している．(7.10) から有意な解 $f(\bar{r}_j)$，すなわち粒径分布 $n_c(r)$ を得るには，$\tau_A(\lambda_i)$ の測定波長を適切に選ぶことが肝要であ

る．測定値の数 M は，未知数 N と等しいか，それより大きくなければならない．また，実際にはチャンネルに依存した測定誤差があるので，左辺には誤差の項が含まれる．このような誤差を含む逆問題の連立方程式系を解くさまざまな方法が開発されている（たとえば，King *et al.*, 1978；Twomey, 1977a）．図 7.2 は，異なる測定波長に対する（7.10）の右辺の係数（すなわち，荷重関数 $K \equiv \pi r^2 Q_e h(r)$）を半径 r の対数値の関数として図示したものである（Yamamoto and Tanaka, 1969）．荷重関数は異なる波長に対しては，それぞれ違った粒径で最大値をとることが示されている．このことは，あるチャンネルの $\tau_A(\lambda_i)$ はその波長での加重関数が最大値をとるような粒径の情報を最も強くもっていることを意味する．この最大値は，5.4.2 項（2）でみたミー散乱の消散効率因子の第 1 極大に対応している．それは，図 5.8 を参照すると，エーロゾル粒子の半径が

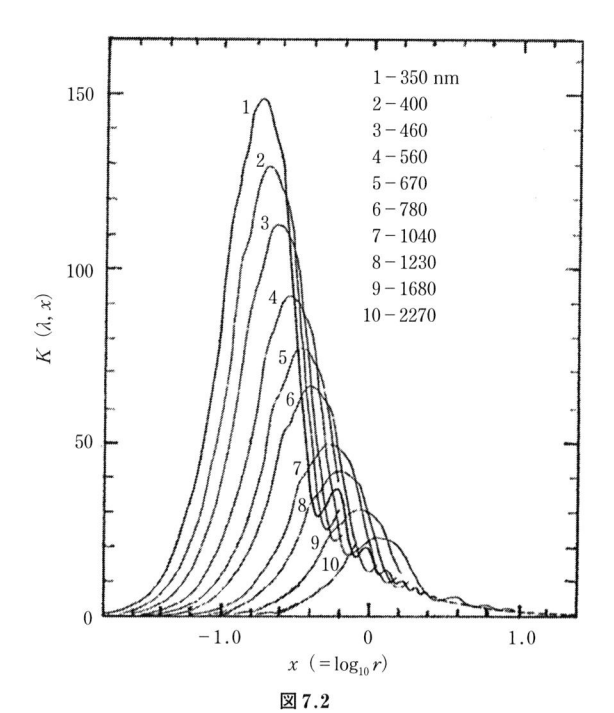

図 7.2
異なる測定波長に対する（7.10）式右辺の荷重関数 $\pi r^2 Q_e h(r)$ を粒子半径 r の対数値 $x = \log_{10} r$ の関数として図示．ただし，$h(r) = r^{-4}$ および $\bar{m} = 1.50 - 0.0i$ とした場合（Yamamoto and Tanaka, 1969, Fig. 1）．

$r \approx \lambda/[\pi(m_r-1)]$ の付近に現れることがわかる．図7.2からは，広い粒径にわたり有意な粒径分布関数を得るためには，できるだけ広い波長範囲の中で独立性の高い（すなわち，重なりの少ない）荷重関数をもつ波長を数多く選ぶことの重要性が示唆される．測定チャンネル数を増やすために，荷重関数が重なるような隣接した波長を選んでも意味がない．

直達太陽光の分光測定から大気柱内のエーロゾルの粒径分布を推定した事例を図7.3に示す．図7.3(a)は，つくば市の気象研究所において6チャンネルのサンフォトメータを用いて1991年1月および1992年1月に測定されたエーロゾル光学的厚さτ_Aの波長分布である．1992年1月のτ_Aの値は，前年1月に比べて0.1～0.15ほど大きく，また，その波長分布の勾配が緩やかなことが特徴である．この違いの主因は，1991年6月に起きたフィリピンのピナツボ火山の大噴火による成層圏エーロゾルの増大である．この図の$\tau_A(\lambda_i)$から推定した粒径分布関数を図7.3(b)に示す．ただし，粒径分布の違いを強調するために，縦軸は大気柱エーロゾルの数密度ではなく体積密度に変換してある．1991年1月の体積粒径分布は，対流圏エーロゾルの特徴である典型的な2山型分布である．一方，1992年1月の体積粒径分布は前年の体積分布の谷間にあたる粒径域で極大となる1山型になっている．両者の差から，ピナツボ火山性エーロゾルの粒径分布として，約0.6μmの半径付近に極大値をもつ1山型の狭い分布が推定された．つまり，この時点のピナツボ火山噴火に起因するエーロゾルの粒径は，かなり均一に揃っていたことを示唆する．このことは，同時期に観察されたビショップ光環の光学現象と整合する（Asano, 1993）．

7.3 反射太陽光の分光測定による大気リモートセンシング

大気-地表面系から宇宙へ反射される太陽光の強度（放射輝度）は，太陽光の入射方向を$(-\mu_0, \phi_0)$，人工衛星から観測する放射輝度の方向を(μ, ϕ)とし，大気の光学的厚さをτ^*とすると，形式的に次式のように書き表せる．

$$I(\tau=0;\mu,\phi) = F_0 \frac{\varpi}{4\pi} \int_0^{\tau^*} e^{-t/\mu} P(\mu,\phi;-\mu_0,\phi_0) e^{-t/\mu_0} \frac{dt}{\mu} \quad \cdots\cdots ①$$

$$+ \int_0^{\tau^*} e^{-t/\mu} \left\{ \frac{\varpi}{4\pi} \int_0^{2\pi} \int_{-1}^{1} P(\mu,\phi;\mu',\phi') I(t;\mu',\phi') d\mu' d\phi' \right\} \frac{dt}{\mu} \quad \cdots\cdots ②$$

7.3 反射太陽光の分光測定による大気リモートセンシング

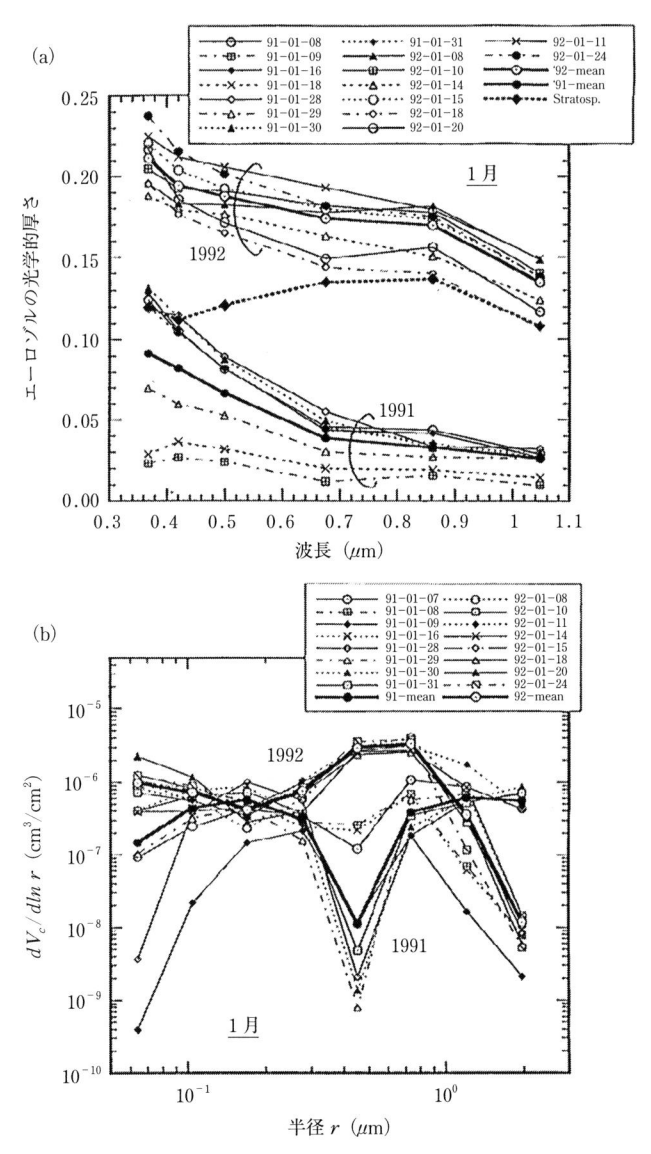

図 7.3 サンフォトメータによる地上での直達太陽光の分光測定から推定されたエーロゾルの光学的厚さの波長分布と粒径分布の事例（Asano *et al.*, 1993, Fig. 3 および Fig. 5）
(a)：1991 年および 1992 年の 1 月の快晴日につくば市で測定されたエーロゾルの光学的厚さの波長分布．それぞれの月の平均値とそれらの差をそれぞれ太実線と太破線で示す．(b)：(a) の光学的厚さから推定されたエーロゾルの全体積密度 $(dV_c/d\ln r = (4/3)\pi r^3 n_c(r) dr)$ の粒径分布

$$+ e^{-\tau^*/\mu} \Gamma_s(\mu, \phi; \mu_0, \phi_0) \mu_0 F_0 e^{-\tau^*/\mu_0} \qquad \cdots\cdots ③$$

$$+ e^{-\tau^*/\mu} \int_0^{2\pi} \int_0^1 \Gamma_s(\mu, \phi; \mu', \phi') I(\tau^*; -\mu', \phi') \mu' d\mu' d\phi' \qquad \cdots\cdots ④ \quad (7.11)$$

ここに，$\Gamma_s(\mu, \phi; \mu', \phi')$ は，$(-\mu', \phi')$ 方向からの入射光が (μ, ϕ) 方向へ地表面によって反射される割合を表す双方向反射関数 BDRF である（(2.10) 参照）．また，単色光を表す波長の添字を省略した．右辺の①項は大気中で1回だけ散乱されて大気層から宇宙へ出ていく分（図7.1の光線 b）を表す．これは，光学的に薄い大気の場合には，(6.8) の近似式で与えられる．②項は大気中で多重散乱を受けて大気層から出ていく分を表す．③項は直達太陽光（図7.1の光線 a）が地表面で反射され，大気による減衰を受けて衛星に達する分（光線 c）を表す．④項は，散乱天空光が地表面で反射された後に大気による減衰を受けて衛星に達する分を表す．測定される放射輝度に対する各項の相対的な大きさは，太陽–観測地点–衛星の位置関係，大気と地表面の構造および状態などによる．また，対象物質の光学特性が波長に依存するので，各項の大きさは測定波長によって変わる．第6章で述べたように，(7.11) は解析的には解けないので，数値解法により計算することになる．

さて，反射太陽光を測定する大気 RS は当然日中のみ有効であるが，微量気体やエーロゾル，雲などのいろいろな探査に利用されている．そこでは，対象物質に特有な反射光のスペクトル特性や角度分布，偏光特性などを測定する．なお，晴天時の③項に含まれる海面や湖水面からの鏡面反射光（サングリント：sunglint）は他の項に比べて強いので，多くの大気 RS ではその方向（$\mu \approx \mu_0; \phi \approx \phi_0 + \pi$）の観測を避ける．ただし，たとえば2009年1月に打ち上げられた温室効果ガス観測技術衛星（GOSAT）「いぶき」搭載の温室効果ガス観測センサーなどのように，光源としてサングリントの強い反射光を積極的に利用することもある．これは，大気による多重散乱の影響を避けて，細かい波長分解能で測定した近赤外吸収スペクトルから，CO_2 や CH_4 などの微量気体の気柱含有量を抽出するためである．紫外域の太陽反射光の衛星測定によるオゾン全量の全球分布観測も定常的に行われているが，その原理は7.2.1項のドブソン法と同様である．すなわち，オゾンのハートレイ・ハギンス帯の中の吸収の強い波長 λ_1 と弱い波長 λ_2 のペアを選び，その2つの波長における反射光強度の比をとることが基本

となる．ペア波長 (λ_1, λ_2) には，エーロゾルによる散乱効果がほぼ等量とみなせるような近い波長を選ぶ．現用の NOAA 衛星搭載のオゾンセンサー SBUV/2 (Solar Backscatter Ultra Violet radiometer) では，(312.5, 331.2 nm)，(317.5, 331.2 nm) および (331.2, 339.8 nm) の 3 組のペア波長の測定値からオゾン全量を抽出している．

　他方，(7.11) の①項および②項が卓越する大気散乱光の可視 (visible) から近赤外 (near-infrared) 域の波長特性を利用するリモートセンシングにエーロゾルや雲の探査がある．この場合には，地表面による反射効果 (③項および④項) の影響が小さいことが望ましい．したがって，この方法によるエーロゾルの RS は，一般に反射率が低い海上などに限られる．一方，エーロゾルに比べて光学的に厚い水雲が対象の場合には，特に地表面の反射率が高い地域を除いて，地表面反射の影響は小さいので，地表面反射関数 Γ_s を経験値で置き換えることができる．ここでは，水雲の物理特性の抽出法を紹介する．可視域と近赤外の窓領域における太陽反射光の測定から雲物理特性を抽出する衛星リモートセンシングが行われている．この背景となる理論的根拠は，補章 B に示したように雲を構成する水〔氷〕の光吸収性が可視域と近赤外域とでは大きく異なることである．可視域においては雲粒子による吸収がほとんどなく，雲の反射率はほぼ光学的厚さによって決まる．一方，有意の大きさの吸収がある近赤外域の反射率は光学的厚さとともに雲粒子の大きさにも依存する．

　図 7.4 は放射モデル計算による水雲の球面アルベド ((6.27) 参照) の波長分布であり，上記の振る舞いが明示されている．すなわち，雲のアルベドは可視域では有効半径 r_e ((5.44) 参照) にあまり依存しないが，波長 $\lambda \approx 1.6\,\mu\mathrm{m}$ および $\lambda \approx 2.2\,\mu\mathrm{m}$ の付近の近赤外窓域においては，r_e が大きいほどアルベド値は小さくなっている．この性質を利用すれば，可視域と近赤外窓域の波長における反射光強度の測定を組み合わせて，雲の光学的厚さと雲粒子の代表的な大きさを推定することができる．その可能性は，すでに 1970 年代前半に放射モデル計算を通して示唆された（たとえば，Hansen and Pollack, 1970）．1980 年代に航空機や人工衛星からの分光観測データに応用した雲物理特性の抽出が，数多くの研究者によって試みられた．そのなかで Nakajima and King (1990) は，可視と近赤外の 2 つのチャンネルの反射光強度の測定データから水雲の光学的厚さ τ_C と有効半径 r_e を同時に抽出する実用的な解析法を提案した．この方法では，太陽-衛星

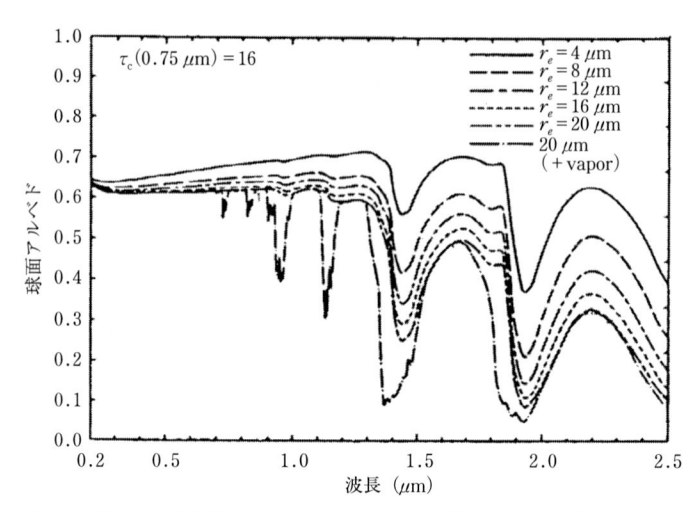

図 7.4 雲粒の有効半径 r_e をパラメータとして計算した水雲の球面アルベドの波長分布（Stephens, 1994, Fig. 6.21b）
波長 $0.75\,\mu\mathrm{m}$ における雲の光学的厚さ $\tau_\mathrm{C}=16$ の場合．1点鎖線は $r_e=20\,\mu\mathrm{m}$ のケースに水蒸気による吸収を追加した場合．

の位置関係などの観測条件に合わせた精密な放射伝達計算に基づき，τ_C および r_e をパラメータとした2チャンネルの双方向反射関数 BDRF の相関数値表を用意しておく．図 7.5 は，その相関関係の一例を図示したものであり，各チャンネルの BDRF の τ_C と r_e に対する上記の依存関係が明瞭に表現されている．測定データの解析においては，反射光強度の測定値を BDRF 値に変換して，各チャンネルの値を用意した相関数値表に照らし合わせることにより，最適な τ_C と r_e の組み合わせを内挿する．なお，均質な雲層を仮定すると，抽出された τ_C と r_e から雲層の積算雲水量 LWP が（5.45）の近似関係により得られる．

水雲 RS の近赤外チャンネルには $1.6\,\mu\mathrm{m}$ や $2.2\,\mu\mathrm{m}$ 付近の窓域の波長が適している．この2波長における水と氷の吸収性の強弱関係が逆であるので（図 B.2 参照），これら2つの近赤外チャンネルを併用すると，水雲と氷雲の識別が可能となる．これらの近赤外チャンネルが利用できない場合には，$3.7\,\mu\mathrm{m}$ 窓域が使われることもある．ただし，この波長域の水の吸収は強すぎて，反射光は主に雲層の上部で散乱されたものになる．したがって，$3.7\,\mu\mathrm{m}$ チャンネルを使って抽出される r_e は，ごく薄い雲の場合を除いて，雲層全体の代表性に乏しい．また，$3.7\,\mu\mathrm{m}$ の波長では，地球放射の射出による寄与を補正する必要がある．

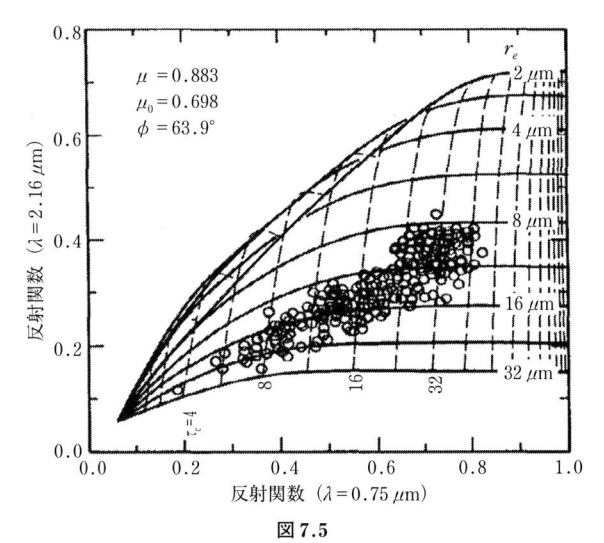

図 7.5
波長 $\lambda=0.75\,\mu m$ および $\lambda=2.16\,\mu m$ における水雲の反射関数の相関関係を雲の光学的厚さ τ_c および有効半径 r_e をパラメータとして図示．太陽天頂角 $\theta_0=45.7°$，観測天底角 $\theta=28.0°$，方位角差 $\phi=63.9°$ の場合に対する放射モデル計算値．白丸の点は，海洋層積雲に対するアメリカの FIRE プロジェクトにおける航空機観測データ（Nakajima and King, 1990, Fig. 2）．

他方，可視チャンネルと近赤外窓チャンネルに加えて，酸素の $0.76\,\mu m$ 帯，水蒸気の $0.94\,\mu m$ 帯，$10\,\mu m$ 赤外窓域などのチャンネルも併用すると，雲層平均した雲水量や雲粒数密度，雲層の幾何学的厚さ，雲内水蒸気量などの付加的な雲物理情報も抽出できる（たとえば，Asano et al., 1995）．なお，ここで述べた水雲の RS は，解析するデータ点ごとに雲層は平行平板状で均質であることを仮定している．このような仮定に基づく解析を独立画素近似（independent pixel approximation, IPA）と呼ぶ．現実の雲は，一般に 3 次元的に不均質である．そのような雲の RS は複雑で困難な問題であり，現在その実用的な解法を求めて盛んに研究がなされている．

7.4 赤外地球放射の分光測定による大気リモートセンシング

本節では，宇宙から赤外域の地球放射を分光測定することによる気温分布の RS の原理を概説する．1.4.4 項でみたように，雲のない大気の上端から真上（す

なわち $\mu=1$ 方向）へ出ていく波数 ν の単色の赤外放射輝度は，(1.54) で与えられる．実際の赤外分光放射計は単色光を測れず，ある狭いバンド幅のスリットを透過した放射を測る．いま，スリットの波数幅は十分に狭く，その間のプランク関数は平均波数 $\bar{\nu}$ における値 $B_{\bar{\nu}}(T)$ で置き換えることができるとする．このとき，i チャンネルのスリットを通して測定される放射輝度は，(1.54) の両辺にスリットの透過関数を掛けて波数積分することにより，次式のように書き表すことができる．

$$I_{\bar{\nu}_i}(p=0) = B_{\bar{\nu}_i}(T_s)\mathcal{T}_{\bar{\nu}_i}(p_s,0) + \int_{p_s}^{0} B_{\bar{\nu}_i}(T(p))\frac{\partial \mathcal{T}_{\bar{\nu}_i}(p,0)}{\partial p}dp \quad (7.12)$$

ただし，上式においては，静力学の関係式 $dp = -\rho_a g dz$ を用いて，鉛直座標を高度 z から気圧 p に変更した．また，$\mathcal{T}_{\bar{\nu}_i}(p,0)$ は上向き放射に対する気圧 p の高度から大気上端（$p=0$）までのスリット平均したバンド透過関数である．この透過関数の気圧による変化率（$W_{\bar{\nu}}(p) \equiv \partial \mathcal{T}_{\bar{\nu}}(p,0)/\partial p$）は，気圧座標で表した上向き放射の荷重関数 $W_{\bar{\nu}}(p)$ に相当する（(1.56) 参照）．したがって，この式は (1.58) と同形である．右辺の第 1 項は地表面放射の寄与を表し，図 7.1 の光線 d に対応する．ここでは，地表面を黒体と仮定する．また，第 2 項は，光線 e に相当する大気放射の寄与を表す．以下，標記の簡単化のため，$I_{\bar{\nu}_i} \to I_i$ などと略記する．

さて，(7.12) は，大気上端における上向き赤外放射が温度分布を代表するプランク関数および吸収気体の分布を反映する透過関数（または荷重関数）とに依存していることを表しており，赤外放射の直下探査による大気 RS の基本になる式である．まず，気体吸収の効果が小さい波長 $10\,\mu m$ 付近の赤外窓領域のチャンネルにおける測定から地表面温度を推定する．この場合，右辺第 1 項に比べて第 2 項の大気からの寄与は小さい．第 2 項のプランク関数を大気のある平均的温度 $\bar{T}_a$ における値 $B_{\bar{\nu}}(\bar{T}_a)$ で近似すると，(7.12) は次式のように近似できる．

$$I_i \approx B_i(T_s)\mathcal{T}_i(p_s) + B_i(\bar{T}_a)(1-\mathcal{T}_i(p_s)) \quad (7.13)$$

ここに，$\mathcal{T}_{\bar{\nu}_i}(p_s,0)$ を $\mathcal{T}_i(p_s)$ と略記した．また，赤外窓領域における吸収は主に水蒸気の連続吸収帯によるものであり，比較的弱い（3.5.1 項参照）．したがって，水蒸気量（可降水量）を u_{H_2O} としたとき透過関数 $\mathcal{T}_i(p_s)$ は次式のように近似できる．

$$\mathcal{T}_i(p_s) \cong \exp[-k_i u_{H_2O}] \approx 1 - k_i u_{H_2O} \tag{7.14}$$

ここに,k_iはiチャンネルの波数平均した吸収係数であり,連続吸収帯の吸収係数 (3.20) などから得られる.さて,I_iの測定値から (7.13) の関係式を用いて,$B_i(T_s)$すなわち地表面温度T_sを求めるのであるが,この関係式には未定の因子$B_i(\bar{T}_a)$が含まれている.そこで,たとえば中心波長が$10.9\,\mu m$と$12.0\,\mu m$のように吸収の強さが異なる2つのチャンネル($i=1, 2$) で測定することにより,(7.13) の関係を使って未定項$B_i(\bar{T}_a)$を消去する.放射輝度I_iを (1.15) の輝度温度T_{Bi}で表すと,最終的に地表面温度T_sは次の近似式により得られる (たとえば,Liou, 2002, 7.4.2 項参照).

$$T_s \cong T_{B1} + \xi(T_{B1} - T_{B2}) \tag{7.15}$$

ここに,ξはチャンネル間の吸収係数の比で決まる係数であり,次式で与えられる.

$$\xi = \frac{k_1}{k_2 - k_1} = \frac{1}{(k_2/k_1 - 1)} \tag{7.16}$$

この方法をスプリット・ウィンドウ法 (split-window method) と呼んでいる.

次に,同じく (7.12) の関係を利用して,多チャンネルの放射輝度の測定から気温の高度分布を推定する.ただし,右辺の第1項,すなわち地表面温度および各チャンネルにおける大気柱の透過関数$\mathcal{T}_i(p_s)$は,(たとえば,上記の方法により) あらかじめわかっているとする.さらに,プランク関数は測定する吸収帯の狭い波数区間内では波数によりほぼ直線的に変化するとみなすことができるので (図4.1参照),これを次式のように近似する.

$$B_i(T(p)) = c_i B_{\nu_r}(T(p)) + d_i \tag{7.17}$$

ここに,ν_rはある基準波数であり,c_iおよびd_iはチャンネルごとの適合係数である.

(7.17) を考慮すると (7.12) は次式のように書き表せる.

$$\hat{I}_i = \int_{p_s}^{0} B_{\nu_r}(T(p)) \frac{\partial \mathcal{T}_{\bar{\nu}_i}(p)}{\partial p} dp \tag{7.18}$$

ただし,左辺の$\hat{I}_i$は,測定値I_iを含むチャンネルに依存する入力項であり,次

式で与えられる．

$$\hat{I}_i \equiv \frac{\{I_i - B_i(T_s)\mathcal{T}_i(p_s) - d_i[1 - \mathcal{T}_i(p_s)]\}}{c_i} \tag{7.19}$$

つまり，(7.18) は基準波数でのプランク関数 $B_{\nu_r}[T(p)]$ を未知関数とし，$\partial \mathcal{T}_i(p)/\partial p$ を荷重関数とする第1種フレドホルム積分方程式を成している．荷重関数は，吸収物質の分布や吸収係数に依存する（図1.11参照）．吸収気体の分布が既知であるとした場合，波数により吸収係数が異なるので，加重関数が極大となる高度や極大値の広がり（高度分解能）が違ってくる．この性質を利用して，荷重関数が異なる高度で極大になるような複数個のチャンネルにおける放射測定を組み合わせることにより，プランク関数すなわち温度の高度分布を推定する．それには，あるチャンネルの荷重関数はある特定の高度に特化した鋭い極大をもつことが望まれる．しかし，測定チャンネル内に多数の吸収線が含まれる実際の場合には，加重関数の極大はぼやけて幅が広がり，高度の分解能が低下する．

ところで，気温分布の RS に適する吸収帯は，以下の条件を満たすものが望ましい．まず，吸収気体の高度分布が既知であること．これには，混合比が一定である CO_2 や O_2 などの気体が当てはまる．次に，利用する吸収帯が他の気体の強い吸収帯と重ならないこと，さらに，十分に高い高度まで局所熱力学的平衡（LTE）が成立すること．これらの3条件を満たす吸収帯として，赤外域の CO_2-15 μm 帯およびマイクロ波域の O_2-5 mm（60 GHz）帯があり，気温の鉛直分布探査に利用されている．たとえば，CO_2 は約 380 ppmV の混合比でほぼ一様に分布しており，その 15 μm 振動-回転帯は水蒸気の純回転帯と一部重なるものの，約 90 km の高度まで LTE が成り立っている．図7.6 は，Nimbus-4 衛星搭載の IRIS 放射計で測定された地球放射スペクトルの CO_2-15 μm 帯の波数域を拡大したものである（図4.1参照）．図中の番号は，後出の図7.7 に示す NOAA 衛星搭載の気温分布探査用放射計 VTPR（Vertical Temperature Profile Radiometers）の測定チャンネルの番号に対応しており，各チャンネルの中心波数の位置を示す．吸収帯の裾から中心部（6→3）へと移るにつれて測定される輝度温度が下がっており，これは対流圏気温の高度による下降を反映している．波数 690 cm^{-1} 付近のチャンネル3で最小値になっており，対流圏界面の高度に対応する．さらに吸収が最も強い中心へ移ると（2→1），輝度温度が逆に増大して極大に達するが，これは成層圏の温度逆転による（図2.7参照）．このよう

7.4 赤外地球放射の分光測定による大気リモートセンシング 189

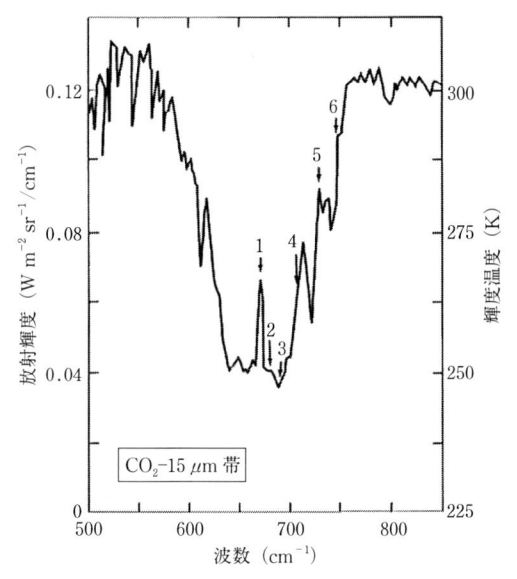

図 7.6 Nimbus-4衛星搭載のIRIS放射計で測定された CO_2-15 μm 吸収帯における地球放射スペクトルの放射輝度および輝度温度の波数分布（Liou, 2002, Fig. 7.14）
図中の番号は，図7.7のNOAA-2衛星搭載のVTPRのチャンネル番号に対応する測定波数を示す．

に，大気上端から出てくる赤外熱放射は，吸収帯中心部のチャンネルでは大気の上層部からの寄与となり，吸収帯裾の吸収の弱いチャンネルほど下層深くからの寄与が大きくなる．したがって，吸収帯の裾から中心部にかけて複数個の測定チャンネルを適切に選定して，それらの荷重関数が大気全体をカバーできるようにすれば，宇宙から気温の鉛直分布を推定できる．これが，人工衛星からの赤外放射測定による気温分布RSの基本原理であり，すでに1950年代後半に提案された（たとえば，Kaplan, 1959）．このアイデアをもとにした気温分布探査が実用化されたのは，1972年に打ち上げられたアメリカのNOAA-2衛星に搭載されたVTPRによる観測が最初である．VTPRに採用された6個のチャンネルの透過関数および対応する加重関数の高度分布を図7.7に表す．測定波数が吸収帯の中心から裾へ移るにつれて，荷重関数の極大位置は大気下層へ移行している．ただし，この初期のVTPRによる探査では，荷重関数の極大はかなり幅が広く，隣り合うチャンネル間の重なりも大きい．したがって，気温分布抽出の高度

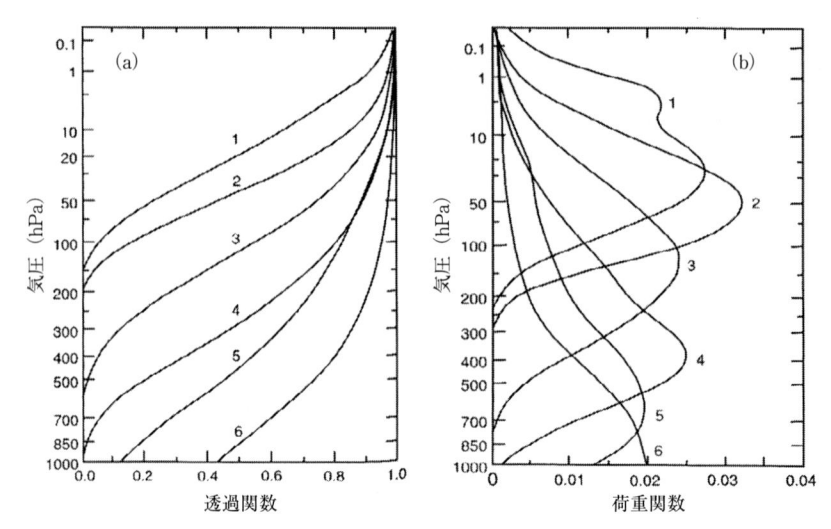

図 7.7 NOAA-2 衛星に搭載された気温分布探査放射計 VTPR の測定チャンネルの透過関数 (a) および荷重関数 (b) の気圧高度分布 (Liou, 2002, Fig. 7. 15)
CO_2-15 μm 帯の 1〜6 のチャンネルの中心波数は順に 668.5, 677.5, 695.0, 708.8, 725.0, 745.0 cm^{-1} である.

分解能はそれほど高くない. このこともあり, VTPR の測定データを用いて (7.18) の逆問題を直接解く手法は, 不安定で実用的ではない. 実際のルーチン的な解析作業においては, 統計手法や繰り返し演算法などが用いられた (たとえば, Liou, 2002, 7.4.3 項参照). 他方, 次節に述べる O_2-5 mm (60 GHz) 帯を使った RS はマイクロ波の特性により, 高い分解能が期待できる.

7.5 マイクロ波放射による大気リモートセンシング

7.5.1 マイクロ波リモートセンシングの特徴

周波数が 300〜0.3 GHz (波長 λ = 1 mm〜1 m) の領域にあるマイクロ波 (microwave) 放射は, 地球-大気系のエネルギー収支にはほとんど寄与しないが, 地球環境の RS に大きな役割を果たしている. まず, マイクロ波領域における大気の放射特性を概観する. 図 7.8 は, 中緯度大気の鉛直透過率の周波数分布を示す. マイクロ波域の吸収に関与する主な気体は水蒸気 H_2O および酸素分子 O_2 である. H_2O の連続吸収帯が透過率スペクトルのベースを成している. その効果は 50 GHz より低周波数域では小さいが, 周波数の増加とともに増大し,

7.5 マイクロ波放射による大気リモートセンシング

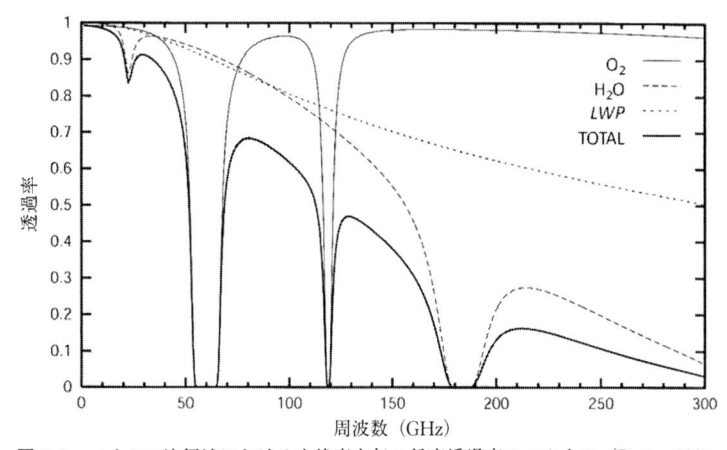

図 7.8 マイクロ波領域における中緯度大気の鉛直透過率スペクトル（Petty, 2004, Fig. 7.7）
酸素分子 O_2 による吸収（細実線），水蒸気量（H_2O）2.13 g cm^{-2} による吸収（破線），鉛直積算雲水量（LWP）200 g m^{-2} による消散（点線），および全要素（TOTAL）による効果（太実線）を表す．

300 GHz では大気はそれによりほぼ不透明になる．その連続吸収帯に H_2O による 22.235 GHz と 183.31 GHz の吸収線，および O_2 による 60 GHz の吸収帯と 118.75 GHz の吸収線が乗っている．O_2 の 60 GHz（λ = 5 mm）吸収帯は，50～70 GHz の間の 37 本の吸収線が集合して構成されている．これらマイクロ波領域の吸収線は分子の回転遷移によって生じる（3.2 節参照）．図には積算雲水量 LWP = 200 g m^{-2} の平均的な厚さの水雲による消散の効果も示されている．平均的な大きさ（半径 $r \approx 10\,\mu$m）の雲粒は，30 GHz（λ = 1 cm）のマイクロ波放射に対するサイズパラメータが $x \approx 0.006$ であり，レイリー散乱の領域にある（図5.1 参照）．この周波数での雲の消散効果は小さい（透過率～0.97）．ただし，周波数が高くなるにつれてサイズパラメータは大きくなり，雲粒による消散も増大して，300 GHz（λ = 1 mm）の放射に対するこの雲の透過率は 0.5 にまで落ちている．なお，液体の水の吸収係数（複素屈折率の虚数部 m_i）は遠赤外域から波長とともに増大しており，マイクロ波領域においては $m_i > 1$ の大きな値を有する．一方，(5.34) および図 5.9 に示されるように，レイリー散乱領域にある吸収性の強い粒子による消散はほぼ吸収によって生じており，純散乱による効果は無視できるほど小さい．したがって，一般に水雲内においては，マイクロ波の多

重散乱による伝播過程は無視できる．ただし，水滴であっても霧粒や雨滴が含まれる場合には，たとえ 30 GHz の低周波であっても半径 $r \approx 1$ mm の雨滴のサイズパラメータは $x \approx 0.6$ となるので，散乱の効果は無視できなくなる．他方，マイクロ波領域における氷の吸収係数は $m_i < 0.001$ であるので，氷雲の吸収性はきわめて弱い．したがって，氷雲における消散は散乱が卓越する．

マイクロ波を用いる大気 RS は，赤外放射を利用した RS に比べて，(i) 全天候型，(ii) 高波長分解能，および (iii) 地表面射出率の変動性などが，その特徴としてあげられる．すなわち，

(i) 全天候型： マイクロ波放射は赤外放射に比べて波長が 2 桁以上長いので，上述のように雲粒子による散乱は主にレイリー散乱の領域にある．特に低周波数域のマイクロ波は雲による減衰が小さいので，雲があってもその下が透けて見える．

(ii) 高波長分解能： マイクロ波放射計は単色に近い分解能をもつので，荷重関数もシャープなものが得られ，高度分解能が向上する．

(iii) 地表面射出率： 地表面の射出率が 0.4～1 の間にあり，また，その値は地表面の物質，性状，射出方向や偏光特性に依存して変わる（図 7.9）．したがって，宇宙からのマイクロ波放射による大気 RS は地表面の影響を大きく受ける．

マイクロ波領域における地表面の射出率の例を図 7.9 に示す．この図は海面を含む種々の地表面を垂直に見た場合の光線射出率の周波数特性を表す．射出率は地表面の種類やその状態によって大きく異なるとともに，赤外領域に比べて強い周波数依存性を有することが示されている．海面の射出率は，海水の複素屈折率が温度と塩分濃度に依存するので，その影響を受ける．また，2.4.3 項でみたように，風による波や泡の状態および偏光成分によっても値が違ってくる．さらに，海面や土壌の射出率が，一般に赤外放射に対する値よりかなり小さいことも，マイクロ波領域の特徴である．このことは，これらの地表面によるマイクロ波の反射率が比較的大きいことを意味する（図 B.3 参照）．したがって，マイクロ波領域では，放射伝達方程式の境界条件として地表面からの射出のみならず，地表面に達した下向き大気放射が地表面によって反射される分の寄与も考慮する必要がある．このように，マイクロ波領域の射出率が地表面の種類や状態で大きく異なることは，マイクロ波放射の伝達計算を複雑なものにする一方で，そのこ

7.5 マイクロ波放射による大気リモートセンシング

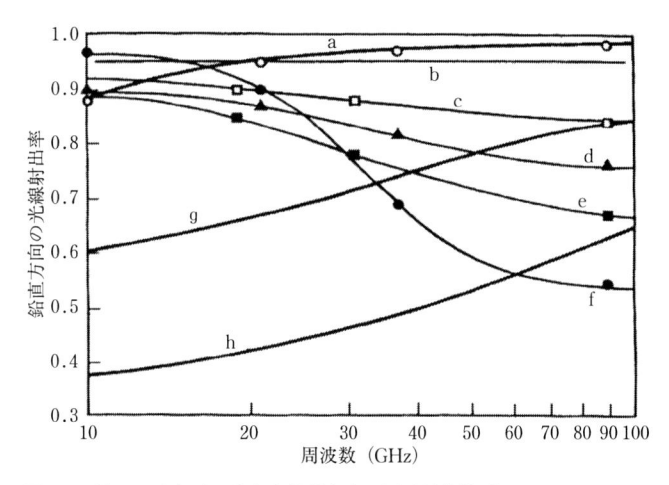

図 7.9 種々の地表面の垂直光線射出率の周波数特性 (Grody, 1993b, Fig. 6A.1)
a：湿った雪，b：乾いた土地・新しい氷，c：2年目の氷，d：乾いた雪，e：年を経た古い雪，f：再凍結した雪，g：湿った土地，h：波のない海水面．
曲線 a～f は，観測値（異なる記号）をもとにした経験式による値．
曲線 g～h は，理論計算値．

とを利用することにより地表面特性を推測できることを意味する．マイクロ波測定による地表面リモートセンシングのさまざまな技術が開発されている（たとえば，早坂（編），1996）．

7.5.2 宇宙からのマイクロ波リモートセンシングの原理

ここでは，降水のない大気中において多重散乱過程が無視できる低周波数域（$\tilde{\nu} \leq 60\,\mathrm{GHz}$）のマイクロ波による宇宙からの大気 RS の基本式を導く．この低周波数域では水雲が存在するとしても特に厚い雲でなければ，雲による消散効果は小さいので，第1近似として雲の効果を無視できる（図 7.8）．また，マイクロ波放射計はほとんど単色光を測るので，大気上端からの上向き放射輝度は (1.54) と同じ形に書き表すことができ，透過関数は単色放射に対する (1.55) の指数関数形で与えられる．ただし，マイクロ波領域における地表面の射出率は1より小さいので，地表面での下向き大気放射の反射がある．したがって，(1.54) の右辺第1項の地表面射出項に地表面反射の効果を加える必要がある．

さらに，地球の温度範囲のプランク関数は，マイクロ波領域では (1.14) のレイリー・ジーンズ式により近似できるので，周波数 $\tilde{\nu}$ のプランク関数は下記のように書き表せる (1.2.5 項参照)．

$$B_{\tilde{\nu}}(T) \cong \left(\frac{2\kappa_{\mathrm{B}}\tilde{\nu}^2}{c^2}\right)T \tag{7.20}$$

同様に，測定される放射輝度 $I_{\tilde{\nu}}$ に対する輝度温度 T_B を次式のように定義する．

$$I_{\tilde{\nu}} = \left(\frac{2\kappa_{\mathrm{B}}\tilde{\nu}^2}{c^2}\right)T_B \tag{7.21}$$

以上を考慮すると，衛星から天底角（大気上端からの射出天頂角）θ で観測するときの上向き放射輝度は，輝度温度 $T_B(\tilde{\nu};\theta)$ で表現すると，次式のように書き表すことができる．

$$\begin{aligned}T_B(\tilde{\nu};\theta) &= \varepsilon_{\tilde{\nu}} T_s \mathcal{T}_{\tilde{\nu}}(p_s, 0;\mu) \\ &+ (1-\varepsilon_{\tilde{\nu}})\mathcal{T}_{\tilde{\nu}}(p_s, 0;\mu)\int_0^{p_s} T(p)\frac{\partial \mathcal{T}_{\tilde{\nu}}(p_s, p;\mu)}{\partial p}dp \\ &+ \int_{p_s}^0 T(p)\frac{\partial \mathcal{T}_{\tilde{\nu}}(p, 0;\mu)}{\partial p}dp\end{aligned} \tag{7.22}$$

ここに，$\varepsilon_{\tilde{\nu}}$ は地表面の射出率であり，透過関数 $\mathcal{T}_{\tilde{\nu}}(p_s, p;\mu)$ は気圧 p_s から p の間の気層の $\mu = \cos\theta$ 方向の透過率を表し，(1.55) の指数関数形で与えられる．右辺の第 1 項は地表面放射の寄与，第 2 項は下向き大気放射が地表面で反射されて大気上端に達する分の寄与，第 3 項は大気全層からの上向き大気放射の寄与を表す．透過関数が指数関数で表されることを利用すると，最終的に上式は次式の形に変形できる．

$$T_B(\tilde{\nu};\theta) = \varepsilon_{\tilde{\nu}} T_s \mathcal{T}_{\tilde{\nu}}(p_s;\mu) + \int_{p_s}^0 T(p)W_{\tilde{\nu}}(p;\mu)dp \tag{7.23}$$

ここに，$W_{\tilde{\nu}}(p;\mu)$ は荷重関数であり，次式で与えられる．

$$W_{\tilde{\nu}}(p;\mu) = \left\{1 + (1-\varepsilon_{\tilde{\nu}})\left[\frac{\mathcal{T}_{\tilde{\nu}}(p_s;\mu)}{\mathcal{T}_{\tilde{\nu}}(p;\mu)}\right]^2\right\}\frac{\partial \mathcal{T}_{\tilde{\nu}}(p;\mu)}{\partial p} \tag{7.24}$$

ただし，これらの式において，透過関数の起点を大気上端 ($p=0$) にとり，$\mathcal{T}_{\tilde{\nu}}(p, 0;\mu)$ を $\mathcal{T}_{\tilde{\nu}}(p;\mu)$ と略記した．(7.23) は赤外放射の場合の (7.12) に対応するマイクロ波放射による宇宙からの RS の基本式である．右辺第 1 項は地表面射出の効果，第 2 項は大気放射の効果を表している．

さて，周波数が $\bar{\nu}<20\,\mathrm{GHz}$ あるいは $30<\bar{\nu}<50\,\mathrm{GHz}$ の吸収の小さな'窓'領域においては，第1近似として (7.23) の第2項は第1項に比べて無視できるか，あるいは補正項として扱うことができる．そのような窓領域における複数の測定を組み合わせることにより，さまざまな地表面の推定が行われている．一方，図7.8に示されるように H_2O の 22.235 GHz 吸収線の近辺では，曇天大気による減衰はほぼ水蒸気量 u_{H_2O} と積算雲水量 LWP とによって決まっている．また，その吸収線はそれほど強くなく，飽和していないので，その吸収線内の周波数 $\bar{\nu}_1$ とそれに隣接する窓域の周波数 $\bar{\nu}_2$ における測定を組み合わせることにより，u_{H_2O} と LWP を推定することができる．特に窓チャンネルを $\bar{\nu}_2>\bar{\nu}_1$ に選べば，$\bar{\nu}_1$ と $\bar{\nu}_2$ とにおける水蒸気および雲水による吸収の大小関係が逆であるので，それぞれのチャンネルに含まれる情報の独立性が高まる（図7.8参照）．衛星観測では水蒸気チャンネルには $\bar{\nu}_1=22.235\,\mathrm{GHz}$，窓チャンネルには $\bar{\nu}_2=31.4\,\mathrm{GHz}$

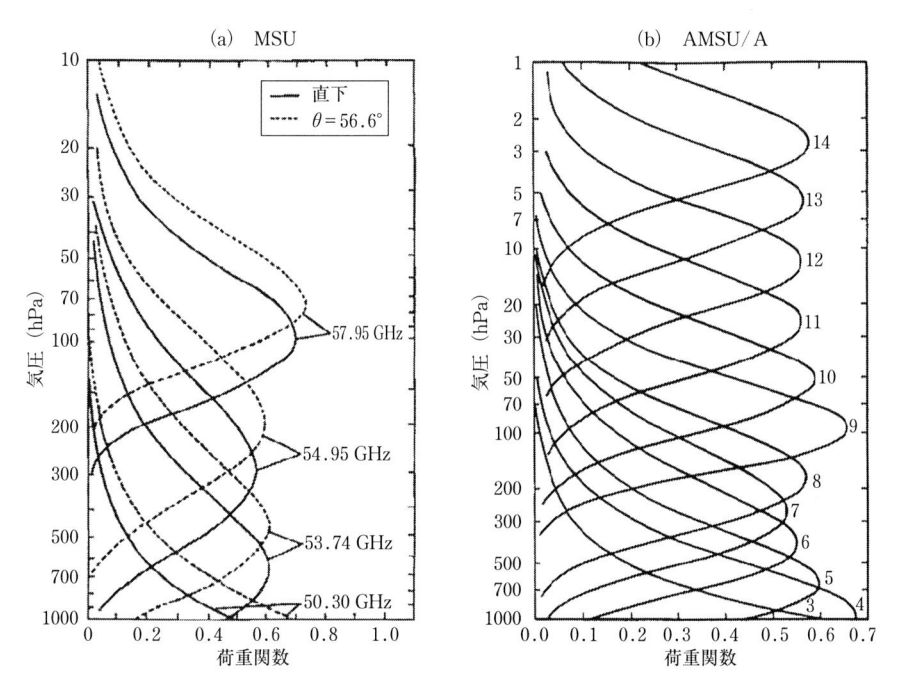

図7.10 マイクロ波の O_2-60 GHz 吸収帯を用いた気温探査用チャンネルの陸域における荷重関数の高度分布（Grody, 1993a, Fig. 6.15 および Fig. 6.17）
(a) MSUセンサーによる直下探査（$\theta=0°$；実線）および斜め探査（$\theta=56.6°$；破線）の場合．(b) AMSU/A センサー．

などが利用される．

　他方，地表面放射の項が既知であるとすれば，(7.23) は気温 $T(p)$ を未知関数とし，(7.24) の $W_p(p;\mu)$ を荷重関数とする第1種フレドホルム積分方程式を成す．この関係式をもとに複数の測定周波数（チャンネル）のデータから気温分布を推定することができる．現業衛星による気温分布の RS には，O_2-60 GHz 吸収帯が利用されている．気温測定用のチャンネルは，50 GHz と 60 GHz の間にある吸収線の中心を避けた周波数に設定されている．気温測定用の各チャンネルの荷重関数は，それぞれ異なる高度で極大値をもつが，ほぼ単色測定であるので極大は赤外チャンネルに比べて鋭くなる．さらに，同じ周波数であっても観測の天底角 θ が異なれば，荷重関数のピークは違った高度に現れる．すなわち，ピークの位置は，より大きな角 θ に対して光学的厚さがより小さな方にずれるので，より高い位置に移動する．これを利用すると，少ないチャンネル数でも実質的にチャンネル数を増やすことになり，広い高度範囲をカバーすることができる．このため，気温分布 RS 用のマイクロ波放射計の多くは，衛星の進行方向に対して直角に，ある一定角度を走査するクロストラッキングスキャンを行っている．図 7.10 (a) は，NOAA 衛星に搭載され長期にわたって気温探査に使用されてきた MSU (microwave sounding unit) の荷重関数の高度分布である．直下探査の場合に比べて，角度走査を加えると対応する荷重関数のピーク位置が上方へ移動して，高度分布の情報が増えることが示されている．一方，観測の多チャンネル化と水平分解能の向上も進んでいる．たとえば，改良型マイクロ波放射計 AMSU (advanced microwave sounding unit) では，図 7.10 (b) に示すように気温分布探査用のチャンネル数は 12 に増え，成層圏上部までカバーしている．マイクロ波放射の観測データ解析手法および地表面射出率などの影響評価については，高村 (1996) や Liou (2002)，Grody (1993a) などの解説が参考になる．

8章　放射平衡と放射強制力

　この章では，放射平衡の概念とそれに基づく大気温度の形成機構を学ぶ．また，気候への影響を評価する際の指標として用いられている放射強制力の概念を紹介し，温室効果気体，エーロゾル，雲などの放射強制力を評価するうえでの問題点を概観する．これらを通して気候変動問題における大気放射学の役割を理解する．

8.1　全球の放射平衡

8.1.1　放射平衡温度

　ある物体が吸収するのと等量の放射エネルギーを射出して，正味の損得がない状態にあることを，その物体は放射平衡（radiative equilibrium）にあるという．宇宙から見た惑星地球は，気候系が定常であるならば，十分に長い時間で平均した場合に放射平衡にある．すなわち地球が吸収する太陽放射エネルギーと宇宙へ放出している地球放射エネルギーとは釣り合っている．仮に両者は釣り合ってなく，どちらかが大きいとすると，地球は全体として年々熱くなるか，あるいは冷えていくことになる．人工衛星による観測によっても，地球が観測精度内で放射平衡にあることが確認されている．惑星の放射平衡の状態は，惑星を温度 T_e の球形黒体とみなした場合，ステファン・ボルツマンの法則を用いて次式のように書き表すことができる（(1.11) 参照）．

$$\pi R_e^2 (1 - \hat{r}_p) S_0 = 4\pi R_e^2 \sigma T_e^4 \tag{8.1}$$

ここに，R_e は惑星の半径，S_0 は太陽からの平均距離において単位面積に入射する太陽放射エネルギー（すなわち太陽定数）を表す．また，$\hat{r}_p$ は惑星アルベドであり，入射する太陽放射エネルギーのうち宇宙へ反射される割合を表す（式(6.27) 参照）．上式の左辺は惑星が吸収する太陽放射エネルギーを，右辺は惑

星の全表面から宇宙へ放出される黒体放射エネルギーを表す．なお，右辺に係数4が掛かっているのは，球の表面積は断面積の4倍であることによる．(8.1)より放射平衡の温度T_eは，次式で与えられる．

$$T_e = \left[\frac{(1-\hat{r}_p)S_0}{4\sigma}\right]^{1/4} \tag{8.2}$$

このT_eを惑星の放射平衡温度（radiative equilibrium temperature），等価黒体温度（equivalent blackbody temperature），あるいは有効放射温度（effective emission temperature）などと呼ぶ．このように放射平衡にある惑星のT_eは，$\hat{r}_p$とS_0とで決まる．地球の$\hat{r}_p$とS_0の値は，衛星観測によって$\hat{r}_p = 0.30 \pm 0.01$および$S_0 = 1366 \pm 1\,\mathrm{W\,m^{-2}}$と見積もられている．これらの値を代入すると，地球の有効放射温度として255Kを得る．比較のために地球型惑星の金星および火星の有効放射温度を表8.1に示す．地球よりも太陽に近い金星には，より大きな太陽放射エネルギーが入射するが，金星の厚い雲（エーロゾル層）によって強く散乱・反射されるため，吸収される太陽放射エネルギーは地球の場合よりも小さい．そのために金星の有効放射温度（$T_e = 224\,\mathrm{K}$）は地球のそれに比べてむしろ低い．一方，火星は地球よりも太陽から離れているので，入射する太陽放射エネルギーは地球の場合の43%ほどしかない．しかし，惑星アルベドも約1/2と小さいので，火星の有効放射温度は$T_e = 216\,\mathrm{K}$にとどまっている．なお，(8.1)の放射平衡は惑星全体について1公転周期（すなわち1惑星年）以上の時間にわたって平均した状態に対して成り立つ．惑星のある特定の緯度帯や季節などに対しては必ずしも成立しない（図8.4参照）．

ところで，地球の放射平衡温度$T_e = 255\,\mathrm{K}$は標準大気の対流圏中層の温度（図2.7(a)参照）に相当し，地表面の平均温度288Kに比べて33Kも低い．

表8.1 地球型惑星の放射平衡温度と諸定数

	金星	地球	火星
太陽からの平均距離，[AU]	0.723	1	1.523
太陽定数，$S_0 [\mathrm{W\,m^{-2}}]$	2610	1366	590
惑星アルベド，$\hat{r}_p$	0.78	0.30	0.16
有効放射温度，$T_e [\mathrm{K}]$	224	255	216
地表面温度，$T_s [\mathrm{K}]$	735	288	228
温室効果，$(T_s - T_e) [\mathrm{K}]$	511	33	12
地表面気圧，$[10^5\,\mathrm{Pa}]$	92	1	0.006

この差は地球大気の「温室効果」と呼ばれる次節で述べる保温作用によってもたらされる．表8.1 にみられるように，金星の場合には有効放射温度と平均地表面温度の差は 510 K を超える．金星の 735 K に達する地表面温度は，主として 90 気圧以上の金星大気のほとんどを占める膨大な量の二酸化炭素（CO_2）の温室効果によって生じると考えられている．火星の大気も主成分は金星と同様に CO_2 であるが，希薄であるためその温室効果は弱く，有効放射温度と平均地表面温度の差は 12 K にとどまっている．なお，$T_e = 255$ K は大気がないとした場合の地球表面の温度と解釈されることがあるが，それは正しくない．仮に大気がなければ，雲も発生せず，海陸分布は変わらないとしても，地球の惑星アルベドは，$\hat{r}_p \approx 0.09$（図 8.3 参照）になる．このときの放射平衡温度は $T_e = 272$ K である．

8.1.2 大気の温室効果

短波放射に対して透明で長波放射に対して不透明な大気の性質がもつ保温効果を，温室のガラスやビニールの性質との類似性から，大気の温室効果（greenhouse effect）と呼んでいる．ただし，実際の温室では，ここでいう温室効果というよりは，温室内の空気が外気と遮断されることによって保温される効果の方が大きい．前項で触れたように，大気の温室効果が地表面温度を決めるのに重要な役割を果たしている．このことを，図 8.1 に示すような，1 層の等温大気と黒体の地表面からなる大気-地表面系が放射平衡の状態にある簡略化した放射収支モデルを用いて考察する．太陽放射に対する系のアルベドを $\hat{r}_p$，大気の吸収率を $\hat{a}$ とする．このとき大気層および地表面で吸収される単位面積あたりの太陽放射エネルギーは，それぞれ $\hat{a}(1-\hat{r}_p)(S_0/4)$ および $(1-\hat{a})(1-\hat{r}_p)(S_0/4)$ となる．一方，長波放射に対して，大気は射出率 ε（= 吸収

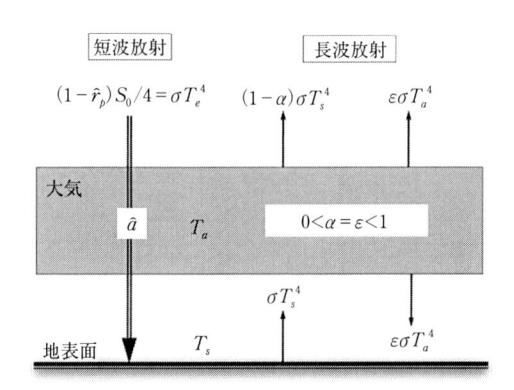

図 8.1 簡略化した大気-地表面系の温室効果を示す模式図
大気および地表面がそれぞれ放射平衡にあるとした場合の全球平均した単位面積あたりの放射収支を表す．記号は本文参照．

率 α の灰色体であるとする（1.2.4項参照）．地表面および大気の温度をそれぞれ T_s および T_a とおくと，大気は地表面からの黒体放射 σT_s^4 を α の割合で吸収し，同時に $\varepsilon\sigma T_a^4$ のエネルギーの長波放射を気層の外（すなわち上下方向）に射出する．大気層および地表面のそれぞれにおける放射平衡を表す式を整理し，(8.2)を用いると，大気層および地表面の温度に対して下記の関係式が得られる．

$$T_a = \left[\frac{(\varepsilon - \varepsilon\hat{a} + \hat{a})}{\varepsilon(2-\varepsilon)}\right]^{1/4} \left[\frac{(1-\hat{r}_p)S_0}{4\sigma}\right]^{1/4} = \left[\frac{(\varepsilon - \varepsilon\hat{a} + \hat{a})}{\varepsilon(2-\varepsilon)}\right]^{1/4} T_e \quad (8.3a)$$

$$T_s = \left[\frac{(2-\hat{a})}{(2-\varepsilon)}\right]^{1/4} \left[\frac{(1-\hat{r}_p)S_0}{4\sigma}\right]^{1/4} = \left[\frac{(2-\hat{a})}{(2-\varepsilon)}\right]^{1/4} T_e \quad (8.3b)$$

このように放射平衡にある大気-地表面系の温度は，太陽定数 S_0，惑星アルベド $\hat{r}_p$，および大気の短波放射に対する吸収率 $\hat{a}$ と長波放射に対する射出率 ε の非線形な関数となる．第1近似として，大気は太陽放射に対して完全に透明で吸収はない（$\hat{a}=0$）とすると，(8.3)は次式のように書ける．

$$T_a = \left[\frac{1}{(2-\varepsilon)}\right]^{1/4} T_e \ ; \quad T_s = \left[\frac{2}{(2-\varepsilon)}\right]^{1/4} T_e \quad (8.4)$$

上式から，大気が長波放射に対して吸収性を有する（$0<\alpha=\varepsilon<1$）場合には，$T_s>T_e$ および $T_a<T_e$ となることがわかる．つまり，地表面は地球の有効放射温度（$T_e=255$ K）よりも高温になり，逆に大気は低温になる．しかも，T_s と T_e との差は，大気の長波放射に対する吸収性が強い（すなわち，$\varepsilon\to 1$）ほど，拡大する．これは，大気が地表面からの長波放射の一部を吸収すると同時に，大気温度に対応する長波放射を同じ割合で地表面と宇宙に向けて放出することによる．この大気から地表面に向かう長波放射量 $\varepsilon\sigma T_a^4$ の存在によって，正味として地表面から出ていく長波放射量が減り，地表面の放射冷却が抑制されて，$T_s>T_e$ となる．これが，大気の温室効果の働きである．

上記の大気の射出率と温室効果との間の関係は，大気が太陽放射も吸収するとした一般式（8.3）の場合では自明ではない．地球大気の太陽放射に対する吸収率 $\hat{a}$ の平均値はいまだ確定していないが，$\hat{a}=0.2$ 程度と見積もられている（次項参照）．図8.2は，この値を用いて射出率 ε の関数として表した大気温度 T_a と地表面温度 T_s を，$\hat{a}=0$ の場合と比較する．$\hat{a}=0.2$ の場合の T_a と T_s の ε に対する振る舞いは，$\hat{a}$ と ε との大小関係に依存することが示されている．すなわ

8.1 全球の放射平衡

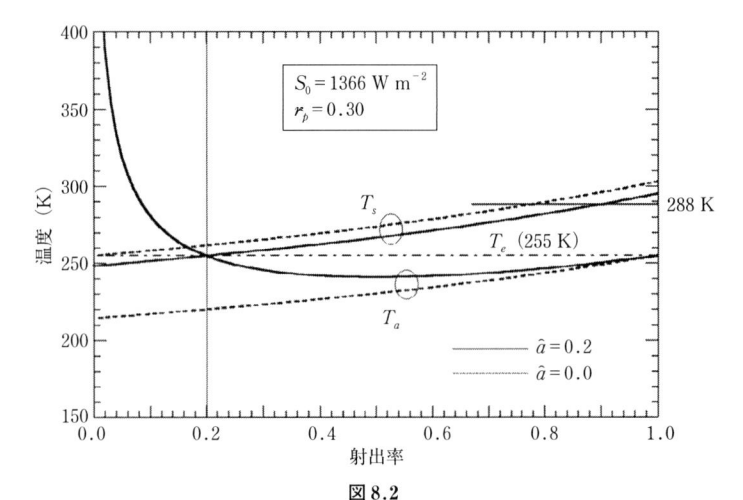

図 8.2
放射平衡にある地球の大気−地表面系の温度を赤外放射に対する灰色大気の射出率の関数として表す．T_a および T_s は，大気層および地表面の放射平衡温度．T_e は有効放射温度（一点鎖線）．太陽放射に対する大気の吸収率が $\hat{a}=0.2$ の場合（実線）と $\hat{a}=0.0$ の場合（破線）の比較．

ち，$\hat{a}<\varepsilon$ の場合には，(8.4) の $\hat{a}=0$ の場合と同様に $T_s>T_e>T_a$ の関係があり，$\varepsilon \to 1$ とともに温室効果が強まる．また，$\hat{a}=\varepsilon$ の場合には，$T_a=T_s=T_e$ となり，系全体は等温になる．一方，$\hat{a}>\varepsilon$ の場合には $T_s<T_e<T_a$ となり，大気の方が地表面よりも高温になる．図から平均の地表面温度 $T_s=288\,\mathrm{K}$ に相当する射出率 ε を見積もると，$\hat{a}=0$ の場合には $\varepsilon \approx 0.79$ となり，$\hat{a}=0.2$ の場合には $\varepsilon \approx 0.90$ となる．つまり，地球大気は長波放射に対してかなり吸収性が強く，効率的な温室効果をもつといえる．この強い吸収性をもたらす第1の主要物質は，水蒸気や雲などの水物質である．加えて，赤外放射に活性な気体成分がある．一般に温室効果の働きをもつ気体を温室効果気体（greenhouse gases）と呼ぶ．地球大気の場合，その主成分である窒素や酸素は温室効果に寄与しない．地球大気の温室効果気体は，大気組成としてはわずかな割合しか含まれてない水蒸気，二酸化炭素，オゾン，メタン，一酸化二窒素などである（図3.1参照）．また，人間が人工的につくり出し大気に放出している温室効果気体として，フロン類（CFCs）がある．水蒸気を除く温室効果気体は，もともと地球の大気中ではごくわずかの量であるために，その濃度は人間活動の影響を受けやすい．人間活動によって大気中に放出された温室効果気体の量が増加することにより大気の赤外

射出率 ε の値が増加して温室効果が強まり，地表面温度 T_s が上昇する "地球温暖化（global warming）" が大きな問題となっている．

8.1.3 全球熱収支

実際の地球のエネルギー収支の評価例を図8.3に示す（Kiehl and Trenberth, 1997）．この図は，1.1.4項で触れた放射の生涯ドラマのひとつの帰結を表す．地球大気の上端に100％単位の太陽放射エネルギーが入射した場合の代表的な評価を％単位で図示したものである．全球平均・年平均した場合の単位面積あたりのエネルギー収支に対応するもので，100％の太陽放射エネルギーは，太陽定数の1/4，すなわち342 W m^{-2} に相当する．まず，太陽放射の行方をみる．地球大気上端に入射したエネルギーの31％が，大気や雲による散乱と地表面の反射によって宇宙空間に戻る．このうちの約2/3が雲による反射であり，雲の反射効果が大きいことが注目される．残り69％のうちの20％分は，大気中の水蒸気，オゾンなどの気体成分，およびエーロゾルや雲などにより吸収されて直接大気を加熱する．残余の49％が直達日射や散乱日射として地表面に達し，そこで吸収

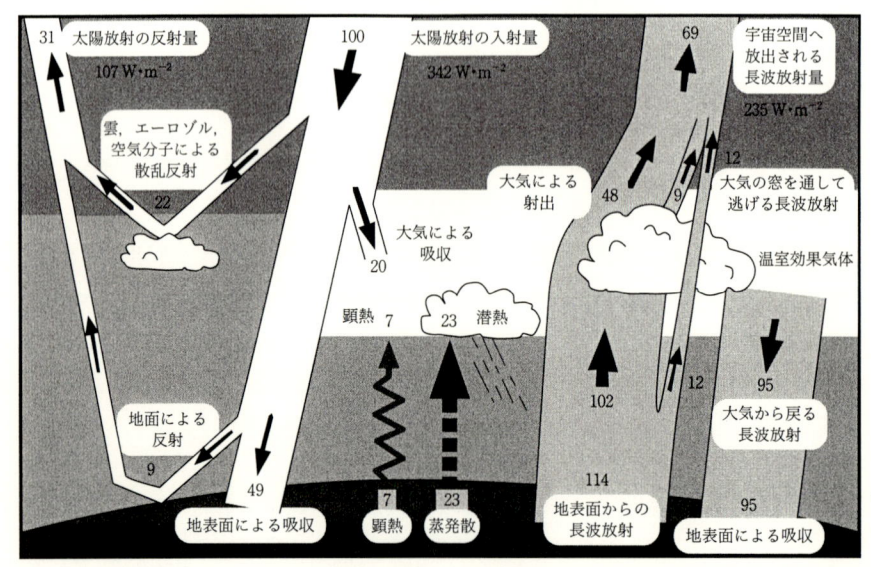

図8.3 全球平均・年平均した地球の単位面積あたりのエネルギー収支（Kiehl and Trenberth, 1997, Fig. 7を相対値に変更（浅野，2005a））
　　　大気-地表面系に入射する太陽放射エネルギー342 W m^{-2} に対する相対値（％）で表す．

され地表面を暖める．次に地球放射の収支をみると，大気上端からは大気により射出される57%分の長波放射に地表面からの長波放射のうち大気に吸収されずに透過した12%が加わって，合計69%相当の長波放射が宇宙空間へ放出されている．すなわち，大気-地表面系が吸収する太陽放射と等量の地球放射が宇宙空間へ放出されており，地球全体の放射平衡が保たれている．エネルギー収支は，大気および地表面のそれぞれにおいても成り立っている．地表面からは入射する太陽放射の114%にあたるエネルギーが地表面放射として放出される．これは地表面温度 $T_s = 288$ K の黒体放射に相当する．ただし，その多く（95%）が大気からの下向き放射によって相殺されて，地表面から失われる正味の放射エネルギーは19%にすぎない．この相殺効果が，前項で考察した大気の温室効果の作用である．地表面は放射過程としては 30 (= 49-19)% の太陽放射の吸収超過となっているが，この分のエネルギーが潜熱および顕熱の形で大気へ運ばれる．そして，大気による太陽放射の吸収（20%）と合わせて，大気の過剰な長波放射冷却 -50 (= 114-95-69)% を補償している．顕熱による7%の熱輸送は熱伝導および地表面で暖められた空気の対流混合による．潜熱による23%の熱輸送は，地表面において水を蒸発させた熱が対流で運ばれて，雲の中での凝結により解放されて大気を暖めることによる．なお，前項の射出率 ε に相当する値は，長波放射に対する大気全体の透過率（=大気を通過して宇宙へ逃げる長波放射（12%）/地表面からの長波放射（114%））から，（1－透過率）として $\varepsilon = 0.9$ と見積もられる．この値は，図8.2の結果と整合している．

　上記のエネルギー配分の数値は現時点での代表的な見積もりの一例である．大気内および地表面における太陽放射のエネルギー配分については研究者により数%程度分の評価の違いがあり，いまだ確定していない（たとえば，浅野，2007）．正確な放射収支の見積もりは前世紀を通して大気放射学の重要な課題であった．人工衛星観測が始まる前は，地上観測や経験則をもとにした放射モデル計算により評価していた（たとえば，Houghton, 1954；London, 1957；Katayama, 1966）．現在では大気上端の放射量は，衛星観測の進歩により±1%程度の精度で直接測定できる．地表面に吸収される太陽放射量も地上観測を併用した衛星観測から見積もられるようになったが，その値は43～50%の範囲にあり，なお大きな幅がある．したがって，太陽放射の大気上端と地表面における吸収量の差である大気による吸収量（前項の吸収率 $\hat{a}$ に対応）にも同程度の不確定さが残

る．特に，雲やエーロゾルが太陽放射量の吸収に及ぼす効果については不明な点が多い（たとえば，浅野，2002）．つい最近，図8.3の著者らは，2000年代に入ってからの新しい観測や研究の結果を踏まえて，太陽放射の分配率を反射30%，地表面吸収47%，および大気吸収23%に改訂した（Trenberth et al., 2009）．つまり，図8.3の評価に比べて，大気は太陽放射をより多く吸収するとした．また，温室効果気体の増加による温暖化に伴って，地表面の射出放射量を116%相当に，大気から戻る長波放射量を98%相当に増やすなど，長波放射の分配も見直している．なお，1%単位の放射エネルギー（$3.4\,\mathrm{W\,m^{-2}}$）は，後述のように大気中のCO_2濃度が倍増したときの「放射強制力」に匹敵する大きさである（8.3.1項参照）．したがって，地球温暖化の精確な予測には，地球のエネルギー収支の見積もりの精度向上が必須の課題である．

さて，上では地球を1つの惑星として年平均した状態でのエネルギー収支をみてきたが，地球が球形であり，さらに自転軸が公転面に対して傾斜しているため，このような放射エネルギー収支のバランスは，地域別あるいは季節別にみると成り立たない．図8.4は，初めて人工衛星により観測された大気上端におけ

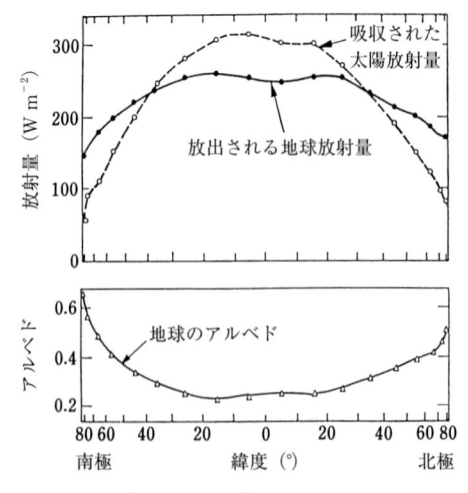

図8.4　1962〜1966の5年間の人工衛星観測による年平均および帯状平均した大気上端における太陽放射の吸収量と地球放射の射出量，およびアルベドの緯度分布（Vonder Haar and Suomi, 1971, Fig. 1）

る放射収支とアルベドの緯度分布を示す．緯度平均した地球の惑星アルベドは 0.30 と見積もられた．この値は，衛星観測以前の理解 ($\hat{r}_p \sim 0.35$) に比べて，地球はより暗く暖かい惑星であることを示した歴史的な成果である．放射収支は，赤道を挟んで南北両半球の緯度約 35° までの低緯度側では吸収される太陽放射が放出される地球放射より多く，それより高緯度側では逆になっている．さらに，これら放射量の緯度分布は北半球と南半球とでは，完全な対称でないことが示されている．低緯度から中緯度にかけては，南半球の方が北半球に比べてやや暗く（アルベドが小さく），そのために太陽放射の吸収量が少し多くなっている．また，射出される地球放射量も少し多い．ただし，その差は，南北半球における海陸分布の違いから期待される差よりも小さく，南半球でやや多い雲分布がこの差を小さくしていると考えられる．極域では，南北における放射量の大小関係は逆になっている．これは，南極が低温の氷で覆われた標高の高い大陸であることによる．地球全体としては，これらの過不足は打ち消し合ってエネルギー収支が釣り合っている．緯度方向の放射収支の不均衡は，放射過程がつねに低緯度側と高緯度側の温度差を拡大するように作用していることを示す．放射による低緯度側の余分の熱を高緯度側に運んでこの温度差を縮小するように働いているのが，大気や海洋の大規模な運動である．この図のような放射収支の緯度分布は，現在の雲分布を含めた大気や海洋の運動による熱輸送とバランスした状態に対応している．このように放射エネルギーの収支は，大気と海洋の循環運動の平均状態としての気候の形成と深く結びついており，放射エネルギー分布のわずかの変調が気候の変化をもたらしうる．その具体例のひとつとして，CO_2 などの温室効果気体の増加に起因する地球温暖化の現象がある (8.3 節参照)．

8.2　放射平衡大気の温度分布

8.2.1　灰色大気の温度分布

先に地球大気の鉛直構造を概観した（図 2.7 (a) 参照）．そこでみた対流圏および成層圏の気温分布の形成には放射過程が大きな役割を果たしている．対流圏界面の上に等温の気層が存在することが発見されたのは，1902 年に発表されたフランスの気象学者ティスラン ド ボール (L. Teisserenc de Bort) による気球を使った高層気象の観測結果とされている（松野・島崎，1981）．この等温層は，同じ年にドイツのアスマン (R. Assmann) による高層観測によっても確認

された.その後,圏界面高度が緯度によって異なることや等温層の上では気温が上昇傾向にあることが判明した.それを受けて,ティスラン ド ボールは大気の下層を「対流圏」,上層を「成層圏」と名づけた.観測された気温分布を放射平衡理論に基づいて解釈する試みが1913年のエムデン(R. Emden)や他の先駆的研究によってなされた.前節において,1層の気層からなる大気-地表面系をとり,気層の放射平衡温度を求めた.この概念を拡張して大気を複数層に分割し,各気層ごとに放射平衡が成り立つとすると,放射平衡にある大気の温度分布を求めることができる.エムデンは,吸収気体として水蒸気を念頭において,この考えを長波放射に対して灰色の散乱のない大気に適用して,放射平衡の条件によって決定される温度分布を考察した.その演算の詳細は会田(1982)や松野・島崎(1981)の解説にゆずり,ここでは結果のみを引用する.なお,水蒸気の高度分布を指数関数的に減少するものと仮定する(図2.7(b)参照).このとき,灰色大気の放射平衡の温度分布は,大気の上端部でほぼ等温になり,下層では下部ほど温度勾配が急な分布になる.また,大気の最下端とそれが接するより高温の地表面との間にはつねに温度差が生じる.エムデンは,この放射平衡によって上端部に等温層が形成されることが,発見された等温層の成因であると考えた.一方,大気下層での放射平衡の温度分布は,地表面との温度差および乾燥断熱減率を超える急激な温度勾配とにより,力学的に不安定である.したがって,このような放射平衡の温度分布が生じてもすぐに対流によって壊されて,気温減率がほぼ一定の気温分布になる.これがエムデンの考えた対流圏の存在機構である.

8.2.2 現実的大気の温度分布

灰色大気の放射平衡理論によって下部成層圏の等温層が再現できたが,図2.7(a)に示された上部成層圏の温度分布は説明できない.これにはオゾン層による太陽紫外線の吸収を考慮する必要がある.実際の大気中における放射平衡を論じるには,吸収気体の分布と吸収帯構造を考慮して放射伝達を計算しなければならない.そのような数値計算が現実になったのは,電子計算機が利用できるようになった1960年代に入ってからである.S. Manabe(真鍋)と彼の共同研究者による一連の研究がその先駆となった.ここでは,放射と対流の両方の効果を考慮した放射-対流平衡モデルによるManabe and Strickler(1964)の結果を紹介するにとどめる.彼らの方法は,初期の等温の温度分布から始まって,放射過程に

よる温度変化をすべての高度で平衡状態が達せられるまで，時間を逐次進めて計算を繰り返す．この際，成層圏は放射平衡にあるとする．一方，対流圏においては，放射平衡の温度分布の減率がどこかの高度であらかじめ設定しておいた臨界気温減率を超えた場合，そこでは対流が生じるとして，そこの気温減率を臨界気温減率に置き換える．このとき，関係する部分の全エネルギーが保存されるように温度分布を変化させる．この手法を対流調節と呼ぶ．臨界気温減率には，標準大気の気温減率の値である $6.5\,\mathrm{K\,km^{-1}}$ が用いられた．

図 8.5 は，晴天大気の放射−対流平衡の温度分布の形成に対する各気体成分の役割を示す．吸収気体として水蒸気（H_2O）のみ，それに二酸化炭素（H_2O+CO_2），さらにオゾン（$H_2O+CO_2+O_3$）を加えたそれぞれのケースに対する計算値である．図 8.5 (a) の温度分布をみると，対流圏ではすべてのケースで対流調節によりほぼ一定の減率（$6.5\,\mathrm{K\,km^{-1}}$）をもつ分布となっている．一方，成層圏における温度分布は，O_3 の有無で大きく異なる．オゾンを含まないケースの分布では，実際の気温分布にみられる明瞭な対流圏界面や下部成層圏の等温層および上部成層圏における気温の増加傾向を再現できない．ただし，O_3 は対流圏の温度分布にはほとんど寄与していない．図 8.5 (b) に各吸収気体の放射効

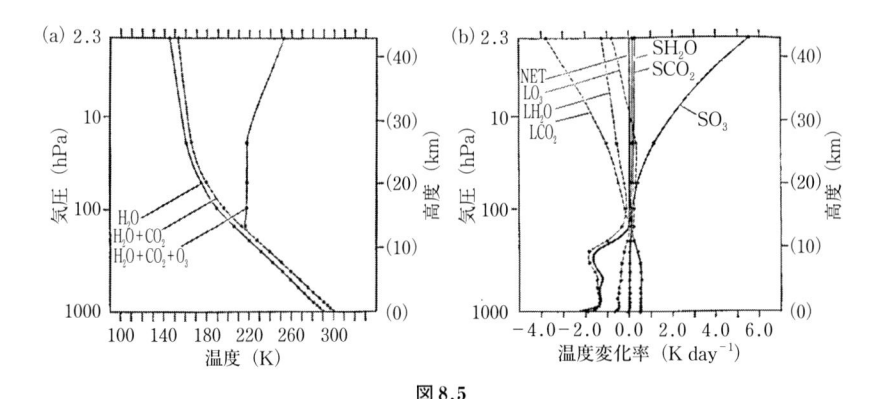

図 8.5

(a)：放射−対流平衡モデルで計算された種々の吸収気体による熱平衡温度の高度分布．対流調節の臨界気温減率を $6.5\,\mathrm{K\,km^{-1}}$ としている．緯度 35°N，4 月におけるオゾン分布，年平均の日照条件（平均太陽天頂角 60°，$S_0=1396\,\mathrm{W\,m^{-2}}$），地表面アルベド 0.102 および雲なしの条件下における値．
(b)：（$H_2O+CO_2+O_3$）の熱平衡温度に対応する各気体成分の放射過程による温度変化率の高度分布．気体成分の前の S および L の記号は，短波放射（S）および長波放射（L）による温度変化率を表す．NET はこれら全成分による温度変化率を示す（Manabe and Strickler, 1964, Fig. 6c および Fig. 8c）．

果が示されている．図中の長波放射 (L) による温度変化率は，(4.44) 式で表されるような気層間の放射の授受の結果としての変化率を表す．上部成層圏においては，O_3 による太陽紫外線の吸収による加熱が高度とともに増大しており，それを同様に高度とともに増大する CO_2-15μm 帯の対宇宙冷却がほぼ打ち消している．下部成層圏の等温層は，O_3 の紫外線吸収に加えて O_3-9.6μm 帯における弱い加熱の効果が，CO_2 および H_2O が正味として放射を放出して冷える効果と釣り合って形成される．この O_3-9.6μm 帯による加熱は，そこで O_3 が射出する放射量よりも，より高温の上下の気層からの放射を吸収する量の方が勝る効果による (4.5.1 項参照)．当然のことながら放射平衡として求めた温度分布では，全放射効果を合わせた NET の温度変化率は成層圏の全高度でゼロとなっている．このように成層圏の温度形成には，主に O_3 と CO_2 が大きな役割を担っている．他方，対流圏では NET として放射冷却になっており，それには H_2O による寄与が大きい (4.5.2 項参照)．そこでは対流と放射による熱平衡により温度が決まる．つまり，地表面で吸収された太陽放射エネルギーの余剰部分が対流活動によって対流圏に運ばれる．その熱は H_2O などによる長波放射として宇宙へ放出されて，地表面-対流圏系の熱平衡が成り立っているのである．逆にいえば，放射過程は対流圏を冷やしてその鉛直構造を不安定化する作用をしており，対流活動が下から熱を運んで不安定化を解消している．この様相は，8.1.3 項で述べたことと整合する．ところで，図 8.5 (a) に示された全気体成分を考慮した場合の 300 K の地表気温は，標準大気の値に比べるとかなり高い．この点に関して，著者らは平均的な雲量分布を導入すると，地表気温は 287 K となり標準大気とほぼ一致することを示した．つまり，後述のように，平均的な雲分布では，長波放射の保温効果よりも太陽放射の反射効果の方が強く，雲は正味として地表面を冷やす働きをしている (8.4.1 項参照)．なお，雲がある場合の対流圏における温度変化率の高度分布は，雲頂部で放射冷却が強まるなど，雲の存在により複雑な分布になる (図 6.11 参照)．

8.2.3 温室効果気体による気温変化

上述のように，1 次元放射-対流平衡モデルは，実際の平均的な温度分布をよく再現できるので，いろいろな問題に応用されている．その一例として，Manabe and Wetherald (1967) による大気中の二酸化炭素 CO_2 の濃度が変化し

8.2 放射平衡大気の温度分布

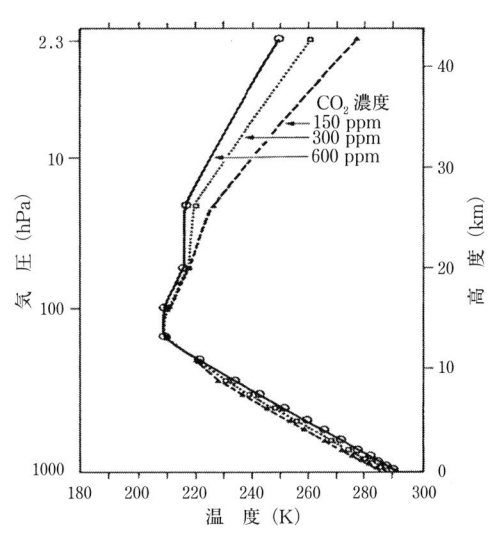

図 8.6 大気中の二酸化炭素（CO_2）濃度を変えた場合の気温の高度分布の変化（Manabe and Wetherald, 1967, Fig. 16）
地球の平均状態に対する相対湿度を保持した放射‐対流平衡モデルによる計算値．CO_2 濃度を基準の 300 ppmV から倍増（600 ppmV）および半減（150 ppmV）した場合の平衡気温の比較．

た場合の気温の高度分布の変化を図 8.6 に示す．図の温度分布は，平均状態に対して，ある指定した相対湿度を保持するように水蒸気分布を調整して計算された．CO_2 以外の要素を同じにして，300 ppmV を基準とした CO_2 濃度を 2 倍にした場合と半分にした場合の温度分布が比較されている．CO_2 濃度が増える〔減る〕と，対流圏では温度が上がり〔下がり〕，逆に成層圏では下がる〔上がる〕ことが読みとれる．対流調節の臨界気温減率に $6.5\,\mathrm{K\,km^{-1}}$ の一定値を用いたこの計算では，CO_2 濃度が 2 倍（600 ppmV）になった場合に，地表気温は 2.4℃ 上昇する．また，成層圏の高度 40 km では約 10℃ 下がることが示されている．なお，地表気温の値は対流調節における気温減率の設定法に依存することが知られている．たとえば，湿潤断熱減率を用いた計算では，CO_2 倍増に対する対流圏下層の昇温の感度が弱くなり，地表気温の増加は 30% ほど小さな値になる（Lindzen *et al.*, 1982）．

二酸化炭素の濃度が増加すると，対流圏の温度が上がり，成層圏の温度が下が

る理由は次のように説明される．前述のように対流圏の温度は，対流による地表面からの熱輸送の加熱と宇宙空間への長波放射の放出による冷却とのバランスによって決まる．対流圏での放射冷却は主に H_2O による対宇宙冷却による（4.5.1項参照）．対流圏から宇宙に出ていく長波放射量は，平均するとほぼ対流圏中層の高度（これを実効射出高度と呼ぶ）から放出される黒体放射量に相当する．CO_2 濃度が増加するとその分だけ対流圏の赤外放射に対する光学的厚さが増えるので，宇宙へ放出される長波放射の実効射出高度は以前の光学的厚さと同じレベルまで上昇する．対流熱輸送とのバランスを保持するためには，新しい実効射出高度における温度が以前と同じ温度に上昇する必要がある．対流圏は対流によってかき混ぜられるので，したがって，全体の温度が上がることになる．他方，成層圏では第1近似として，対流圏からの熱輸送はなく，各高度において O_3 による太陽紫外線の吸収による加熱と吸収気体による長波放射の対宇宙冷却が釣り合う放射平衡として温度分布が決まる．放射冷却に寄与する気体成分は主に CO_2 と H_2O である．成層圏の CO_2 濃度が増加しても O_3 による紫外線吸収量は変わらないとすると，各気層の射出率が大きくなるのでバランスを保持するには，より低い温度で長波放射を放出しなければならない．したがって，成層圏の温度は下がることになる．実際の成層圏ではオゾン生成の光化学反応が温度に依存するので，正確には光化学-放射平衡のもっと複雑なプロセスとなる．ただし，結果は少なくとも定性的には上記のようにいえる．吸収気体の濃度変化に応答した気温変化のこのような傾向は，CO_2 に限らず，混合比が一定の温室効果気体の濃度が変化する場合も同様である．地球温暖化の主因が温室効果気体の増加であるならば，実際の気温の高度分布に同様の変化傾向がみられるはずである．前章で述べた人工衛星からの酸素 O_2-60 GHz 帯マイクロ波放射の観測技術の進歩により，1979年以降の対流圏温度の上昇および成層圏温度の下降の経年変化が明確に検知されており，温室効果気体の増加による地球温暖化説を支持するひとつの根拠となっている（IPCC-AR4, 2007）．

8.3 放射強制力

8.3.1 放射強制力と気候感度

繰り返しになるが，地球は十分長い時間の全球平均としてみた場合に，そこで吸収される太陽放射（短波放射）とそこから射出される地球放射（長波放射）の

エネルギーが釣り合う放射平衡の状態にある．単位面積あたりのこの釣り合いの放射エネルギー量（$= (1-\hat{r}_p)S_0/4$）は約 240 W m^{-2} である．そのような放射平衡の状態に対応して，1つの平均的な地表温度 T_s の値が定まる．いま，この T_s をもって全球平均の「気候」を代表するとしたとき，(8.3b) 式によれば，T_s すなわち気候は，太陽定数 S_0，惑星アルベド $\hat{r}_p$，大気の短波吸収率 $\hat{a}$，または長波射出率 ε の値が変化することによって変わりうる．放射収支に関与するこれらのパラメータが何らかの理由で変化すると，それまでの放射平衡の状態が崩れ，新たな平衡状態を達成するように T_s も変わる．これが，気候系の外部要因の変化に起因する気候変動の仕組みである．たとえば，地球軌道要素の永年変動による S_0 の変化が新生代第四紀の氷期・間氷期などの長期の気候変動の要因となったことはすでに述べた（2.2.1項参照）．もっと短期的には，大気の ε の増大が T_s の増加（すなわち温暖化）を招き，他方，$\hat{r}_p$ の増大は T_s の減少（寒冷化）をもたらす．また，$\hat{a}$ の増大は温室効果を弱める（図8.2参照）．これらの大気-地表面系の放射パラメータ（ε, $\hat{a}$ および $\hat{r}_p$）は，温室効果気体，エーロゾル，雲，雪氷や植生などの地表面状態などの多くの要素に依存している．これらの要素の変化に伴い放射パラメータは，それぞれが独立に変化するだけでなく，強弱や時間スケールの差はあるが，連動して変動することもある．また，気候が何らかの原因で変化した場合に放射パラメータの値も変わることがあり，これが翻って気候の変化を増幅または抑制することが考えられる．このような機構を気候のフィードバック（feedback）作用という．さて，ε の変化にかかわる気候変化のうち，人間活動によって大気中に温室効果気体が増加して大気の温室効果が強まり，T_s が上昇する現象が地球温暖化である．

このように，大気-地表面系の放射収支に関与する要素が変動することにより，気候は変化しうる．ある要素の変化を，あたかも気候系の放射平衡を強制的に崩す効果として捉えて，それに起因する放射収支の変化量（放射平衡からのずれの大きさ）を，一般に放射強制力（radiative forcing）と呼んでいる．このとき，要素の変化が気候系の温暖化（T_s の増加）あるいは寒冷化（T_s の減少）をもたらす方向に放射平衡のバランスを崩す場合を，それぞれ正あるいは負の放射強制力と定義する．放射強制力の大きさは，単位面積あたりの放射フラックスの変化量として，W m^{-2} の単位で表す．放射強制力は，いろいろな要素が変化したときの気候変化への影響の大きさを相対的に評価するのに便利な概念として広

く用いられている.

気候変動との関連での放射強制力の概念は，1990年に刊行された「気候変動に関する政府間パネル（Intergovernmental Panel for Climate Change, IPCC）」の第1作業部会報告書において，温室効果気体の気候影響を見積もる指標として導入された（IPCC, 1990）．ここでの放射強制力 ΔQ は，ある要素を変化させたときに生じる対流圏界面における放射収支の変化量として定義され，気候モデルにより算出される．放射収支の変化量とは，短波放射（SW）と長波放射（LW）のそれぞれについて，上向きおよび下向きの放射フラックスの差として定義される正味放射フラックスの変化量（ΔF_{SW}^{net} および ΔF_{LW}^{net}）の和，すなわち $\Delta Q = \Delta F_{SW}^{net} + \Delta F_{LW}^{net}$ として定義される．ただし，正味放射フラックスの変化量の符号は，下向きに増加，すなわち，対流圏-地表面系を暖める〔冷やす〕方向に変化するものを正〔負〕にとる．このようにして見積もられる放射強制力は全球平均した場合に対応している．この放射強制力は，気候系が再び放射平衡を回復したときの全球平均した地表気温の変化量 ΔT_s とほぼ比例関係にあることが，気候モデル計算により知られている．すなわち，$\Delta T_s = \Lambda \times \Delta Q$ と関係づけられる．ここに，比例係数 Λ は気候感度係数（climate sensitivity facfor）と呼ばれ，$\Lambda = \Delta T_s / (\Delta F_{SW}^{net} + \Delta F_{LW}^{net})$ で定義される．ちなみに，他の要素を変えずに，二酸化炭素 CO_2 の大気中濃度を現在の濃度から瞬間的に倍増してみる．この場合，大気-地表面系で吸収される短波放射の量 240 W m^{-2} には変化は生じないが（$\Delta F_{SW}^{net} = 0$），宇宙へ放出される長波放射量は 4 W m^{-2} 減少して 236 W m^{-2} になる．このことは，長波放射の正味フラックスが，CO_2 が倍増する前の釣り合いの値（240 W m^{-2}）に比べて，下向きに 4 W m^{-2} 増加したことと等価である．したがって，$\Delta F_{LW}^{net} = +4$ W m^{-2} であり，この場合の放射強制力は，$\Delta Q = +4$ W m^{-2} となる．気候系はこの放射強制力に応答して，放出される長波放射量を増加させて再び放射平衡が達成されるまで，対流圏は昇温する．具体的には，地表面付近には 4 W m^{-2} 余分に放射エネルギーが溜まることになり，地表面温度は上昇する．次に，その熱は対流により上方へ運ばれ対流圏の気温を上げることになる．もしも気候系の応答が気温以外に何の変化も引き起こさないならば，もとの 240 W m^{-2} の回復をもって放射平衡の状態に戻る．1990年当時の気候モデルでは，フィードバックがない場合に $\Delta T_s = 1.2$ K の昇温が見積もられた．したがって，この場合の気候感度係数は，$\Lambda = 0.3$ K/(W m^{-2}) となる．実際には，昇温に伴い

8.3 放射強制力

数多くのフィードバック機構が互いに作用し合うことが起こりうる．そのうち，よく知られているのが，気温-水蒸気のフィードバックである．より高温の空気は，最も有効な温室効果気体である水蒸気をより多く含みうるので，温室効果の増幅をもたらす．結果として，正（増幅）のフィードバック機構を成す．水蒸気フィードバックを考慮した場合の CO_2 倍増に起因する昇温は，$\Delta T_s = 1.9\,\mathrm{K}$ と見積もられた．したがって，$\Lambda = 0.48\,\mathrm{K/(W\,m^{-2})}$ となり，水蒸気フィードバックを考慮しない場合に比べて1.6倍に増幅される．最近の気候モデルでは，CO_2 倍増時の放射強制力は $\Delta Q = +3.7\,\mathrm{W\,m^{-2}}$ と見積もられている．一方，それに伴う ΔT_s の評価には，気候モデルにより $2.0 \sim 4.5\,\mathrm{K}$ の幅がある（IPCC-AR4, 2007）．これは気候系に含まれるさまざまなフィードバック作用，特に雲を含む物理過程のモデルによる扱い方の違いに起因するとされている．

放射強制力の用語は，温室効果気体以外の要素に対しても概念を拡張した形で使用されている．雲やエーロゾルの放射強制力は，それらが存在する場合と存在しない場合との，あるいは，それらの量や性状の変化の前後における，正味放射フラックスの大気上端，ときには地表面における変化量として定義される．たとえば，ある観測点における地表面日射量に対するエーロゾルの放射強制力をいう場合には，エーロゾルの存在が，他の条件は同じでエーロゾルがないと仮定した場合に比べて，その場における正味の地表面日射量にどれだけ影響を及ぼすかを指す．雲やエーロゾルなどの空間分布に偏りがある要素に対しては，その場における放射強制力を上記の気候感度係数 Λ を用いて直ちに全球の気温変化 ΔT_s に結びつけることはできない．

8.3.2 温室効果気体の放射強制力

図8.7に示されるように，代表的な温室効果気体である二酸化炭素（CO_2），メタン（CH_4），一酸化二窒素（N_2O）の大気中濃度は，18世紀に始まった産業革命以降，急速に増大している．特に，最近数十年間の増加は著しい．図には，それぞれの温室効果気体の産業革命以前からの濃度変化に対応する放射強制力の値も示されている．このように，温室効果気体の放射強制力は，ある基準とする濃度からの変化量に対して算定される．この場合，同じ大きさの濃度変化に対する放射強制力は，基準濃度の違いに依存して，必ずしも同じにはならない．たとえば，CO_2 濃度が 350 ppmV から 700 ppmV へと倍増（350 ppmV の増加）した

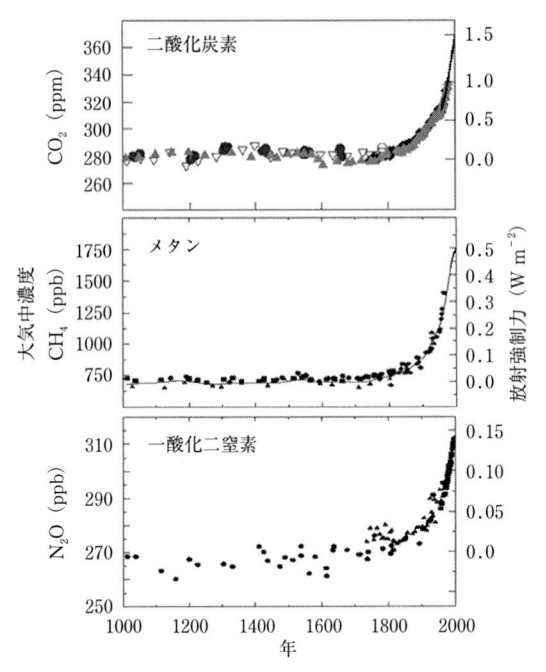

図 8.7 過去 1000 年間の温室効果気体（CO_2, CH_4, N_2O）の大気中濃度（左スケール）と放射強制力（右スケール）の変遷（IPCC-TAR, 2001；浅野，2005c）
異なる記号で表されたデータは，大気中の直接サンプリングに加えて，南極およびグリーンランドの複数のサイトにおける氷床コアの分析から得られた．

場合と，濃度ゼロの状態から 350 ppmV 増加した場合との放射強制力を比べると，後者の方が大きい．このようになる理由は，次のように説明される．4.3.1 項で述べたように，放射がある長さの距離を進む間に吸収される量は，その間に含まれる吸収物質の量と吸収線の強さとの積である光路長に関係する．吸収が弱いところでは光路長に比例するが，吸収が強くなると光路長の平方根に比例するようになる．これは，吸収物質量が多いと吸収線の中心部における吸収が飽和するために，吸収物質量がさらに増えても吸収される放射量の増加が鈍るためである．この事情は，多数の吸収線が群れ集まった吸収帯でも同様である．たとえば CO_2 の場合，温室効果に最も有効な 15 μm 帯の中心付近での吸収は，現在の濃度ですでに飽和しており，濃度を倍増したときの放射強制力は主に吸収帯の縁辺

部における吸収増加によりもたらされることになる．また，吸収帯の重なりも放射強制力を評価する際に重要となる．ある温室効果気体の吸収帯が水蒸気などの他の吸収気体の吸収帯と重なる波長域にある場合には，この温室効果気体自身による吸収は飽和していなくても，他の気体による吸収も加わるので，その温室効果気体が増加した場合の放射強制力は，重なりがないとした場合よりも小さくなる．上記のことから，地球放射が比較的大きなエネルギーをもち，かつ，オゾンの $9.6\,\mu m$ 帯を除いて吸収の弱い波長 $8\sim 12\,\mu m$ の赤外窓領域に吸収帯をもつ気体が，特に有効な温室効果をもつことが理解される．人工物質であるフロン（クロロフルオロカーボン：CFCs）などのハロゲン化合物は，単位量あたりでは CO_2 に比べてきわめて強力な温室効果気体である．その理由は，それらの吸収帯が赤外窓領域にあること，また，濃度が低く効率的に放射を吸収できることによる．

8.3.3　人間活動に起因する放射強制力

　人間はさまざまな活動を通して地球環境を改変し，気候系の放射収支に影響を与えてきた．人間活動による要因を中心にして，産業革命前（1750年時点）から今日（2005年現在）に至る約 250 年間の変化に対して IPCC-AR4（2007）がまとめた放射強制力の見積もりを図 8.8 に示す．ここでの放射強制力は，全球平均および年平均した状態に対する値である．図の右端の欄には，各要素の放射強制力の評価に関係する科学的理解度のレベルが示されている．注目すべきは，温室効果気体に対する理解度の高さに比べて，それ以外の要因に対する現在の理解度が著しく低いことである．特に，エーロゾルの放射強制力については，評価の誤差バーの大きさが目立つ．それでも，人為起源エーロゾルは総体として，CO_2 増加による放射強制力の 70% ほどを打ち消す大きさの冷却効果をもつ可能性があることが読みとれる．エーロゾルの放射強制力については，次節で詳しく述べる．さて，図中では，CO_2 の放射強制力と CH_4，N_2O，およびハロカーボン類の温室効果気体の放射強制力を別々に描いてある．これらの長寿命の温室効果気体による放射強制力の合計は $+2.64\,W\,m^{-2}$ であり，そのうちの 63%（$1.66\,W\,m^{-2}$）は CO_2 による．このように，人為起源の CO_2 は，地球温暖化に対して最大の効果をもっている．対流圏オゾンも温室効果を有しているが，CO_2 などが直接温室効果気体と呼ばれるのに対して，オゾンは間接温室効果気体と呼ばれる．

それは，この期間における成層圏および対流圏におけるオゾン量の変化が，人間活動に起因するハロカーボン類や一酸化炭素，窒素酸化物などの濃度変化に伴い，大気化学過程を通して2次的にもたらされた結果であることによる．この期間の対流圏オゾンの増加は，$+0.35\,\mathrm{W\,m^{-2}}$の温暖化効果をもち，成層圏オゾンの減少は，$-0.05\,\mathrm{W\,m^{-2}}$の冷却効果をもつ．成層圏オゾン量の減少は，人工物のフロン類の使用に起因する「オゾン層破壊」によってもたらされた．図には，この期間における土地利用やジェット飛行機の影響，および太陽活動の自然変動による放射強制力も示されている．森林伐採や焼畑耕作，あるいは過剰放牧などによる地表面の改変は，太陽放射に対する地表面アルベドを増加させることになり，負の放射強制力（$-0.2\,\mathrm{W\,m^{-2}}$）をもたらしたと見積もられている．他方，太陽活動の変動はまったく自然なものである．太陽活動と気候変動との関連については，昔からさまざまに論じられてきた．たとえば，1940年頃に極大を示す

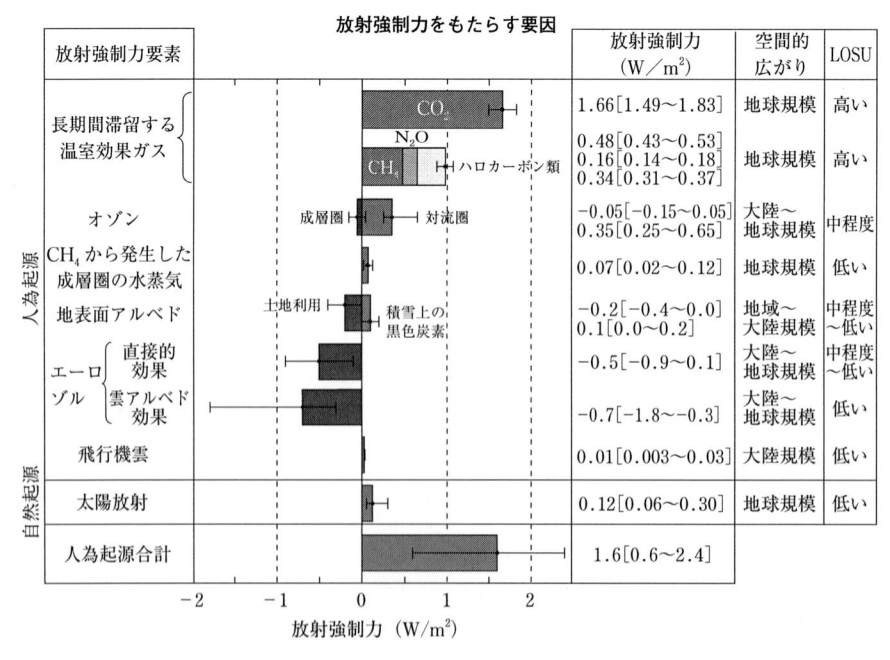

	放射強制力要素	放射強制力をもたらす要因	放射強制力 ($\mathrm{W/m^2}$)	空間的広がり	LOSU
人為起源	長期間滞留する温室効果ガス	CO_2 / N_2O / CH_4 / ハロカーボン類	1.66[1.49〜1.83] 0.48[0.43〜0.53] 0.16[0.14〜0.18] 0.34[0.31〜0.37]	地球規模 地球規模	高い 高い
	オゾン	成層圏 / 対流圏	−0.05[−0.15〜0.05] 0.35[0.25〜0.65]	大陸〜地球規模	中程度
	CH_4から発生した成層圏の水蒸気		0.07[0.02〜0.12]	地球規模	低い
	地表面アルベド	土地利用 / 積雪上の黒色炭素	−0.2[−0.4〜0.0] 0.1[0.0〜0.2]	地域〜大陸規模	中程度〜低い
	エーロゾル	直接的効果	−0.5[−0.9〜−0.1]	大陸〜地球規模	中程度〜低い
		雲アルベド効果	−0.7[−1.8〜−0.3]	大陸〜地球規模	低い
	飛行機雲		0.01[0.003〜0.03]	大陸規模	低い
自然起源	太陽放射		0.12[0.06〜0.30]	地球規模	低い
	人為起源合計		1.6[0.6〜2.4]		

図8.8 さまざまな要素の2005年時点の排出レベルにおける1750年レベルからの変化量に対する全球平均の放射強制力，および，その空間的広がりと科学的理解のレベル（LOSU）（IPCC-AR4, 2007, Fig. TS. 5 (a)）．
放射強制力の数値は評価の最適推定値および［最小値〜最大値］を表す．

気温変動の主因は，20世紀前半に起こった太陽活動の大きな増大によると考えられている（図2.3参照）．図8.8では，1750年当時に比べて，現在の太陽活動による太陽放射エネルギー変動の放射強制力は，$+0.12\,\mathrm{W\,m^{-2}}$程度と見積もられている．太陽放射の変動を高い精度で直接測定できるようになったのは，1970年代に人工衛星による観測が始まってからである．それ以前については黒点数や太陽直径などで代表させた太陽活動度の変動をもとにして推算された．人工衛星観測によって，約11年周期の太陽活動の変動に伴って，太陽定数は約0.1%（±$1\,\mathrm{W\,m^{-2}}$）の振幅で変動することが検出されている（図2.2参照）．ただし，この程度の大きさの太陽定数の変動は，近年の加速する地球温暖化に直接影響を与えていないと考えられている．近年，太陽活動の変化に伴って地球に侵入する紫外線や宇宙線の量が変動し，その影響が地球温暖化に関係しているとするさまざまな説が提唱される．ただし現時点では，それらの気候影響のプロセスは実証されていない（たとえば，IPCC-AR4, 2007, 2.7.1.3項）．

8.4 雲とエーロゾルの放射強制力

8.4.1 雲の放射強制力

雲は，全体として地球表面の約60%を覆っており，地球の放射収支に最も強い効果をもつ要素である．雲は太陽放射と地球放射の双方に対して強い放射効果を有する（2.3.3項参照）．図8.9は，太陽放射に対する反射率と赤外放射に対する射出率（吸収率）を，雲層の鉛直雲水総量の関数として模式的に示したもの

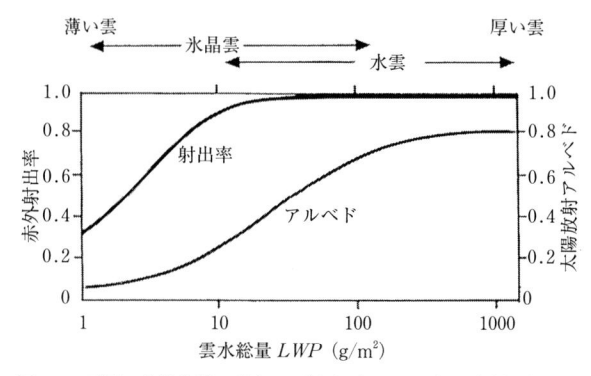

図8.9　雲層の太陽放射に対する反射率（アルベド）と赤外放射に対する射出率の雲水総量に対する依存性を表す模式図

である．横軸を雲水総量 LWP にとってあるのは，雲水量が雲物理特性を記述する代表的量であるとともに，近似関係式 (5.45) を通して可視光に対する光学的厚さと結びつけられることによる．雲水量の多い光学的に厚い水雲は，太陽放射をよく反射すること，また，赤外放射をほぼ完全に吸収し黒体に近いことが示されている．ちなみに，Yamamoto et al. (1971) の放射計算によると，赤外波長域で平均した厚い水雲の射出率は 0.97 と見積もられている．他方，雲水 (氷) 量の少なく，光学的に薄い氷晶雲の場合には，太陽放射に対してはかなり透明であるが，赤外放射に対しては半透明からほぼ黒体と，雲水量に依存して大きく変わる．この放射特性により，雲は相反する 2 つの効果を合わせもつ．すなわち，雲は太陽放射を反射して，大気-地表面系が吸収する太陽放射量を減らすことによりこれを冷やす働きをする．同時に雲は，有効射出高度がより低温の雲頂高度へ上ることにより，宇宙へ放出される赤外放射量を減らし，地表面を保温する働きをもつ．後者の働きは，曇った夜には晴れた夜に比べて，地表の放射冷却が弱まることで実感できる．雲が大気-地表面系の放射収支に及ぼす正味の効果は，これら 2 つの効果の兼ね合いとして決まる．それぞれの効果の大きさは，雲の種類，微物理特性，分布状態，地理的位置，太陽高度など多くの要素と複雑に関係している．雲種に関しては，概して水雲の反射率は雪氷面を除く地表面のアルベドより大きいので，下層雲や中層雲に覆われた場合には太陽放射の反射効果が卓越する．一方，上層の薄い氷晶雲の場合には赤外放射の保温効果が勝る．

実際の雲の放射収支効果の一例を示したのが図 8.10 である．これは，大気上端における太陽放射と地球放射，および両者の差である正味放射に対する年平均した放射強制力の緯度分布を表し，人工衛星からの観測結果である．雲放射強制力は，曇った場合と雲がない晴天の場合との大気上端における放射量の差として定義される．この解析例では両極域を除いて，太陽放射に対する反射効果の方が赤外放射に対する保温効果より強い．すなわち，現気候下での雲の分布は，全球平均として太陽放射に対して $-50\,\mathrm{W\,m^{-2}}$，地球放射に対しては $+30\,\mathrm{W\,m^{-2}}$ の放射強制力を有する．したがって，正味として $-20\,\mathrm{W\,m^{-2}}$ の放射強制力をもち，大気-地表面系を冷やしている．

上記は雲を総体としてみた場合の太陽放射に対する反射効果と赤外放射に対する吸収 (保温) 効果の相対的な強さに関する話である．一方，雲は，8.1.3 項で述べた大気-地表面系における太陽放射エネルギー分配の不確定要因のひとつに

8.4 雲とエーロゾルの放射強制力

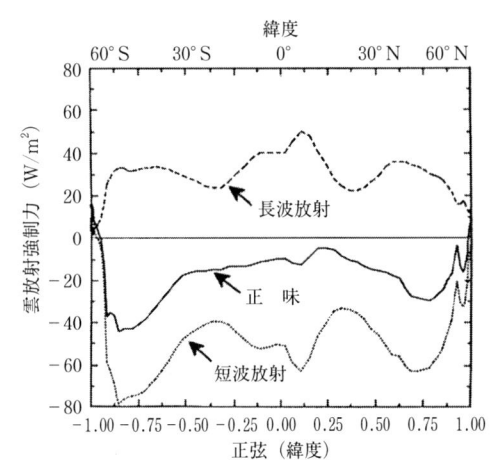

図 8.10 人工衛星で観測された雲の放射強制力の年平均値の緯度分布（Hartmann, 1993, Fig. 6）
ここでの正味は，短波放射と長波放射の効果の差としての実効を意味する．

なっている．たとえば，前世紀の後期に，水雲による日射吸収量の測定値と放射モデルによる計算値が著しく異なる事象があった．これは，雲による日射の「異常吸収」問題と称され，その真偽あるいは原因をめぐって長い間混乱が続いた（たとえば，Stephens and Tsay, 1990；浅野，2002）．観測データや解析手法の再吟味，および日米における実験観測（たとえば，Asano et al., 2000）などを経て，2000年代に入って「異常吸収」の証拠はないとの合意に達して，この問題の論争に一応の決着をみた．すなわち，現在の観測および放射モデルの精度の範囲内では両者は整合することが確認された（たとえば，Ackerman et al., 2003；Asano et al., 2004b）．ただし，実験観測の対象になったのは，エーロゾルによる汚染の少ない層状の水雲であったので，汚れた雲や3次元的に不均質な雲，あるいは氷粒子を含む雲などによる日射吸収の効果を適正に評価するには，なお解明すべきことが多く残されている．さらに気候との関連でやっかいな問題は，気候の変化に伴って雲の量や分布状態，あるいは微物理特性が変化し，それによって雲の放射効果が変わり，さらに気候に影響を及ぼすというフィードバック作用が考えられることである．雲–放射–気候のフィードバックのリンクについては，現在あまりわかっておらず，今後の研究が待たれる分野である．

8.4.2 エーロゾルの放射強制力
(1) 直接放射効果

エーロゾルが大気−地表面系の放射収支に及ぼす効果には，放射を直接に散乱・吸収することによる効果とともに，雲粒子の凝結核となり雲の光学的性質を変えることを通して及ぼす効果がある．前者をエーロゾルの直接放射効果，後者を間接放射効果と呼んでいる．それ以外にも，ある種のエーロゾルは，生物・化学過程を通して気候形成に間接的にかかわっている．たとえば，成層圏オゾン層の破壊に硫酸塩粒子や硝酸塩粒子などのエーロゾルが重要な役割を果たしている．また，大陸から運ばれた土壌・鉱物粒子が海に落下して，海洋植物プランクトンの栄養塩となる．そして，自然起源の硫酸エーロゾルの原料である硫化ジメチル (DMS) の放出に影響したり，海水の酸性度を変化させてCO_2の海への吸収に影響を及ぼすなどの作用が示唆されている．さらに，スス（煤）などの吸光性のエーロゾルが雪氷面に沈着してアルベドを低下させる効果も指摘されている．このようにエーロゾルは，さまざまな過程を通して気候変動にかかわっている．逆に，砂漠化に伴う砂嵐の増大の例にみられるように，気候の変動がエーロゾルの発生や性状に影響する．すなわち，エーロゾルと気候変動，およびそれらに介在するさまざまな過程は，一方的なものではなく相互作用的である．

エーロゾルの直接放射効果は主に晴天域で有効である．その主要な働きは，エーロゾルが太陽放射を効率的に散乱することにより宇宙への反射を増やし，あるいは吸収して大気を加熱することにより，地表面に達する太陽放射量を減らす作用である．これがエーロゾルの日傘（パラソル）効果と呼ばれる働きである．一方，地表面放射を一部吸収して宇宙への散逸を減らし，地表面を保温する働きもあるが，一般には日傘効果に比べて小さい．エーロゾルの増加は，特に直達日射量の減少に大きな影響を及ぼす．一方，散乱された太陽放射のかなりの部分は散乱日射量として地表面に達するが，通常は地表面に達する全天日射量は結果として減少する（図6.8参照）．図8.11に，対流圏エーロゾルが地表面日射量に及ぼす直接放射効果の観測例を示す．図は，つくば市における2年間の快晴日の地上観測から得られた可視域 (VIS) および近赤外域 (NIR) の放射強制力を，エーロゾルの光学的厚さの関数として表す．放射強制力は，地表面における正味（＝下向き−上向き）日射量の観測値から，各観測日のラジオゾンデ観測による水蒸気とオゾンの高度分布を考慮した分子大気に対する放射計算値を差し引いて

8.4 雲とエーロゾルの放射強制力

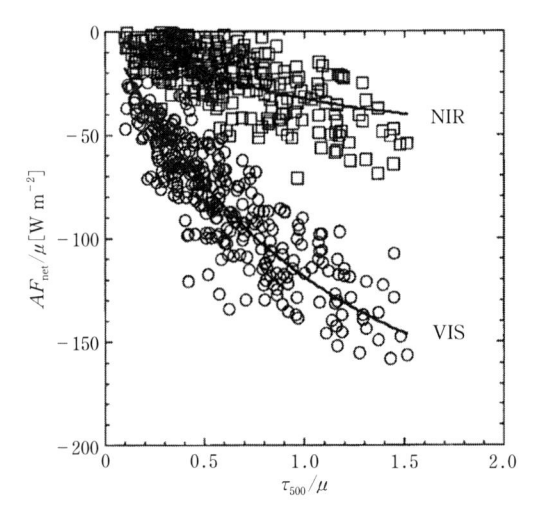

図 8.11 地表面における可視域（VIS）および近赤外域（NIR）の正味日射量に及ぼすエーロゾルの直接放射強制力 AF_net（Nishizawa et al., 2003, Fig. 5）茨城県つくば市（気象研究所）における 2 年間の快晴日の観測値から算出．横軸は波長 500 nm におけるエーロゾルの光学的厚さ τ_{500} を表す．ただし，横軸および縦軸の値は，$\mu = \cos$（太陽天頂角）で規格化してある．実線はデータ点に対する最適近似曲線．

求めた．ただし，太陽高度の違いによる影響を除去するために，縦軸の放射強制力および横軸の光学的厚さは，それぞれ太陽天頂角の余弦（$\mu = \cos\theta_0$）で規格化してある．したがって，データ点の縦方向のばらつきは，主にエーロゾルの性状の違いに起因している．光学的厚さが増すにつれて，地表面における正味日射量は減少すること，また，その減少率は近赤外域に比べて可視域で大きいことが示されている．この観測例では，エーロゾルが単位量（$\Delta(\tau_{500}/\mu) = 1$）増加した場合の全波長域の地表面日射量に対する放射強制力は，平均で約 $-200\,\text{W m}^{-2}$ である．すなわち，大気中のエーロゾルが $\Delta(\tau_{500}/\mu) = 0.1$ に相当する量だけ増加すると，地表面で吸収される日射量が約 $20\,\text{W m}^{-2}$ 減少する．このようなエーロゾルの日傘効果は，空が濁ると太陽光線が弱々しくなることからも実感できる．ただし，データ点のばらつきの大きさから推察されるように，放射強制力の値はエーロゾルの性状に依存して時間・場所ごとに大きく異なりうる．また，ここでの放射強制力は地表面における瞬間値であることに注意を要する．

大規模な火山噴火によってもたらされる成層圏エーロゾルの増大も，パラソル効果により地表面に達する日射量を減らし，地表気温を下げる効果をもつ．たとえば，前世紀後半のアグン火山（1963），エル チチョン火山（1982），ピナツボ火山（1991）などの大規模な噴火後に数年にわたり日射量が大きく減少したことが観測されている（Dutton and Bodhaine, 2001）．他方で火山性の成層圏エーロゾルは，火山灰主体の粒子の場合には太陽放射を一部吸収する．あるいは火山性のSO_2ガスが粒子化した硫酸粒子の場合には，地表面や対流圏からの赤外放射を吸収する．これらの吸収効果は成層圏を暖める作用をもつ．ピナツボ火山などの大規模な火山噴火の気候への影響が気候モデルで再現されている（たとえば，Hansen *et al.*, 1992）．

このようにエーロゾルの変動は，その直接放射効果により気候に影響を及ぼす．図8.12は，対流圏エーロゾルの増加が地表気温をどの程度変化させるかを単純な放射モデルにより推算したものである（Yamamoto and Tanaka, 1972）．これは，全球一様なエーロゾル分布と雲量0.5を仮定した場合の全球および年平均した状態に対応する．縦軸のΔT_sは，エーロゾルがないとした場合との地

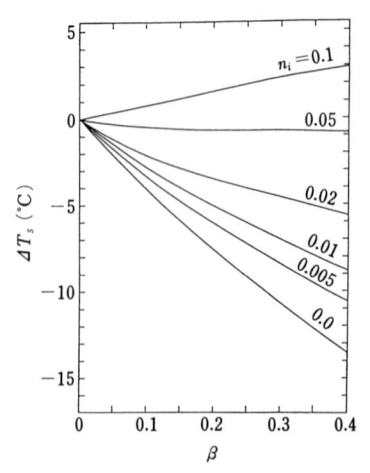

図8.12 対流圏エーロゾル量の増加による全球平均した地表気温の変化量ΔT_s（Yamamoto and Tanaka, 1972, Fig. 9）
横軸βは波長1μmにおけるエーロゾルの光学的厚さ．パラメータn_iはエーロゾルの複素屈折率の虚数部（本書（5.2）のm_iに対応）．

表気温の差である．この値は，地球の放射平衡式（8.1）において右辺の長波放射量を Budyko（1969）の経験式を用いて T_s の関数として表現し，放射計算で求めたエーロゾル増加による惑星アルベド $\hat{r}_p$ の変化量に釣り合う T_s の変化量として求めた．この初期の研究から得られる重要な知見は，エーロゾルの増加により地球が冷えるか暖まるかは，エーロゾルの光吸収性（したがって，物質組成）にかかっていることである．光吸収性の強いエーロゾル（複素屈折率虚部 $m_i >$ 0.05）を除き，地表気温はエーロゾルの増加によって減少することが示されている．その効果は，光吸収性の弱いエーロゾルほど大きい．ただし，実際のエーロゾルの定量的な効果は，地表面アルベドなど他の要因にも依存する．

　これに関連して近年注目されているのが，人為起源のエーロゾルの影響である．人為起源エーロゾルは，発生量および大気中の存在重量が自然起源エーロゾルに比べて少ない割には，放射効果が大きい．すなわち，重量比でみた場合に大気中に放出される粒子と前駆物質（エーロゾルのもとになるガス状物質）のうち約 90％ が自然起源であるにもかかわらず，光学的厚さの約半分が人為起源のエーロゾルによってもたらされている（たとえば，浅野，2005c）．放射効果の大きな人為起源エーロゾルの大半は，化石燃料の消費によって CO_2 とともに放出される二酸化硫黄ガス SO_2 が大気中で粒子化した硫酸粒子や硫酸塩粒子（以下，硫酸エーロゾルと総称）である．この種のエーロゾルは，太陽放射に対してかなり透明であるので，地表気温を下げる効果が強い．観測から検出された近年の地表気温の上昇は，CO_2 の増加量から計算される昇温の半分位の大きさしかないことから，人為起源の硫酸エーロゾルのパラソル効果が，CO_2 などの温室効果による昇温を抑えていると考えられている．また，化石燃料やバイオマスの燃焼に伴いススなどの太陽光を強く吸収する粒子も放出されており，それらによる加熱効果も競合している．人為起源エーロゾルの放射強制力は，エーロゾルや前駆気体の排出シナリオを考慮して，さまざまな数値モデルを用いて算出される．エーロゾルの時空間分布は変動が激しいうえに，エーロゾルの生成，変質，輸送，消滅の諸過程，および形状や光学特性などの実態がよく理解されていないために，放射強制力の評価の不確定性は大きい．ただし，人為起源エーロゾルは総体として地球を冷やす効果が卓越しており，図 8.8 では，その全球平均の直接放射強制力を $-0.5 \pm 0.4\,\mathrm{W\,m^{-2}}$ 程度と見積もっている．

(2) 間接放射効果

雲物理過程を通したエーロゾルの放射効果を間接放射効果と呼ぶ．さらに，間接放射効果は，エーロゾルの増加が雲の光学特性を変えることによる第1種間接効果，および雲の降水過程と寿命に影響を与えることによる第2種間接効果とに分けられることがある．間接放射効果は主に人為起源エーロゾルを対象にしており，さまざまなメカニズムが提唱されている．たとえば，硫酸エーロゾルは，吸湿性で雲粒の凝結核として有効に作用するので，このようなエーロゾルが付加されると，雲粒の個数が増えるとともに粒径が小さくなる．その結果，単位体積中の雲粒の総断面積が増えて，雲は光学的に厚くなり，太陽放射をより強く反射するようになる．これを，第1種の間接放射効果，あるいは提案者の名を称して，ツゥーミィ効果と呼ぶ（Twomey, 1977b）．一方，小さな雲粒が増えると，衝突併合による雲粒の成長が抑制されて降雨が減り，雲の寿命が延びる．この場合も結果として，雲は太陽放射を余分に反射することになる．このメカニズムを第2種の間接放射効果，あるいはアルブレヒト効果と呼ぶ（Albrecht, 1989）．したがって，両方のメカニズムは負の放射強制力として作用する．これらのメカニズムの物理過程と実態がよく理解されていないので，人為起源エーロゾルの間接放射強制力の数値モデルによる評価は，直接放射強制力のそれに比べてもさらに難しい．これまでに算出されている間接放射強制力の値は，大きくばらついており，見積りの不確定性はきわめて大きい．たとえば，図8.8の評価においては，産業革命以降の人為起源の硫酸エーロゾルの増加による第1種の間接放射強制力の推定値は，$-1.8 \sim -0.3 \mathrm{W\,m^{-2}}$の大きな幅の間にばらついている．第2種の間接放射強制力については，定量的な見積もりは困難な現状にある．

ところで，人為起源エーロゾルによる間接的な放射効果をもたらすメカニズムは，実際の大気中で有効に機能しているのだろうか．近年，少なくとも第1種間接効果の実在を示す証拠が検出されている．そもそも，凝結核の多い大陸上の水雲は，海洋上の水雲に比べて，一般に雲粒数が多く，粒径が小さいことが知られている（Pruppacker and Klett, 1997）．ツゥーミィ効果のメカニズムは，どのような雲に対しても一様に有効であるわけではない．もともとの雲粒数が比較的少なく，かつ中程度の反射率（アルベド）をもつような厚さの水雲が，凝結核の増加に敏感である（たとえば，Twomey, 1991）．このような条件は，海洋上の比較的薄い層雲や層積雲などの下層雲に現れやすい．実際，人工衛星などから，船

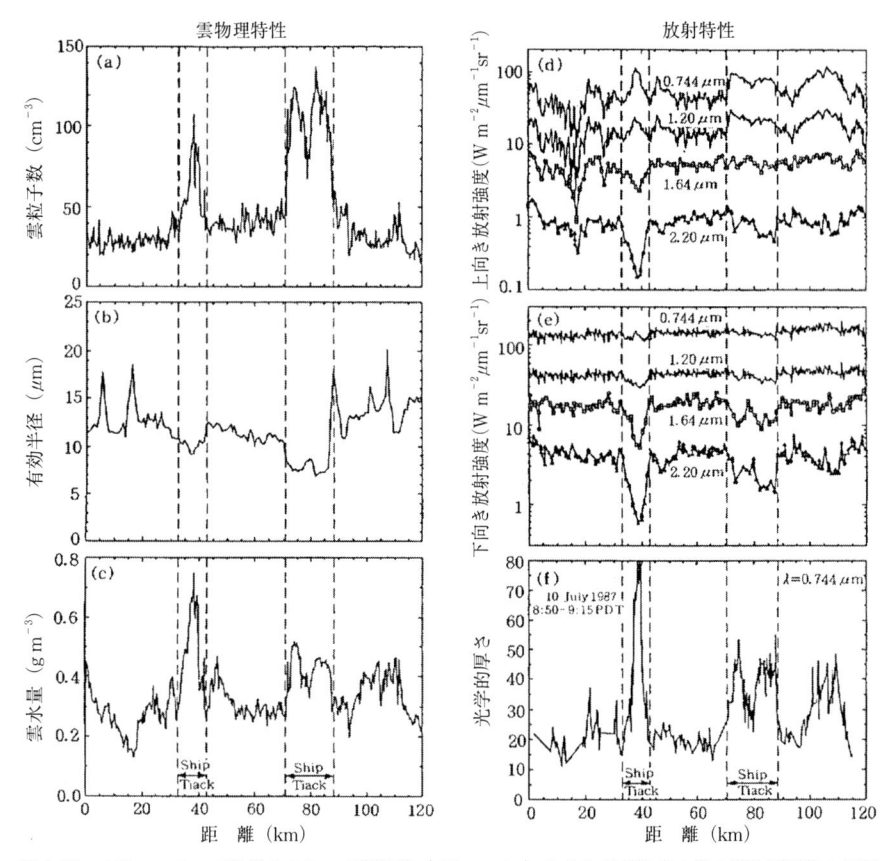

図 8.13 カリフォルニア沖洋上の2つの航跡雲(ship tracks)を含む層積雲内の雲の微物理特性と放射特性の航空機観測結果(King *et al.*, 1993, Figs. 3-5 および Figs. 8-10 を編集;浅野,2005c)(a) 雲粒数,(b) 有効粒子半径,(c) 雲水量,(d) 上向き放射強度,(e) 下向き放射強度,(f) 光学的厚さ.

　船の航路に沿って明るく筋状に現れる航跡雲(ship tracks)が観察される.航跡雲は船舶による排煙や排気からのエーロゾルが凝結核となって形成される.この現象は,北米カリフォルニア州沖の海上が有名であるが,日本近海においても夏季の三陸沖から北海道東方の海洋上の薄い下層雲(ヤマセ)の中にしばしば現れる.たとえば,図 8.13 は,カリフォルニア沖の航跡雲について,航空機で観測された微物理特性と放射特性を示す(King *et al.*, 1993).確かに航跡雲の中においては,周囲の層積雲に比べて雲粒数が増加する一方で粒径が小さくなってい

る．また，光学的厚さが大きくなるとともに吸収のない波長域では上向き放射（反射光）が増えている．このような雲の変質は，負の放射強制力をもたらす．航跡雲の事例は地域的現象ではあるが，人為起源エーロゾルによるツゥーミィ効果のメカニズムが実際に働いていることを示している．他方，吸光性のエーロゾルで汚染された雲が逆の効果（正の放射強制力）をもたらす事例も観測されている（たとえば，Asano *et al.*, 2002）．さらに，人為起源エーロゾルの間接放射効果に関して，ジェット航空機からの排気と飛行機雲の影響の問題がある．いずれにしても，人為起源エーロゾルの間接放射効果の評価は，大気放射学のみならず雲物理学や雲力学，大気化学，気候モデリングを含む大気科学の総合課題となっており，現在この分野の研究は急速な発展を遂げつつある．

補章 A 電磁波と偏光

(1) 電磁波

ここでは，大気微粒子による光散乱などを記述する際に必要となる波動としての放射，すなわち電磁波（electromagnetic wave）の性質を概説する．電磁波は，マクスウェル方程式（Maxwell's equations）と呼ばれる次の4つの基本式で規定される．式の導出などの詳細は，適当な電磁気学の教科書を参照していただくとして，ここではその結果を用いて，本文で省いた偏光の説明を補足する．なお，変数の単位は国際単位系（SI）による．

$$\nabla \cdot \vec{D} = \rho \tag{A.1}$$

$$\nabla \cdot \vec{B} = 0 \tag{A.2}$$

$$\nabla \times \vec{E} = -\frac{\partial \vec{B}}{\partial t} \tag{A.3}$$

$$\nabla \times \vec{H} = \vec{J} + \frac{\partial \vec{D}}{\partial t} \tag{A.4}$$

ここに，$\vec{D}$ は電束密度，$\vec{B}$ は磁束密度，$\vec{E}$ は電場，$\vec{H}$ は磁場，ρ は電荷密度，$\vec{J}$ は電流密度である．矢印を付した変数はベクトル量であることを表す．ベクトル演算記号 $\nabla \cdot \vec{A} \equiv \mathrm{div}\,\vec{A}$ は発散（divergence）と呼び，その値が正〔負〕である場合には，場 $\vec{A}$ の湧き出し〔吸い込み〕があることを意味する．ただし，$\vec{A}$ は任意のベクトル量を表す．また，$\nabla \times \vec{A} \equiv \mathrm{rot}\,\vec{A}$ は回転（rotation）と呼び，場の回転渦を意味する．さらに，誘電率 ϵ，透磁率 μ，電気伝導度 σ が定数である均質な媒質の中では，これらの物理量の間に以下の関係（物質方程式）が成り立つ．

$$\vec{D} = \epsilon \vec{E} \tag{A.5}$$

$$\vec{B} = \mu \vec{H} \tag{A.6}$$

$$\vec{J} = \sigma \vec{E} \tag{A.7}$$

物質方程式の (A.5) および (A.6) は, 電場および磁場があれば, (真空中においても) それに応答して電束密度および磁束密度がその場に誘起されることを意味する. 誘電率および透磁率は真空中においてもゼロではなく, それぞれ真空の実数値 ($\epsilon = \epsilon_0$, $\mu = \mu_0$) をとる. (A.7) は, 金属などの電気伝導率 σ がゼロでない物質では, 電場に比例した電流が生じることを意味する. 真空中では $\sigma = 0$ であり, 電場があっても電流は流れない. マクスウェル方程式の (A.1) は, (A.5) を考慮すると, 電荷は電場を空間に生み出す, すなわち, 正〔負〕電荷をもつ点から電場が湧き出し〔吸い込まれ〕ていることを表す. (A.2) は, (A.6) と結びつけると, 磁場には湧き出し口も吸い込み口もないことを意味する. したがって, 磁力線はつねに閉じている. (A.3) は, 時間的に強さが変化する磁場は, そのまわりに時間的に強さが変化する電場の渦を誘起することを意味し, ファラデー (M. Faraday) の電磁誘導の法則を表す. (A.4) は, 電流 (動く電荷) あるいは時間的に強さが変化する電場 (マクスウェルの電束電流密度) があると, それと直交するまわりに磁場が誘起されることを表す. これは, 伝導電流 ($\vec{J}$) による磁場の発生 (アンペール (A. Ampère) の法則) のみならず, 電束電流 ($\partial \vec{D}/\partial t$) を含めた場合にも成り立つように拡張された磁場誘導の法則であり, マクスウェル・アンペールの法則と呼ばれる.

以上の一連の式をみると, 電場と磁場はそれぞれ独立ではなく, 相互に絡み合って作用している. たとえば, 最初に〈時間変化する電流密度 $\vec{J}$〉が原因で (A.4) によって〈$\vec{H}$ の回転 (すなわち $\vec{H}$ の発生)〉が起きるとする. これは (A.6) を通して〈振動する $\vec{B}$〉を, 次いで (A.3) により〈$\vec{E}$ の回転 (すなわち $\vec{E}$ の発生)〉をもたらす. この時間変化する $\vec{E}$ は (A.5) を通して〈振動する $\vec{D}$〉を, さらに (A.4) によって〈$\vec{H}$ の回転 (すなわち $\vec{H}$ の発生)〉につながりサイクルの始点に戻る. したがって, これ以降は原因となった電流や電荷がなくても, 電磁誘導の相互作用のサイクルが繰り返されることにより, 時間変動

する電磁場が持続する．電磁場の最初の発生源が時間変化する電荷密度（あるいは振動する電気双極子）であっても同様である．誘起された電場と磁場が絡み合いながら伝わっていく波が電磁波である．この電磁誘導の相互作用が，何もない真空中でも電磁波が伝播する原理である．

物質定数 (ϵ, μ, σ) で規定される媒質中における電磁波の伝播を考える．ただし，電荷密度はない ($\rho=0$) とする．電磁波は角振動数 $\omega \equiv 2\pi\bar{\nu}$ で周期的に時間変化するとし，その時間変化項を $\exp[+i\omega t]$ で表す．ただし，$i = \sqrt{-1}$ は虚数記号である．電場ベクトルは，空間 ($\vec{x}$) での変動項と時間変動項とに分離して次式のように書き表せる．

$$\vec{E}(\vec{x}, t) = E(\vec{x})\exp[+i\omega t] \tag{A.8}$$

電場 $E(\vec{x})$ は，マクスウェル方程式から，次のベクトル波動方程式で満たすことが導かれる．

$$\nabla^2 E + k^2 \tilde{m}^2 E = 0 \tag{A.9}$$

ここに，$k \equiv 2\pi/\lambda = \omega/c$ は真空中の伝播波数 (propagation wave-number) である．c は真空中の光の位相速度であり，$c \equiv 1/\sqrt{\epsilon_0 \mu_0}$ で与えられる．また，$\tilde{m}$ は，角振動数 ω における媒質の複素屈折率と呼ばれる定数で，物質定数の関数である（補章 B 参照）．磁場 $\vec{H}$ についても同形の波動方程式が導かれる．これらの波動方程式を満たす電場と磁場の振動方向は，それぞれ電磁波の進行方向に対して直角であり，さらに電場と磁場の振動方向は互いに直交している．すなわち，電磁波は横波である．電場と磁場はマクスウェル方程式を通して一義に関係づけられるので，多くの場合には電磁波は電場ベクトルの波を用いて記述される．一般に波は，振動源の近くでは，振幅が点源からの距離に反比例して減少するとともに，同じ位相（山あるいは谷）の波面が球面状に広がる球面波 (spherical wave) として伝播する．一方，振動源から十分遠方において，ある特定の方向に進む波は，同位相の波面が平面を成しているとみなすことができる．このような波を平面波 (plane wave) という．真空中を z 軸方向に伝播する平面電磁波の模式図を図 A.1 に示す．

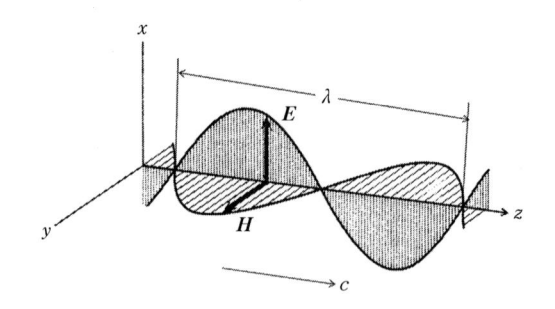

図A.1 真空中を位相速度 c で z 軸方向に伝播する電磁波の模式図
電場ベクトルの振動方向が x 軸に平行な直線偏光の場合. λ は波長を表す.

(2) 偏　　光

　大気放射の分野で扱う電磁波は，5.2節で述べたように，持続時間が $<10^{-8}$ 秒（長さ $<\sim 3$ m）程度の波列（wave trains）が，無数に重なり混合したものとみなせる．各波列は単一の角振動数をもち，また，電場ベクトルの振動方向が規則的に変化している．後者の性質を偏光（polarization）と呼ぶ．すなわち，個々の波列は，単色光で完全偏光している．1個の波列を単純波（a simple wave）と呼ぶことにする．観測される光は，無数の単純波の集合の正味効果として測られ，一般には部分的に偏光している．太陽表面からの射出光のように互いに無関係な無数の単純波の混合の場合には，正味として偏光はなくなる．まったく偏光していない光を自然光（natural light）と呼ぶ．

　一般に単純波の偏光は，進行方向に垂直で互いに直交する2つの面内で振動する成分が合成されたものと考えることができる．いま，波動方程式（A.9）の解として z 軸方向に伝播する平面電磁波の単純波を考える．進行方向を含む任意の基準面を取り，それに平行および垂直に振動する成分を添え字 l および r で表す．光散乱の問題では，基準面は一般に入射方向と散乱方向を含む面にとる．また，基準面に垂直な方向 $\vec{r}$ は，ベクトル外積 $\vec{r} \times \vec{l}$ が伝播方向になるようにとられる．電場ベクトルの基準面に平行な成分 E_l および垂直な成分 E_r は，それぞれ次式のように書き表せる．

$$E_l = a_l \exp[i(\omega t - kz - \delta_l)] = a_l e^{-i\delta_l} \exp[i(\omega t - kz)] \qquad (A.10a)$$

$$E_r = a_r \exp[i(\omega t - kz - \delta_r)] = a_r \mathrm{e}^{-i\delta_r} \exp[i(\omega t - kz)] \qquad \text{(A.10b)}$$

ここに，a_l と δ_l および a_r と δ_r は，それぞれ平行および垂直な振動成分の振幅と位相を表す．また，2つの成分の位相差を $\delta \equiv \delta_l - \delta_r$ とすると，（A.10a）と（A.10b）から次式が得られる．

$$\left(\frac{E_l}{a_l}\right)^2 + \left(\frac{E_r}{a_r}\right)^2 - 2\left(\frac{E_l}{a_l}\right)\left(\frac{E_r}{a_r}\right)\cos\delta = \sin^2\delta \qquad \text{(A.11)}$$

これは，2成分を合成したときの電場ベクトルの振動方向の軌跡を与える式であり，楕円を表す式になっている（図 A.2（a）参照）．つまり，一般に単純波は楕円偏光（elliptic polarization）している．特に，位相差 δ が π の整数倍（$\delta =$

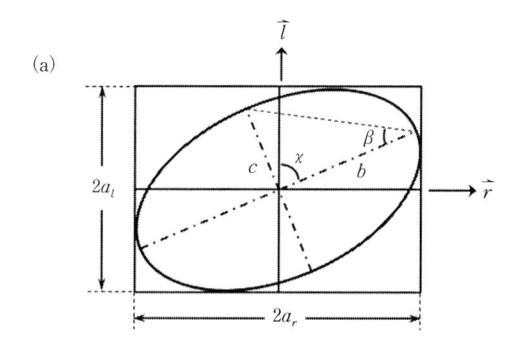

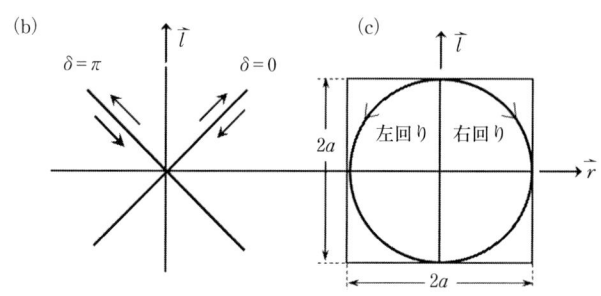

図 A.2 偏光の電場ベクトルの軌跡を平面に投影した幾何模式図（Liou, 1980, Fig. 3.9 を一部修正）．
$\vec{l}$ および $\vec{r}$ は基準面に平行および垂直な方向を表す．電磁波の進行方向はベクトル積 $[\vec{r} \times \vec{l}]$ の方向に取るので，図では紙面の裏から手前へ垂直に伝播している．(a) 基準面と角 χ を成す楕円率 c/b の楕円偏光，(b) 基準面と角 $\chi = \pm \pi/4$ を成す直線偏光，(c) 円偏光．

$m\pi$；$m=0, 1, \cdots$）のとき，(A.11) は $E_l/a_l = \pm E_r/a_r$ となる（図 A.2 (b)）．これは直線偏光（linear polarization）を表す．直線偏光は，電場ベクトルの振動方向と伝播方向が 1 平面内にあるので平面偏光（plane polarization）と呼ばれることもある．また，位相差 δ が $\pi/2$ の奇数倍（$\delta = m(\pi/2)$；$m = \pm 1, \pm 3, \cdots$）で，かつ $a_l = a_r = a$ の場合には，(A.11) は $E_l^2 + E_r^2 = a^2$ となり，軌跡は円になる（図 A.2 (c)）．これを円偏光（circular polarization）と呼ぶ．楕円偏光と円偏光の回転方向は，光学分野では光の伝播方向に正対したときの電場ベクトルの軌跡が時計〔半時計〕回りの場合を右〔左〕回りと称する．

(3) ストークスパラメータ

前述のように 1 個の単純電磁波は，電場ベクトルの互いに直交する 2 成分の振幅およびそれら間の位相差によって表現できる．この完全偏光した電磁波の偏光の状態は，1852 年にストークス（Sir G. Stokes）によって導入された同じ次元をもつ 4 個のパラメータを用いて一義的に記述できる．ストークス・パラメータ（Stokes parameters）は次式で定義される．

$$I \equiv E_l E_l^* + E_r E_r^* = a_l^2 + a_r^2 \qquad (A.12a)$$

$$Q \equiv E_l E_l^* - E_r E_r^* = a_l^2 - a_r^2 \qquad (A.12b)$$

$$U \equiv E_l E_r^* + E_r E_l^* = 2 a_l a_r \cos \delta \qquad (A.12c)$$

$$V \equiv i(E_l E_r^* - E_r E_l^*) = 2 a_l a_r \sin \delta \qquad (A.12d)$$

ここに，肩符号 * は共役複素数を表す．パラメータ I は平行成分および垂直成分の強度を合わせた全強度を表す．パラメータ Q は平行成分と直角成分の強度の差であり，$LP \equiv -Q/I$ で定義される LP は直線偏光度を表す（(5.11) 参照）．パラメータ U および V は，それぞれ楕円偏光の楕円軸の方向および楕円率を表す．これら 4 つのパラメータはそれぞれ強度の単位をもつ実数であり，$I^2 = Q^2 + U^2 + V^2$ を満たす．(A.12) のストークスパラメータは，位相差 δ の代わりに，図 A.2 (a) の楕円を規定する幾何変数を用いて表すと，次式のように書き直せる．

補章A 電磁波と偏光

$$I = a_l^2 + a_r^2 = I_l^2 + I_r^2 \tag{A.13a}$$

$$Q = I_l^2 - I_r^2 = I \cos 2\beta \cos 2\chi \tag{A.13b}$$

$$U = I \cos 2\beta \sin 2\chi \tag{A.13c}$$

$$V = I \sin 2\beta \tag{A.13d}$$

ここに,βはその正接(tan)が偏光楕円の楕円率を表す角度であり,図A.2(a)より$\tan\beta = \pm c/b$で与えられる.ただし,bおよびcはそれぞれ楕円の半長軸および半短軸であり,符号+〔-〕は右〔左〕回りの偏光を表す.角χは平行方向と長軸との成す角を表す.ストークスパラメータを用いると,基準面に平行($\chi=0$),垂直($\chi=\pi/2$)および$\chi=\pm\pi/4$である直線偏光の状態は,それぞれ(1, 1, 0, 0),(1, -1, 0, 0)および(1, 0, ±1, 0)と表せる.また,右回りおよび左回りの円偏光は,それぞれ(1, 0, 0, 1)および(1, 0, 0, -1)と表せる.通常の光は無関係な振幅と位相差をもつ無数の単純波の重ね合わせである.その光のストークスパラメータは,ストークスパラメータの加法性が成り立つので,(A.12)あるいは(A.13)の右辺各項の時間平均値で与えられる.この場合には,$I^2 > Q^2 + U^2 + V^2$となる.また,自然光に対しては,$Q = U = V = 0$である.部分偏光のストークスパラメータは,自然光部分と完全偏光部分との和として,次式のように表すことができる.

$$[I, Q, U, V] = [I - (Q^2 + U^2 + V^2)^{1/2}, 0, 0, 0] + [(Q^2 + U^2 + V^2)^{1/2}, Q, U, V] \tag{A.14}$$

偏光の状態は,散乱,反射,屈折などの過程によって変化する.

(4) 偏光散乱のマトリックス表示

大気微粒子によって散乱された電磁波の電場ベクトルの成分は,5.2節で述べたように,次式のように書き表せる((5.5)参照).

$$\begin{bmatrix} E_l^s \\ E_r^s \end{bmatrix} = \frac{\exp[-ikR + ikz]}{ikR} \begin{bmatrix} S_2 & S_3 \\ S_4 & S_1 \end{bmatrix} \begin{bmatrix} E_l^0 \\ E_r^0 \end{bmatrix} \tag{A.15}$$

ここに,肩記号0およびsを付した量は,それぞれ入射光および散乱光を表す.

ストークスパラメータを用いて,偏光の散乱過程を定式化すると次式のように書き表せる.

$$\begin{bmatrix} I \\ Q \\ U \\ V \end{bmatrix} = \frac{\mathbb{F}}{k^2 R^2} \begin{bmatrix} I_0 \\ Q_0 \\ U_0 \\ V_0 \end{bmatrix} \tag{A.16}$$

ここに,$\mathbb{F}$は散乱過程によるストークスパラメータの変換マトリックスであり,次式で与えられる.

$$\mathbb{F} = \begin{bmatrix} \frac{1}{2}(M_2 + M_3 + M_4 + M_1) & \frac{1}{2}(M_2 - M_3 + M_4 - M_1) & S_{23} + S_{41} & -D_{23} - D_{41} \\ \frac{1}{2}(M_2 + M_3 - M_4 - M_1) & \frac{1}{2}(M_2 - M_3 - M_4 + M_1) & S_{23} - S_{41} & -D_{23} + D_{41} \\ S_{24} + S_{31} & S_{24} - S_{31} & S_{21} + S_{34} & -D_{21} + D_{34} \\ D_{24} + D_{31} & D_{24} - D_{31} & D_{21} + D_{34} & S_{21} - S_{34} \end{bmatrix} \tag{A.17}$$

ただし,$\mathbb{F}$の要素は,(A.15)の散乱振幅行列の要素$S_1 \sim S_4$を用いて,次式のように与えられる.

$$\begin{aligned} M_k &= S_k S_k^* = |S_k|^2 \\ S_{kj} &= S_{jk} = \frac{(S_j S_k^* + S_k S_j^*)}{2} \\ -D_{kj} &= D_{jk} = \frac{i(S_j S_k^* - S_k S_j^*)}{2}; \quad (j, k = 1, 2, 3, 4) \end{aligned} \tag{A.18}$$

散乱マトリックス$\mathbb{F}$の1行1列目の要素F_{11}は,散乱光の全強度を与える.また,散乱粒子の形および空間配位の対称性に依存して,変換マトリックスの独立な要素の数は減る(たとえば,van de Hulst, 1981;Asano and Sato, 1980).たとえば,均質な球形粒子の場合には,$S_3 = S_4 = 0$であるので,

$$\mathbb{F} = \begin{bmatrix} \frac{1}{2}(M_2 + M_1) & \frac{1}{2}(M_2 - M_1) & 0 & 0 \\ \frac{1}{2}(M_2 - M_1) & \frac{1}{2}(M_2 + M_1) & 0 & 0 \\ 0 & 0 & S_{21} & -D_{21} \\ 0 & 0 & D_{21} & S_{21} \end{bmatrix} \tag{A.19}$$

となる.

補章 B　複素屈折率と反射・屈折の法則

(1) 複素屈折率

散乱や吸収などの放射と物質との相互作用を定式化する際に，物質の屈折率と吸収率を表す光学特性を複素屈折率（complex index of refraction）と呼ぶ1つの複素数パラメータで表現すると便利である（5.1節参照）．いま，誘電率 ϵ，透磁率 μ，電気伝導率 σ である均質な媒質中における電磁波の伝播を考える．補章 A において，伝播波数 k および複素屈折率 $\tilde{m}$ を導入すると，物質中を伝播する電磁波は波動方程式（A.9）の解として得られることを示した．（A.9）の $\tilde{m}$ は，物質定数 (ϵ, μ, σ) と光速 c を用いると次式で与えられる．

$$\tilde{m} = c\sqrt{\tilde{\epsilon}\mu} \tag{B.1}$$

ここに，$\tilde{\epsilon}$ は次式で定義される複素誘電率と呼ばれるパラメータであり，実数部および虚数部はそれぞれ電場による誘導分極および電気伝導による吸収の効果を表す．ただし，$i = \sqrt{-1}$ は虚数記号である．

$$\tilde{\epsilon} \equiv \epsilon - i\left(\frac{\sigma}{\omega}\right) \tag{B.2}$$

真空中の位相速度（光速）c は，真空の誘電率 ϵ_0 と透磁率 μ_0 とにより，$c \equiv 1/\sqrt{\epsilon_0 \mu_0}$ で定義される．同様にして，媒質中の位相速度を表す複素位相速度 $\tilde{v}$ を次式で定義する．

$$\tilde{v} \equiv \frac{1}{\sqrt{\tilde{\epsilon}\mu}} \tag{B.3}$$

（B.1）と（B.3）を結びつけると，$\tilde{m} = c/\tilde{v} = \sqrt{\tilde{\epsilon}\mu/\epsilon_0\mu_0}$ となり，複素屈折率 $\tilde{m}$ は真空中と媒質中の位相速度の比を表す．入射電場の作用で物質内の電荷分布が変位して分極が誘発される物質を誘電体と呼ぶが，そのような物質の誘電率 ϵ は真空の値 ϵ_0 より大きい．したがって，誘電体中での電磁波の位相速度は真空中

より遅くなり，屈折率は1より大きくなる．地球大気および地表面の多くの物質（金属を除く）は誘電体の性質をもつ．一方，大気放射で扱う振動数の高い電磁波に対しては，物質との磁気的相互作用が弱いので，透磁率は真空中の値で置き換えることができる（$\mu \approx \mu_0$）．

さて，電磁波の時間変化項を $\exp[+i\omega t]$ としたとき，複素屈折率 $\tilde{m}$ を次式のように表す．

$$\tilde{m} = m_r - m_i i \tag{B.4}$$

このとき，実数部 m_r および虚数部 m_i の値は負にならず，それぞれ物質による電磁波の屈折および吸収の効果の大きさを表す．それらは物質定数を用いて次式のように書き表せる．

$$m_r^2 = \frac{1}{2\epsilon_0 \mu_0}\left\{\sqrt{\epsilon^2 \mu^2 + 4\left(\frac{\sigma\mu}{\omega}\right)^2} + \epsilon\mu\right\} \tag{B.5a}$$

$$m_i^2 = \frac{1}{2\epsilon_0 \mu_0}\left\{\sqrt{\epsilon^2 \mu^2 + 4\left(\frac{\sigma\mu}{\omega}\right)^2} - \epsilon\mu\right\} \tag{B.5b}$$

金属を除く物質では，(B.5) の平方根において誘電率の項が電気伝導率の項より大きい（すなわち，$\epsilon > \sigma/\omega$）ので，実数部は誘電率の項が卓越し（$m_r \sim \sqrt{\epsilon\mu}$），虚数部は電気伝導率の項が卓越する（$m_i \sim \sqrt{\sigma\mu/\omega}$）．すなわち，虚数部は，物質中を伝播する電磁波のエネルギーが吸収される場合，そのエネルギーは電気伝導によるジュール熱として失われること意味する．電気伝導率 σ がゼロでない物質を光吸収性の物質と呼ぶ．金属は σ の値が特に大きく，そのために電磁波は金属の表層で吸収されてしまい内部に侵入できない．一方，純誘電体（絶縁体）の場合には，$\sigma=0$ であるので，(B.5) の関係式は $m_r = \sqrt{\epsilon/\epsilon_0}$ および $m_i = 0$ となり，誘電体中の電磁波の位相速度が $v = c/m_r$ で与えられる馴染みの結果になる．

さて，(B.5) に示されるように，複素屈折率は，それぞれが振動数に依存する物質定数（ϵ, μ, σ）および振動数の関数である．屈折率が振動数に依存する現象を分散（dispersion）と呼ぶ．物質によってある固有の角振動数で強い吸収性をもつことがある．そのような固有振動数 ω_0 の周辺における複素屈折率の分散の様相を角振動数 ω の関数として図 B.1 に模式的に示す．角振動数 $\omega = \omega_0$ のところで虚数部 m_i の値が吸収線のように大きく増大する一方，実数部 m_r の値が

補章 B　複素屈折率と反射・屈折の法則

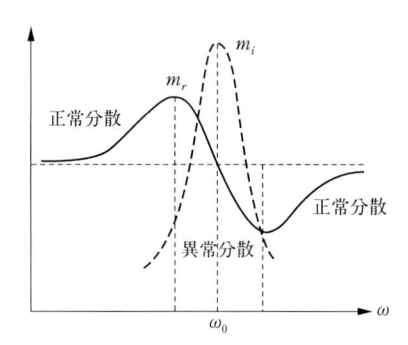

図 B.1　固有振動数 ω_0 の近辺における複素屈折率の分散の模式図
実線は実数部 m_r，破線は虚数部 m_i の振る舞い．横軸は角振動数，縦軸は相対値．

その周辺で大きく変化する様子が示されている．m_r の値が振動数とともに増加〔減少〕する領域を正常〔異常〕分散という．

(2)　水と氷の複素屈折率

地球大気および地表面の重要な構成物質のひとつである水と氷の複素屈折率を図 B.2 に示す．液体の水と固体の氷の複素屈折率の波長分布は，全般的にみるとよく似ているが，詳細にみると違いがある．両者の虚数部の値は，可視域においてはきわめて小さいが，それより短波長側（紫外域）または長波長側（赤外域）へ移るにつれて，急速に増大する特徴が示されている．図 B.1 を参照すると，水と氷には紫外域および近赤外から遠赤外域にかけての数箇所に比較的強い固有の吸収帯があることがみてとれる．ただし，対応する吸収帯の固有振動数は水と氷とでは同じでなく，少しずれている．水と氷の複素屈折率の数値データとしては，それぞれ Hale and Querry（1973）と Warren（1984）による編集値が広く利用されている．また，温度依存性を考慮した虚数部のデータに Kou $et\ al.$（1993）などがある．

ところで，波長 λ の単色光の減衰に関するビーア・ブーゲー・ランバートの法則 $t_\lambda(s) = \exp[-\gamma_a s]$（(1.38′) 参照）における単位距離あたりの吸収係数 γ_a と虚数部 m_i との間には，次式の関係がある．

$$\gamma_a = \frac{4\pi m_i}{\lambda} \tag{B.6}$$

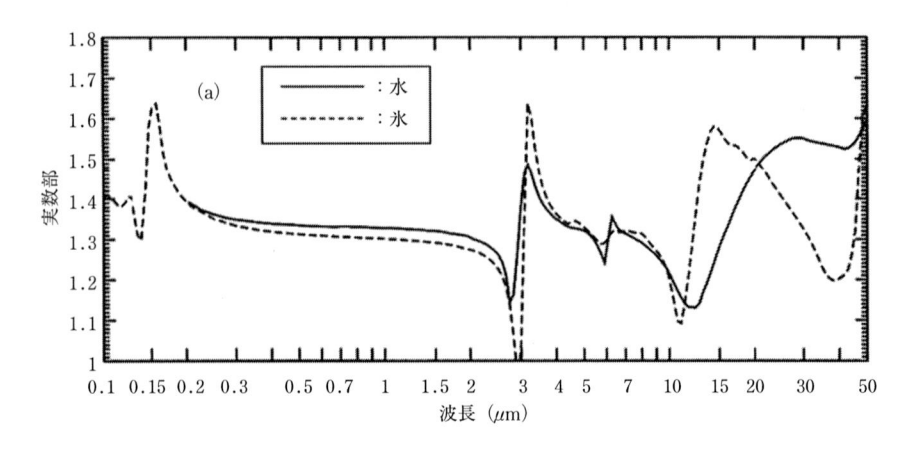

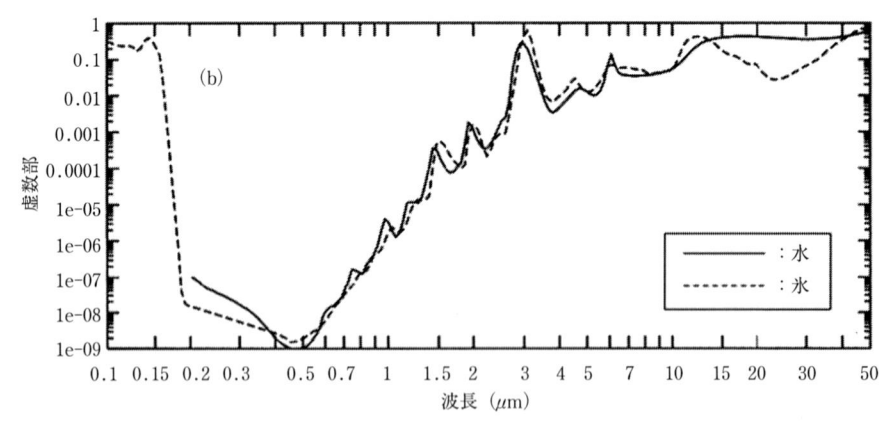

図 B.2 水（実線）と氷（破線）の複素屈折率の波長分布
(Petty, 2004, Fig4.1)
(a) 実数部の値，(b) 虚数部の値．

この関係をもとに，水中の光線が吸収されて入射強度の 1/e（透過率 36.8%）になる深さ D を計算してみる．図 B.2 より，最も透明な波長 $\lambda=0.47\,\mu$m（青）における虚数部の値は $m_i=1\times 10^{-9}$ であるので，$D\approx 36$ m となる．一方，赤色の $\lambda=0.7\,\mu$m では，$m_i=3.7\times 10^{-8}$ であるので，$D\approx 1.5$ m となる．すなわち，水中では，青色の近辺の可視光だけが数十メートルの深さまで透過できる．同様に，波長 $\lambda=1.65\,\mu$m の近赤外線（$m_i=8.1\times 10^{-5}$）および $\lambda=10\,\mu$m の遠赤外線（$m_i=0.052$）に対しては，それぞれ $D\approx 1.6$ mm および $D\approx 15\,\mu$m となる．水は赤

外波長域では吸収が強く，赤外線はごく表層で吸収されてしまう．これらの性質は氷でも同様である．

(3) 反射・屈折の法則

均質な媒質中（媒質1と呼ぶ）を伝播する電磁波（光）が屈折率の異なる別の媒質（媒質2と呼ぶ）との境界に当たると，そこでエネルギーの一部は反射 (reflection) され，残りは屈折 (refraction) して媒質2の中へ透過する（図B.3参照）．媒質1および媒質2の（複素）屈折率をそれぞれ M_1 および M_2 と表し，それらの比である相対複素屈折率を $\tilde{m} \equiv M_2/M_1$ と定義する．ここでは簡単化のために，媒質1は真空 ($M_1 = 1$) であるとすると，$\tilde{m} = M_2$ である．

平面境界における反射と屈折の振る舞いは，マクスウェル方程式を用いて正確に記述できるが，それは他書にゆずり，ここでは重要な結果のみを列記する．

- 境界面に垂直な方向 $\vec{n}$ と入射方向とを含む面を基準面（図B.3では，紙面）にとると，入射波，反射波および屈折波は基準面内にある．

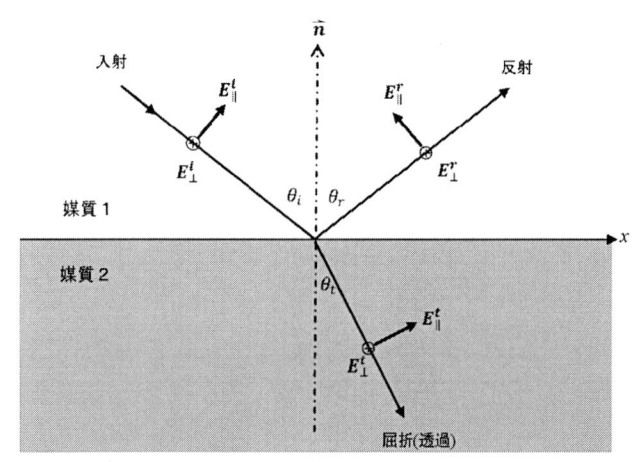

図B.3 媒質1から媒質2へ平面電磁波が入射する場合の境界平面における反射と屈折の模式図
複素屈折率の実数部の値は媒質2の方が大きいとした場合．入射波の進行方向と境界面に垂直な方向 $\vec{n}$ を含む入射面を基準面とする．$\theta_i, \theta_r, \theta_t$ はそれぞれ入射角，反射角，屈折角である．偏光した入射波の基準面に平行および垂直な成分を $E_\parallel^i$ および $E_\perp^i$ で表す．反射波（上付き文字 r）と屈折波 (t) の対応する成分も同様の記号で表す．垂直成分 $E_\perp^i$ の方向は紙面の表から裏へ向かう．

- 入射角 θ_i と反射角 θ_r は等しい．特に，垂直入射の場合には，$\theta_i = \theta_r = \theta_t = 0$ となる．
- 入射角 θ_i と屈折角 θ_t との間には，スネルの法則（Snell's law）と呼ばれる次の関係が成り立つ．

$$\frac{\sin\theta_i}{\sin\theta_t} = \frac{M_2}{M_1} = \tilde{m} \tag{B.7}$$

媒質 2 の屈折率 $M_2 > M_1$ であるので $\theta_t < \theta_i$ となり，屈折波は入射波に比べて境界面に垂直な方向に近づくように曲げられる．これは，前項（1）で述べたように屈折率は媒質中の位相速度の比 $\tilde{m} = c/v_2$ を表すので，屈折率の大きい媒質 2 の中では位相速度が遅くなる，つまり波長が短くなることを意味する．

- スネルの法則より，逆に入射波が屈折率の大きな媒質 2 から媒質 1（真空）へ向かう場合には $\theta_t > \theta_i$ となり，屈折波は入射方向よりも境界面に垂直な方向から離れる方向に曲げられる．このとき，入射角が $\theta_c = \sin^{-1}(1/\tilde{m})$ で与えられる臨界角 θ_c のところで，屈折角は $\theta_t = \pi/2$ となり，屈折波は境界に沿って進む．さらにこれより大きな入射角（$\theta_i > \theta_c$）に対しては，媒質 1 への屈折はなくなり，入射波は媒質 2 の中ですべて反射する．この現象を全反射（total reflection）という．
- 基準面に平行および垂直な偏光成分に対する反射率（$R_\parallel$, $R_\perp$）および透過率（$T_\parallel$, $T_\perp$）は，フレネルの式（Fresnel's formula）と呼ばれる次式で与えられる．

$$R_\parallel \equiv \left|\frac{E_\parallel^r}{E_\parallel^i}\right|^2 = \left|\frac{\cos\theta_t - \tilde{m}\cos\theta_i}{\cos\theta_t + \tilde{m}\cos\theta_i}\right|^2 \tag{B.8a}$$

$$R_\perp \equiv \left|\frac{E_\perp^r}{E_\perp^i}\right|^2 = \left|\frac{\cos\theta_i - \tilde{m}\cos\theta_t}{\cos\theta_i + \tilde{m}\cos\theta_t}\right|^2 \tag{B.8b}$$

$$T_\parallel \equiv \left|\frac{E_\parallel^t}{E_\parallel^i}\right|^2 = \left|\frac{2\cos\theta_i}{\cos\theta_t + \tilde{m}\cos\theta_i}\right|^2 \tag{B.8c}$$

$$T_\perp \equiv \left|\frac{E_\perp^t}{E_\perp^i}\right|^2 = \left|\frac{2\cos\theta_i}{\cos\theta_i + \tilde{m}\cos\theta_t}\right|^2 \tag{B.8d}$$

- 垂直入射（$\theta_i = 0$）の場合，反射率は偏光成分によらず $R_{\theta_i=0} = |(\tilde{m}-1)/(\tilde{m}+1)|^2$ で与えられる．

図 B.4 に，静水面による可視光（$\lambda = 0.5\,\mu\mathrm{m}$）とマイクロ波（$\lambda = 1.5\,\mathrm{cm}$）の

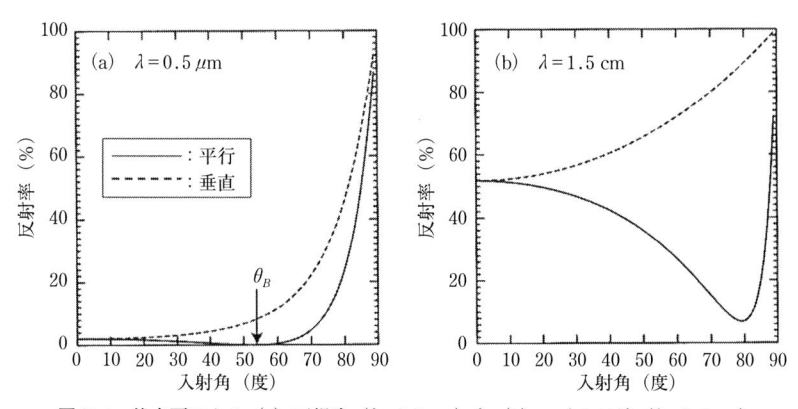

図 B.4 静水面による (a) 可視光 ($\lambda = 0.5\,\mu$m) と (b) マイクロ波 ($\lambda = 1.5$ cm) の反射率の入射角分布 (Petty, 2004, Fig. 4.5). 実線は基準面に平行 (水面に直角) な偏光成分, 波線は基準面に垂直 (水平) な偏光成分の反射率. θ_B はブリュースタ角.

反射率を入射角の関数として示す. 可視光の反射率は, 入射角が小さい場合 ($\theta_i \lesssim 20°$) には 2% 程度と小さいが, 入射角が大きくなるにつれ急速に増大して $\theta_i \to 90°$ でほぼ 100% に近づく. 一方, マイクロ波の反射率は, 全体として可視光の反射率より大きく, また, 偏光成分による違いも大きい (7.5 節参照). ある入射角で基準面に平行 (水面に直角) な成分の反射率が極小となり, 可視光の場合には完全にゼロになる. すなわち, この場合の反射光は基準面に垂直な (水平な) 成分のみとなる. このときの入射角をブリュースタ角 (Brewster angle) θ_B と呼ぶ. 水面の場合の可視光に対しては, $\theta_B = 53°$ である.

補章 C　放射フラックスの測定

(1)　日射量と大気放射量の観測

　地表面に到達する太陽放射（日射）は，光線の方向性によって直達日射（direct solar radiation）と散乱日射（diffuse solar radiation）とに分けられる．直達日射とは，大気上端に入射した平行光線の太陽放射が大気中で減衰を受けて地表面に直接達した部分を指す．太陽光線に対して垂直な面で受けた単位面積あたりの直達日射の照度（または，フラックス）を直達日射量と呼ぶ．その測定には，視野を太陽面の近傍に絞った直達日射計（pyrheliometer）が用いられる．一方，散乱日射は，大気中で散乱により天空に拡散した太陽放射のうち，太陽面以外のあらゆる方向から地表面にやってくる散乱光成分をいう．水平面で受けた単位面積あたりの散乱日射のエネルギーを散乱日射量と呼び，その測定には通常，直達日射をさえぎる遮蔽板（あるいはリング）などをつけた全天日射計（pyranometer）が用いられる．直達日射と散乱日射を合わせて水平面で受ける全太陽放射エネルギーを全天日射（global solar radiation）量と呼び，受光面を水平に設置した全天日射計を用いて測られる．ただし，全天日射計には一般に受光面に対する光線の入射角が90°（水平方向）に近づくにつれて感度が悪くなる入射角特性があるので，（特に太陽高度が低い場合の）全天日射量 G の精密測定には，直達日射量 F_{drc} と散乱日射量 F_{dff} を同時に測って，それらの測定値から $G = F_{drc} \cos\theta_0 + F_{dff}$ として求めることが望ましい（たとえば，Asano et al., 2004b）．地表面に達した太陽放射のうち，反射して天空へ戻る部分を地表面による反射日射（reflected solar radiation）と呼ぶ．全天日射計を地表面に向けて設置して測られる単位水平面積あたりの反射日射のエネルギーを反射日射量といい，全天日射量に対するその値の比が地表面アルベド α_s を与える（2.4.2項参照）．なお，アルベドの測定には，上向きと下向きの1組の全天日射計からの出力値の比を取り出す形に一体化したアルベドメータが用いられることもある．と

ころで，直達日射の観測は，直達日射量の測定のみならず，大気混濁度のモニタリングとしても利用されている．すなわち，直達日射量の測定値から，エーロゾルや水蒸気などを含む実際の大気による直達日射の減衰が，乾燥分子大気による減衰の何倍になるかを表すフォイスナー・デュボア (Feussner-Dubois) の混濁係数を算出する (浅野他，1983)．気象庁では，1935 年頃から 14 ヵ所の直達日射観測地点で大気混濁度の監視を行ってきたが，2007 年 10 月からは 4 地点 (札幌，つくば，福岡，石垣島) に絞って継続している (気象庁，2007)．

他方，赤外領域の大気放射や地表面放射の水平な単位面積あたりのエネルギーの測定には，赤外放射を透過する一方で太陽放射を反射する干渉膜を蒸着したシリコン製ドーム付きの長波放射計 (pyrgeometer) が用いられる．図 C.1 は，著

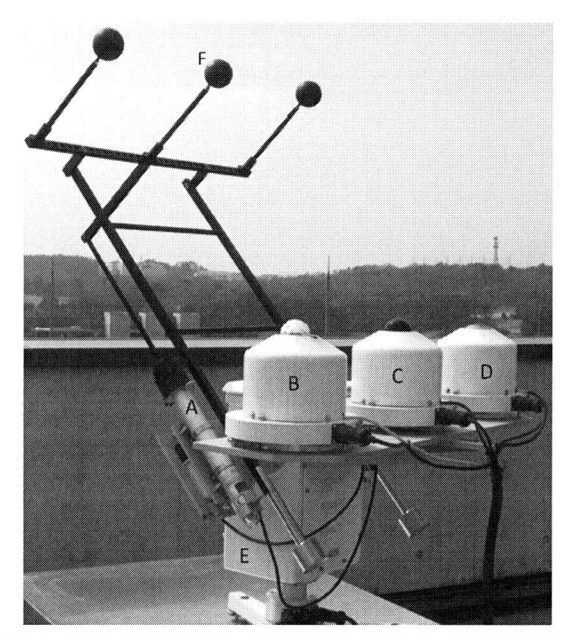

図 C.1 東北大学理学研究科の研究棟屋上に設置された放射観測装置 直達日射遮蔽球 (F) を付けた自動太陽追尾装置 (E) の架台に設置された放射計類 (2008 年 2 月撮影)．A：直達日射計 (Kipp & Zonen CH-1)，B：全天日射計 (Kipp & Zonen CM-22)，C：近赤外域測定用の色ガラスフィルターを付けた全天日射計 (Kipp & Zonen CM-21)，D：大気放射測定用の長波放射計 (Kipp & Zonen CG-4)．全天日射計 (B, C) および長波放射計 (D) は，ドームの防霜・防塵および放射計本体とドームとの温度差低減のための通風ファン付きケースに収められている．

者が所属していた東北大学の研究棟屋上に設置された放射観測装置である．直達日射計（A），全波長用（B）と近赤外域用（C）の全天日射計，および長波放射計（D）が，自動的に太陽を追尾する架台（E）に据え付けられている．これらの全天日射計および長波放射計は，通風ファン付きケースに収められており，また，遮蔽物（F）により直達日射が受光面を照射しないようになっている．

(2) 放射観測の世界基準

太陽放射や地球放射の全波長にわたる放射エネルギーを測定する放射計は，基本的に放射エネルギーを受光面で吸収して熱に変え，その熱量を測定可能な物理量（たとえば，起電力）に変換して測定する．測定した物理量を放射量に変換する器械定数をそれ自身の物理定数で決定することができるか否かによって，放射計は絶対放射計と相対放射計に分けられる．現用の多くの日射計において，空洞黒体あるいは熱電堆が波長依存性のない受光センサーとして用いられている．電気補償機能を施した空洞黒体（1.2.1項参照）を使った直達日射計は絶対放射計であり，相対放射計を検定するための準器として，あるいは直達日射量の精密測定のために用いられる．この型の直達日射計は絶対空洞放射計（absolute cavity radiometer）あるいは自己校正型空洞放射計（self-calibrating cavity radiometer）と呼ばれ，現在の日射観測の世界基準を定める準器になっている．一方，熱電堆を用いた放射計は相対測器であり，その器械定数は絶対放射計との比較測定により決められる．現在広く使われている全天日射計，直達日射計，長波放射計などのほとんどが熱電堆型放射計である．図C.1の放射計類も熱電堆型である．これらの日射計および長波放射計の構造や使用法については，「気象研究ノート」第185号（廣瀬・下道（1996）および志村（1996）），「放射観測マニュアル」（WCRP/WMO, 1986），あるいは Coulson（1975）などの解説に詳しいのでここでは省く．

さて，放射量の全球分布や時間変動を定量的に論じるには，世界的に統一された放射計の基準（スケール）が必要である．20世紀初頭に始まった日射量の定量的観測のスケールが，現在の世界放射基準 WRR（world radiation reference）に統一されるまでの80年間に紆余曲折があった（たとえば，WCRP/WMO, 1986）．最初に，K. Ångström の発明をもとにした電気補償式直達日射計が1905年に国際準器とされ，そのスケールは主にヨーロッパにおいて使用された．一

方，C. G. Abbot が開発した流水式直達日射計によって校正されたスミソニアン天体観測所の銀盤日射計によるスケールが 1913 年に定められた．このスケールは 1950 年代まで安定に維持され，主に米国において用いられた．ただし，両スケールの間に系統的な差があることが判明し，IGY（国際地球観測年）に先立つ 1956 年に両者を調整した国際日射スケール（IPS-56）が定められた．最初の自己校正型空洞放射計が Kendall and Berdahl (1970) によって開発され，その後，改良を重ねた空洞放射計の高い精度と安定性が確認された．1980 年以降はスイスのダボスにある世界放射センター（World Radiation Center）の数台の絶対空洞放射計が世界準器として運用されており，日射観測の WRR を維持している．過去の日射量データを利用する場合には，日射スケールの変遷に注意を配る必要がある．

この WRR スケールに基づく日射観測を世界的に維持するために，世界を 6 つの地区に分けて，それぞれの地区ごと（さらには国ごと）に準器となる絶対空洞放射計を定めている．それらを 5 年ごとにダボスに持ち寄って比較観測を行うことによりその精度を維持している．日本（気象庁）はインドとともにアジア地区センターの役割を担っている．直達日射計の WRR スケールを全天日射計に移し替えるのに，気象庁では，視野を絞るコリメーターと呼ばれる長い筒を全天日射計に取りつけ，それを太陽に正対させて直達日射量を測定する．同時に国内準器の絶対空洞直達日射計と比較観測を行って，全天日射計の器械定数を定めている．このようにして校正した全天日射計を国内準器の全天日射計と定めて，それとの比較観測により他の多くの全天日射計の器械定数を決める．国内の日射計メーカーは，気象庁準器との比較により校正された社内準器を用意して，それとの比較測定により製品の器械定数を定めている．

他方，長波放射計に関しては，2006 年に WMO 測器観測法委員会（CIMO）の第 14 回会合において初めて世界赤外放射基準（WIS）が制定された．その国際準器となるのは，天空走査型絶対放射計 ASR（absolute sky-scanning radiometer）と呼ばれる新型の赤外放射計である（Philipona, 2001）．これは，焦電素子のセンサーと恒温の空洞黒体槽を有し，狭い視野角で天空を走査しながら放射輝度を測る．天空走査の前，走査中，および後に，空洞黒体による自己校正を行う絶対測器である．晴天の夜間に ASR を用いて走査した天空からの放射輝度を積算して求めた長波放射量と比較することにより，熱電堆型の長波放射計

を校正する．この天空走査の特長は，走査する天頂角をガウス求積点（6.3.1項参照）に設定して，角度積分の精度向上を図ったことである．これより以前は，国際的に統一された赤外放射のスケールはなく，熱電堆型長波放射計は温度可変の黒体槽などを用いて各機関で独自に検定されていた（たとえば，塩原・浅野，1992）．国内で定常的に長波放射量を測定している気象庁・高層気象台（つくば市）では，2008年1月にWISに移行した（大河原・高野，2008）．

さらに学ぶための参考書

　本書は，初めて学ぶ読者が大気放射学の基礎と役割を理解できるように，と意図して書かれた．ただし，入門書とはいっても，大気放射学は物理学と数学の概念や手法を土台にしているので，理工系大学の1，2年生程度の一般物理学と数学の基礎的知識を前提にした．また，本書の目的と紙面の制約から，最終式を導出する途中の演算や例示した図表の詳細な説明を省略したので，わかりにくいところがあるかもしれない．そのようなところは，読者自身で式の導出を試みたり，引用文献にある出典をたどりながら読んでいただきたい．現在では放射のさまざまな過程を計算する各種の計算プログラムが公開されており，ユーザーは目的に合った計算コードを選んで利用できる．それらを適正に利用するには，計算法の原理と適用範囲を理解して使うことが肝要である．以下に，さらに深く詳細な理解や応用を目指す読者のために，参考になりそうな市販の図書を列記する（順不同）．ただし，英語で書かれた優れた教科書は数多くあるが，大気放射学の全般を日本語で記述した図書は限られている．本書では，英語の文献などで学ぶときの便宜のために，重要な専門用語に英語名を付した．

Petty, G. W., 2004 : *A First Course in Atmospheric Radiation*, Sundog Publishing.
　アメリカの気象学や環境科学コースの大学生を対象にした大気放射学の入門教科書．数式をあまり使わずに大気放射学の基礎概念と大気科学への応用原理を解説している．英語文献に慣れていない人が最初に読むのに適している．本書の著者は執筆にあたって，この本から多くのヒントを得た．

Liou, K. N., 2002 : *An Introduction to Atmospheric Radiation* (2nd Edition), Academic Press.
　気象学やリモートセンシングなどの大気科学を専攻する大学院生，あるいは気象業務や地球観測，環境問題などにかかわる人が大気放射学全般を学ぶのに適し

た大学院レベルの標準的な教科書．演習問題は理解を深め，応用力を習得するのに有効．

Liou, K. N., 1992 : *Radiation and Cloud Processes in the Atmosphere*, Oxford University Press.
　大気中の放射過程と雲物理過程に重点をおいて，それらの相互作用を天気予報や気候予測の数値モデルに適用することを意図して，その理論，観測およびモデリングについて記述した専門書．前半は，大気放射全般の解説にあてられており，教科書としても利用できる．

Bohren, C. F. and E. E. Clothiaux, 2006 : *Fundamentals of Atmospheric Radiation*, Wiley-VCH.
　この本の著者はそれぞれが光散乱と大気分光学の大家として知られている．彼らの長年の大学教育の経験をもとに，基礎となる物理法則にさかのぼって放射と大気物質の相互作用の過程を原理から理解させることを意図して書かれたユニークな教科書である．ていねいな文献紹介と400題の演習問題は読者の自発的な学習を促している．

Goody, R. M. and Y. L. Yung, 1989 : *Atmospheric Radiation—Theoretical Basis* (2nd Edition), Oxford University Press.
　R. M. Goodyにより1964年に出版された初版本は長らく大気放射学のバイブル的存在の専門書であった．その後の新しい発展を取り入れて，Y. L. Yungとの共著で全面的に改訂された第2版は初版本より読みやすくなったが，放射過程の基礎理論の提示という初版本のコンセプトを踏襲している．特に気体吸収やバンドモデルに関する章は秀逸である．内容および記述は高度で予備知識をもった人がさらに深く理解するため読むのに適している．

会田　勝, 1982：大気と放射過程，東京堂出版．
　この本は，1980年代に気象学の入門書として刊行された「気象学のプロムナード」シリーズのひとつとして出版されたもので，著者は大気放射学の入門教科書としての役割も意図して著している．副題が「大気の熱源と放射収支を探る」

とあるように，特に放射が地球の温度場の形成に及ぼす役割に力点をおいている．本書の第3章および第4章に対応する部分の説明が詳しい．すでに絶版になっており入手困難．

柴田清孝，1999：光の気象学，朝倉書店．
　朝倉書店から刊行された「応用気象学シリーズ」の第1巻で，特に大気光学現象の物理的な説明が詳しい．大気放射学全般の簡潔な解説を含む．

引 用 文 献

会田　勝, 1982：大気と放射過程, 東京堂出版.
青木輝夫, 2009：積雪の光学特性とリモートセンシングに関する研究. 天気, **56**, 5-17.
浅野正二・村井潔三・山内豊太郎, 1983：大気混濁係数の算出法の改良について. 研究時報（気象庁）, **35**, 135-144.
浅野正二, 1995：大気中の放射過程. 新版気象ハンドブック（編集：朝倉　正・関口理郎・新田　尚）, 朝倉書店, pp. 74-86.
浅野正二, 1999：放射ゾンデ. 気象研究ノート, 第194号, 79-89.
浅野正二, 2002：大気の日射吸収をめぐる話題：「異常吸収」は無い. 天気, **49**, 83-89.
浅野正二, 2005a：大気の放射過程. 気象ハンドブック第3版（編集：新田　尚・住　明正・伊藤朋之・野瀬純一）, 朝倉書店, pp. 18-29.
浅野正二, 2005b：大気中の光, 音, 電気. 気象ハンドブック第3版（編集：新田　尚・住　明正・伊藤朋之・野瀬純一）, 朝倉書店, pp. 73-82.
浅野正二, 2005c：放射強制力, エーロゾル. 気象ハンドブック第3版（編集：新田　尚・住　明正・伊藤朋之・野瀬純一）, 朝倉書店, pp. 735-746.
浅野正二, 2007：大気放射研究の進展—エーロゾルと雲の放射効果の解明をめざして—. 天気, **54**, 283-286.
阿部彩子・山中康裕, 2007：古気候モデリング. 天気, **54**, 995-998.
大河原望・高野松美, 2008：長波長放射観測の世界基準への移行. 高層気象台彙報, 第68号, 37-41.
気象庁, 1989：雲の観測（地上気象観測法 別冊）,（財）日本気象協会.
気象庁, 2007：気候変動監視レポート2007, 気象庁, pp. 56-72.
国立天文台（編）, 2007：理科年表2008, 丸善.
小林隆久・内山明博, 1994：力学モデルのための長波放射パラメタリゼーション. 天気, **41**, 807-825.
近藤純正, 2000：地表面に近い大気の科学—理解と応用, 東京大学出版会.
塩原匡貴・浅野正二, 1992：シリコン製ドーム付き赤外放射計のドーム効果の定量化と誤差について. *Papers Meteorol. Geophys.*, **43**, 17-31.
柴田清孝, 1999：光の気象学（応用気象学シリーズ1）, 朝倉書店.
志村英洋, 1996：放射計. 気象研究ノート, 第185号, 105-118.
高村民雄, 1996：マイクロ波を利用した大気温度の測定. 気象研究ノート, 第187号, 93-120.
忠鉢　繁・宮川幸治, 1999：ドブソンオゾン分光高度計. 気象研究ノート, 第194号,

207-217.

寺坂義幸,1999:サンフォトメータによるエアロゾルの観測. 気象研究ノート,第194号,171-177.

長沢 工,1981:天体の位置計算,地人書館.

早坂忠裕(編),1996:地球環境のマイクロ波放射計リモートセンシング. 気象研究ノート,第187号.

廣瀬保雄・下道正則,1996:日射計. 気象研究ノート,第185号,73-104.

松野太郎・島崎達夫,1981:大気科学講座3成層圏と中間圏の大気,東京大学出版会, pp. 75-126.

村上正隆,1999:雲粒子ゾンデ. 気象研究ノート,第194号,63-77.

山本義一・田中正之,1970:高層大気の放射特性. 天気, **10**, 481-490.

Ackerman, T. P., D. M. Flynn and R. T. Marchand, 2003: Quantifying the magnitude of anomalous solar absorption. *J. Geophys. Res.*, **105**, doi:10.1029/2002JD002674.

Albrecht, B.A., 1989: Aerosol cloud microphysics and fractional cloudiness. *Science*, **245**, 1227-1230.

Ångström, A., 1929: On the atmospheric transmission of sun radiation and on dust in the air. *Geogr. Ann.*, **2**, 156-166.

Arnold, C. B. and F. S. Simmons, 1968: Report 8418-1-1-R, Infrared Physics Lab., Michigan University.

Asano, S., 1975: On the discrete ordinate method for the radiative transfer. *J. Meteorol. Soc. Japan*, **53**, 92-96.

Asano, S. and G. Yamamoto, 1975: Light scattering by a spheroidal particle. *Appl. Optics*, **14**, 29-49.

Asano, S., 1979: Light scattering properties of spheroidal particles. *Appl. Optics*, **18**, 712-723.

Asano, S. and M. Sato, 1980: Light scattering by randomly oriented spheroidal particles. *Appl. Optics*, **19**, 962-974.

Asano, S. and A. Uchiyama, 1987: Application of an extended ESFT method to calculation of solar heating rates by water vapor absorption. *J. Quant. Spectrosc. Radiat. Transfer*, **38**, 147-158.

Asano, S., 1993: Estimation of the size distribution of Pinatubo volcanic dust from Bishop's ring simulation. *Geophys. Res. Lett.*, **20**, 447-450.

Asano, S., A. Uchiyama and M. Shiobara, 1993: Spectral optical thickness and size distribution of the Pinatubo volcanic aerosols as estimated by ground-based sunphotometry. *J. Meteorol. Soc. Japan*, **71**, 165-173.

Asano, S., M. Shiobara and A. Uchiyama, 1995: Estimation of cloud physical parameters from airborne solar spectral reflectance measurements for stratocumulus clouds. *J. Atmos. Sci.*, **52**, 3556-3576.

Asano, S., A. Uchiyama, Y. Mano, M. Murakami and Y. Takayama, 2000: No evidence for solar absorption anomaly by marine water clouds through collocated aircraft radiation measurements. *J. Geophys. Res.*, **105**, 14761-14775.

Asano, S., A. Uchiyama, A. Yamazaki, J.-F. Gayet and M. Tanizono, 2002: Two case studies of winter continental-type water and mixed phase stratocumuli over the sea 2. Absorption of solar radiation. *J. Geophys. Res.*, **107**, doi:10.1029/2001JD001108.

Asano, S., Y. Yoshida, Y. Miyake and K. Nakamura, 2004a: Development of a radiometer-sonde for simultaneously measuring the downward and upward broadband fluxes of shortwave and longwave radiation. *J. Meteorol. Soc. Japan*, **82**, 623-637.

Asano, S., A. Uchiyama, A. Yamazaki and K. Kuchiti, 2004b: Solar radiation budget from the MRI radiometers for clear and cloudy air columns within ARESE II. *J. Atmos. Sci.*, **61**, 3082-3096.

Banwell, C.N., 1983: *Fundamentals of Molecular Spectroscopy*, McGraw-Hill (U.K.).

Bohren, C. F. and D. R. Huffman, 1983: *Absorption and Scattering of Light by Small Particles*, Wiley-Interscience.

Bohren, C. F. and E. E. Clothiaux, 2006: *Fundamentals of Atmospheric Radiation*, Wiley-VCH.

Born, M. and E. Wolf, 1965: *Principles of Optics* (3rd Ed.), Pergamon Press.
　（草川　徹・横田英嗣訳, 1974〜1975：光学原論 I, II, III, 東海大学出版会）

Budyko, M. I., 1969: The effect of solar radiation variations on the climate of the earth. *Tellus*, **21**, 611-619.

Burch, D. E., J. N. Howard and D. Williams, 1956: Infrared transmission of synthetic atmospheres. V. Absorption laws for overlapping bands. *J. Opt. Soc. Am.*, **46**, 452.

Chandrasekhar, S., 1960: *Radiative Transfer*, Dover.

Chou, M.-D. and A. Arking, 1980: Computation of infrared cooling rates in the water vapor bands. *J. Atmos. Sci.*, **37**, 855-867.

Clough, S. A., M. W. Shehard, E. J. Mlawer, J. S. Delamere, M. J. Iacono, K. Cady-Pereira, S. Boukabara and P. D. Brown, 2005: Atmospheric radiative transfer modeling: A summary of the AER codes. *J. Quant. Spectrosc. Radiat. Transfer*, **91**, 233-244.

Coakley, J. A. Jr. and P. Chýlek, 1975: The two-stream approximation in radiative transfer: Including the angle of the incident radiation. *J. Atmos. Sci.*, **32**, 409-418.

Coulson, K. L., 1975: *Solar and Terrestrial Radiation*, Academic Press.

Dobson, G. M. B., 1968: Forty year's research on atmospheric ozone at Oxford: A history. *Appl. Optics*, **7**, 387-405.

Dutton, E. G. and B. A. Bodhaine, 2001: Solar irradiance anomalies caused by clear-sky transmission variations above Mauna Loa: 1958-99. *J. Climate*, **14**, 3255-3262.

Elsasser, W. M., 1942: *Heat Transfer by Infrared Radiation in the Atmosphere*, Harvard Meteorol. Studies, No. 6, Harvard University Press.

Foukal, P., C. Fröhlich, H. Spruit and T. M. L. Wigley, 2006: Variations in solar luminosity and their effect on Earth's climate. *Nature*, **443**, 161-166, doi:10.1038/nature05072.

Fröhlich, C., 2006: Solar irradiance variability since 1978. *Space Sci. Rev.*, **125**, 53-65.

Fröhlich, C. and J. Lean, 2004: Solar radiative output and its variability: Evidence and mechanisms. *Astron. Astrophys. Rev.*, **12**, 273-320.

Fröhlich, C. and G. E. Show, 1980: New determination of Rayleigh scattering in the terrestrial atmosphere. *Appl. Optics*, **19**, 1773-1775.

Fu, Q. and K.-N. Liou, 1992: On the correlated k-distribution method for radiative transfer in nonhomogeneous atmospheres. *J. Atmos. Sci.*, **49**, 2139-2156.

Godson, W. L., 1955: The computation of infrared transmission by atmospheric water vapor. *J. Meteorol.*, **12**, 272-286.

Goody, R. M., 1952: A statistical model for water-vapor absorption. *Quart. J. R. Meteorol. Soc.*, **78**, 165-169.

Goody, R. M. and Y. L. Yung, 1989: *Atmospheric Radiation — Theoretical Basis* (2nd Ed.), Oxford University Press.

Grody, N. C., 1993a: Remote sensing of the atmosphere from satellite using microwave radiometry. In *Atmospheric Remote Sensing by Microwave Radiometry* (ed. M. A. Janssen), John Wiley & Sons, 259-314.

Grody, N. C., 1993b: Appendices to Chapter 6. In *Atmospheric Remote Sensing by Microwave Radiometry* (ed. M. A. Janssen), John Wiley & Sons, 315-334.

Hale, G. M. and M. R. Querry, 1973: Optical constants of water in the 200-nm to 200-μm wavelength region. *Appl. Optics*, **12**, 555-563.

Hansen, J. E., A. Lacis, R. Ruedy and M. Sato, 1992: Potential climate impact of Mount Pinatubo eruption. *Geophys. Res. Lett.*, **19**, 215-218, doi:10.1029/91GL02788.

Hansen, J. E. and J. B. Pollack, 1970: Near-infrared light scattering by terrestrial clouds. *J. Atmos. Sci.*, **27**, 265-281.

Hansen, J. E., G. Russel, D. Rind, P. Stone, A. Lacis, S. Lebedeff and L. Travis, 1983: Efficient three-dimensional global models for climate studies: Models I and II. *Month. Weath. Rev.*, **111**, 609-662.

Hansen, J. E. and L. D. Travis, 1974: Light scattering in planetary atmospheres. *Space Science Rev.*, **16**, 527-610.

Harshvardhan, 1993: Aerosol-climate interations. In *Aerosol-Cloud-Climate Interaction* (ed. P. V. Hobbs), Academic Press, 75-95.

Hartmann, D. L., 1993: Radiative effect of clouds on Earth's climate. In *Aerosol-Cloud-Climate Interactions* (ed. P. V. Hobbs), Academic Press, 151-173.

Henyey, L. C. and J. L. Greenstein, 1941: Diffuse radiation in the galaxy. *Astrophys. J.*, **93**, 70-83.

Houghton, H. G., 1954: On the annual heat balance of the Northern hemisphere. *J. Meteorol.*, **11**, 1-9.

IPCC, 1990: 気候変動の科学的評価—第1作業部会による IPCC への報告. 気象庁 (訳), 48-95.

IPCC-TAR, 2001: *Climate Change 2001: The Physical Science Basis*, Cambridge University Press.

IPCC-AR4, 2007: *Climate Change 2007: The Physical Science Basis*, Cambridge University Press.

Iqbal, M., 1983: *An Introduction to Solar Radiation*, Academic Press.

Ishida, H. and S. Asano, 2007: A finite volume solution with a bidirectional upwind difference scheme for the three-dimensional radiative transfer equation. *J. Atmos. Sci.*, **64**, 4098-4112.

Iwabuchi, H., 2006: Efficient Monte Carlo methods for radiative transfer modeling. *J. Atmos. Sci.*, **63**, 2324-2339.

Jin, Z., T. P. Charlock, W. L. Smith Jr. and K. Rutledgel, 2004: A parameterization of ocean surface albedo. *Geophys. Res. Lett.*, **31**, L22301, doi:10.1029/2004GL021180.

Joseph, J. H., W. J. Wiscombe and J. A. Weinman, 1976: The delta-Eddington approximation for radiative flux transfer. *J. Atmos. Sci.*, **33**, 2452-2459.

Junge, C. E., 1963: *Air Chemistry and Radioactivity*, Academic Press, 117.

Kaplan, L. D., 1959: Inference of atmospheric structure from remote radiation measurements. *J. Opt. Soc. Am.*, **49**, 1004-1007.

Kasten, F., 1966: A new table and approximate formula for the relative optical air mass. *Arch. Meteorol. Geophys. Bioklimatol. Ser. B*, **14**, 206-223.

Katayama, A., 1966: On the radiation budget of the troposphere over the northern hemisphere (I). *J. Meteorol. Soc. Japan*, **44**, 1004-1007.

Kawata, Y. and W. M. Irvine, 1970: The Eddington approximation for planetary atmosphere. *Astrophys. J.*, **160**, 787-790.

Kendall, J. M. Sr. and C. M. Berdahl, 1970: Two blackbody radiometers of high accuracy. *Appl. Optics*, **9**, 1082-1091.

Kiehl, J. T. and K. E. Trenberth, 1997: Earth's annual global mean energy budget. *Bull. Am. Meteor. Soc.*, **78**, 199-208.

King, M. D., D. M. Byrne, B. M. Herman and J. A. Reagan, 1978: Aerosol size distribution obtained by inversion of spectral optical depth measurements. *J. Atmos. Sci.*, **35**, 2153-2167.

King, D. M. and C. Harshvardhan, 1986: Comparative accuracy of selected multiple scattering approximation. *J. Atmos. Sci.*, **43**, 784-801.

King, M. D., L. F. Radke and P.V. Hobbs, 1993: Optical properties of marine stratocumulus clouds modified by ships. *J. Geophys. Res.*, **98**, 2729-2739.

Kou, L., D. Labrie and P. Chýlek, 1993: Refractive indices of water and ice in the 0.65- to 2.5-μm spectral range. *Appl. Optics*, **323**, 3531-3540.

Lacis, A. A. and J. E. Hansen, 1974: A parameterization for the absorption of solar radiation in the Earth's atmosphere. *J. Atmos. Sci.*, **31**, 118-133.

Lacis, A. A. and V. Oinas, 1991: A description of the correlated k-distribution method for modeling non-grey gaseous absorption, thermal emission and multiple scattering in vertically inhomogeneous atmospheres. *J. Geophys. Res.*, **79**, 9027-9036.

Lacis, A. A., W.-C. Wang and J. E. Hansen, 1979: Correlated k-distribution method for radiative transfer in climate models: Application to effect of cirrus clouds on climate. *Forth NASA Weather and Climate Program Science Review*, NASA Conference Publication 2076, 309-314.

Lean, J., 1991: Variation in the Sun's radiative output. *Review of Geophys.*, **29**, 505-535.

Lindzen, R. S., A. Y. Hou and B. F. Farrell, 1982: The role of convective model choice in calculating the climate impact of doubling CO_2. *J. Atmos. Sci.*, **39**, 1189-1205.

Liou, K. N., 1974: Analytic two-stream and four stream solutions for radiative transfer. *J. Atmos. Sci.*, **31**, 1473-1475.

Liou, K. N., 1980: *An Introduction to Atmospheric Radiation*, Academic Press.

Liou, K. N., 1992: *Radiation and Cloud Processes in the Atmosphere*, Oxford University Press.

Liou, K. N., 2002: *An Introduction to Atmospheric Radiation* (2nd Ed.), Academic Press.

London, J., 1975: A study of the atmospheric heat balance. *Final Rept. Contract AF19 (122)-165*, New York University.

Malkmus, W., 1967: Random Lorentz model with exponential-tailed S^{-1} line intensity distribution function. *J. Opt. Soc. Am.*, **57**, 323-329.

Manabe, S. and R. F. Strickler, 1964: Thermal equilibrium of the atmosphere with a convective adjustment. *J. Atmos. Sci.*, **21**, 361-385.

Manabe, S. and R. T. Wetherald, 1967: Thermal equilibrium of the atmosphere with a given distribution of relative humidity. *J. Atmos. Sci.*, **24**, 241-259.

Marshak, A. and A.B. Davis (eds.), 2005: *3D Radiative Transfer in Cloudy Atmospheres*, Springer-Verlag.

Masuda, K., 1998: Wind direction effect on sea surface emissivity. *Papers Meteorol. Geophys.*, **48**, 115-122.

McClatchey, R. A., R. W. Fenn, J. E. A. Selby, F. E. Vilz and J. S. Garing, 1972: *Optical Properties of the Atmosphere* (3rd Ed.). AFCRL-72-0497, Air Force Research Laboratories.

Meador, W. E. and W. R. Weaver, 1980: Two-stream approximations to radiative transfer in planetary atmospheres: A unified description of existing methods and a new improvement. *J. Atmos. Sci.*, **37**, 630-643.

Mie, G., 1908: Beigrade zur Optick trüber Medien, speziell kolloidaler Metallösungen. *Ann. D. Physik.*, **25**, 377-445.

Milankovitch, M., 1941: *Kanon der Erdbestrahlung und Seine Anwendung auf das Eiszeitenproblem, Königich Serbische Akademie.*
(柏谷健二,山本淳之,大村　誠,福山　薫,安成哲三訳, 1992. 気候変動の天文学理論と氷河時代（原題：地球の日射の正典とその氷期問題への応用, 1941), 古今書院)

Mishchenko, M. I., J. W. Hovenier and L. D. Travis (eds.), 2000: *Light Scattering by Nonspherical Particles*, Academic Press.

Mitchell, D. L. and W. P. Arnott, 1994: A model predicting the evolution of ice particle size spectra and radiative properties of cirrus clouds. Part II. Dependence of absorption and extinction on ice crystal morphology. *J. Atmos. Sci.*, **51**, 817-832.

Nakajima, T. and M. King, 1990: Determination of the optical thickness and effective particle radius of clouds from reflected solar radiation measurements. Part I: Theory. *J. Atmos. Sci.*, **47**, 1878-1893.

Nakajima, T. and M. Tanaka, 1983: Effect of wind-generated waves on the transfer of solar radiation in the atmosphere-ocean system. *J. Quant. Spectrosc. Radiat. Transfer*, **29**, 521-537.

Nishizawa, T., S. Asano, A. Uchiyama and A. Yamazaki, 2004: Seasonal variation of aerosol direct radiative forcing and optical properties estimated from ground-based solar radiation measurements. *J. Atmos. Sci.*, **61**, 57-72.

Ohring, G. and J. H. Joseph, 1978: On the combined infrared cooling of two absorbing gases in the same spectral region. *J. Atmos. Sci.*, **35**, 317-322.

Oke, T. R., 1987: *Boundary Layer Climates* (2nd Ed.), Methuen.

Paltridge, G. W. and C. M. R. Platt, 1976: *Radiative Processes in Meteorology and Climatology*, Elsevier Scientific Publishers, 128-136.

Payne, R. E., 1972: Albedo of the sea surface. *J. Atmos. Sci.*, **29**, 959-970.

Petty, G. W., 2004: *A First Course in Atmospheric Radiation*, Sundog Publishing.

Philipona, R., 2001: Sky-scanning radiometer for absolute measurements of atmospheric long-wave radiation. *Appl. Optics*, **40**, 2376-2383.

Pruppacker, H. R. and J. D. Klett, 1997: *Microphysics of Clouds and Precipitation*, Kluwer Academic Publishers, pp. 10-73.

Rees, W. G., 2001: *Physical Principles of Remote Sensing* (2nd Ed.), Cambridge University Press, 76-85.

Rayleigh, L., 1871: On the light from the sky, its polarization and colour. *Phil. Mag.*, **41**, 107-120.

Roberts, R. E., J. E. Selby and L. M. Biberman, 1976: Infrared continuum absorption by atmospheric water vapour in the 8-12 μm window. *Appl. Optics*, **15**, 2085-2090.

Rogers, C. D. and C. D. Walshaw, 1966: The computation of infra-red cooling rate in planetary atmospheres. *Quart. J. R. Meteorol. Soc.*, **92**, 67-92.

Schaller, E., 1979: A delta-two-stream approximation in radiative flux calculations. *Contrib. Atmos. Phys.*, **52**, 17-26.

Short, N. M., 1982: *The Landsat Tutorial Workbook : Basics of Satellite Remote Sensing*, NASA Ref. Publ. 1078, US Govt. Printing Office.

Smith, H. J. P., D. J. Dube, M. E. Gardner, S. A. Clough, F. X. Kneizys and L.S. Rothman, 1978: *FASCODE-Fast Atmospheric Signature Code (Spectral Transmittance and Radiance)*, Air Force Geophysical Laboratory Technical Report AFGL-TR-78-0081, (Hanscom AFB, MA, USA).

Stephens, G. L., 1984: The parameterization of radiation for numerical weather prediction and climate models. *Month. Weather Rev.*, **112**, 826-867.

Stephens, G. L. and S.-C. Tsay, 1990: On the cloud absorption anomaly. *Quart. J. R. Meteorol. Soc.*, **116**, 671-704.

Stephens, G. L., 1994: *Remote Sensing of the Lower Atmosphere*, Oxford University Press.

Takano, Y. and S. Asano, 1983: Fraunhofer diffraction by ice crystals suspended in the atmosphere. *J. Meteorol. Soc. Japan*, **61**, 289-300.

Trenberth, K. E., J. T. Fasullo and J. Kiehl, 2009: Earth's global energy budget. *Bull. Am. Meteor. Soc.*, **90**, 311-323.

Twomey, S., 1977a: *Introduction to the Mathematics of Inversion in Remote Sensing and Indirect Measurements*, Developments in geomathematics 3, Elsevier Scientific Publishers.

Twomey, S., 1977b: The influence of pollution on the shortwave albedo of clouds. *J. Atmos. Sci.*, **34**, 1149-1152.

Twomey, S., 1991: Aerosols, clouds and radiation. *Atmos. Environ.*, **25A**, 2435-2442.

Uchiyama, A., 1992: Line-by-line computation of the atmospheric absorption spectrum using the decomposed Voigt line shape. *J. Quant. Spectrosc. Radiat. Transfer*, **47**, 521-532.

U. S. Standard Atmosphere, 1976: *Publication NOAA-S/T76-1562*, U. S. Government Printing Office.

van de Hulst, H. C., 1981: *Light Scattering by Small Particles*, Dover.

Vonder Haar, T. H. and V. E. Suomi, 1971: Measurements of the Earth's radiation budget from satellites during a five-year period. Part I: Extended time and space means. *J. Atmos. Sci.*, **28**, 305-314.

Warren, S. G., 1982: Optical properties of snow. *Rev. Geophys.*, **20**, 67-89.

Warren, S. G., 1984: Optical constants of ice from the ultraviolet to the microwave. *Appl. Optics*, **23**, 1206-1225.

WCRP/WMO, 1986: *Revised Instruction Manual on Radiation Instruments and Measurements* (C. Fröhlich and J. London. eds.), WCRP Publications Series No. 7, WMO/TD-No. 149.

Yamamoto, G. and M. Tanaka, 1969: Determination of aerosol size distribution from spectral attenuation measurements. *Appl. Optics*, **8**, 447-453.

Yamamoto, G. and M. Tanaka, 1972: Increase of global albedo due to air pollution. *J. Atmos. Sci.*, **29**, 1405-1412.

Yamamoto, G., M. Tanaka and S. Asano, 1971: Radiative transfer in water clouds in the infrared region. *J. Atmos. Sci.*, **27**, 282-292.

Yoshida, Y., S. Asano, A. Yamamoto, N. Orikasa and A. Yamazaki, 2004: Radiative properties of mid-latitude frontal ice-clouds observed by the shortwave and longwave radiometer-sondes. *J. Meteorol. Soc. Japan*, **82**, 639-656.

Young, A. T., 1981: On the Rayleigh-scattering optical depth of the atmosphere. *J. Appl. Meteorol.*, **20**, 328-330.

Zdunkowski, W. G., R. M. Welch and G. Korb, 1980: An investigation of the structure of typical two-stream methods for the calculation of solar fluxes and heating rates in clouds. *Contrib. Atmos. Phys.*, **53**, 147-166.

和文索引

大気放射学のキーワードとそれに関する記述があるページを示す
キーワードは索引と本文中で表現が異なる場合がある

ア 行

亜寒帯冬モデル 111
アルブレヒト効果 224
アルベド 46
　球面アルベド 154, 183
　局所アルベド 154
　グローバルアルベド 154
　地表面アルベド 46, 47, 52, 242
　地表面分光アルベド 49
　の緯度分布 205
　平面アルベド 154
　惑星アルベド 154, 197, 210
アルベドメータ 51, 242

イオン化 70
イオン化連続帯 71
異常回折理論 170
異常分散 237
位相関数 16, 121, 127, 141, 145
位相関数の調整 155
位相差パラメータ 132
位相速度 2, 229, 235
位相定数 117
1次散乱近似 147, 164
1次散乱率（パラメータ） 42, 146, 155
1パラメータスケーリング近似 101
一酸化二窒素 (N_2O) 39, 57, 214, 216
井戸型ポテンシャル 70

ウィーンの変移則 12
上向き放射の
　荷重関数 26
　輝度 23, 26, 84, 147, 180, 186, 194
　透過関数 26

エネルギーフラックス 6, 24, 86, 107, 149
マトリックス 165
運動エネルギー 58, 81
雲粒 42, 112, 129, 138, 224

永久電気双極子 60
永年変動 33
エディントン近似 151
エネルギー準位 58
エルサッサーモデル 98
エーロゾル 41
　火山性エーロゾル 41, 180, 222
　人為起源エーロゾル 41, 223
　成層圏エーロゾル 41, 222
　対流圏エーロゾル 41, 169, 220
　硫酸エーロゾル 43, 220, 224
エーロゾルの
　間接放射効果 41, 224
　光学現象 133, 140
　光学的厚さ 43, 141, 175, 177, 178, 221
　光学特性 41
　直接放射効果 41, 220
　日傘（パラソル）効果 220
　光吸収性 223
　放射強制力 213, 220, 224
　リモートセンシング 176, 183
　粒径分布 41, 140, 177
エーロゾル層 133
エーロゾル粒子 41
遠隔探査 172
円偏光 232
縁辺探査法 173

オゾン (O_3) 7, 39

高度分布 39, 207
　紫外吸収帯 41, 57, 71, 175, 208
　赤外吸収帯 41, 57, 208
　放射強制力 215, 216
オゾンセンサー SBUV/2 183
オゾン全量 174
オゾン層 39, 216
オングストローム混濁係数 141
オングストローム指数 141
温室効果 40, 199, 203
温室効果気体 40, 201, 211
　による気温変化 208
　の濃度変化 214
　の放射強制力 213, 215

カ 行

回折 3, 133, 136, 155
回転遷移の
　エネルギー 58, 62
　吸収帯 63, 97
　自由度 67
　選択則 62
回転楕円粒子 135
回転定数 63
改良型マイクロ波放射計（AMSU） 196
ガウス求積法 87, 104, 158, 163, 246
拡散反射 47
拡散放射フラックス 149, 152
角振動数 229
確率分布関数 98, 102, 165
火山噴火 44, 180, 222
加算法 160
可視光線 1, 28, 183, 238, 241
荷重関数 26, 87, 178, 186, 194
カステンの近似式 37
火星の有効放射温度 198

索　引

火星の夕日　134
カーティス・ゴドソン近似　101
カバネス校正因子　122
干渉　3, 115, 133
乾燥空気の屈折率　114

気温-水蒸気フィードバック　213
気温の高度分布　38, 187, 196, 206
気温分布探査用放射計（VTPR）　188
幾何光学近似　113, 136
気候　205, 211
気候の
　感度係数　212
　フィードバック作用　211, 212
　変動　33, 211, 216
基準吸収帯　68
基準振動モード　68
基準面　116, 120, 125, 230, 239
気象レーダー　113, 128
気体吸収　6, 56, 84, 146
　の光学的厚さ　146, 175
　の断面積　56
輝度温度　14, 187, 194
逆行型モンテカルロ法　165
逆問題　172
球形粒子　112
吸収　6, 14, 17, 20
吸収気体の放射原関数　18, 25, 83
吸収係数　12, 72, 78, 102
吸収線強度　72, 95, 98, 101
　の温度依存性　76
　の分布関数　98
吸収線形　71, 94
吸収線の裾　75, 78
吸収線の幅
　等価幅　95
　ドップラー幅　73
　ローレンツ幅　74, 96
吸収線の広がり　73
　ドップラー効果による　73
　不確定性原理による　73
　分子衝突による　74

吸収線パラメータ　77
吸収帯　7, 40, 56, 84, 109
　回転帯　61
　基準振動帯　68
　結合帯　68
　振動-回転帯　59, 64, 66
　振動帯　63
　電子遷移帯　69
　倍振動帯　68
　連続吸収帯　70, 77
吸収帯の重なり　91, 93, 215
吸収の直線領域　95
吸収の平方根領域　97
吸収率　13, 199
球面アルベド　154, 183
球面三角の余弦定理　18
球面三角法　18, 34
球面大気　37, 173
球面波　117, 229
境界条件（放射伝達の）　23, 45, 84, 145, 165
強吸収近似　96, 99
凝結核　42, 220, 224
狭帯域透過関数モデル　94
共鳴散乱　83
共鳴振動数　64
鏡面反射光　182
極座標系　4, 19, 22, 116
局所アルベド　154
局所熱力学的平衡　13, 18, 25, 81, 84, 188
虚数　114, 128, 229, 235
キルヒホッフの法則　12, 54
金星の有効放射温度　198
近赤外域アルベド　52

空気の
　屈折率　122
　組成　39
　定圧比熱　25, 107
　密度　25, 39, 107
　量（エアマス）　37
空気分子による散乱　6, 122
空洞黒体　9, 244
空洞放射　9, 12
屈折　3, 136, 239
屈折角　240
屈折の法則　235

屈折率　113, 236, 239
グッディモデル　99
雲　42, 183, 208, 217
　下層雲　42, 218, 224
　巻層雲　169
　航跡雲　225
　氷雲（氷晶雲）　42, 218
　混合雲　42
　飛行機雲　216, 226
　水雲　42, 183, 217, 219, 224
雲の
　光学現象　139
　光学的厚さ　44, 142, 183
　光学特性　43
　日射異常吸収　219
　分類　42
　放射強制力　217
雲粒子ゾンデ　170
グローバルアルベド　154
グローリー　130, 138

結合帯　68
顕熱　45, 203
現場観測　172
減偏光因子　122

光学定理　118
光学的厚さ　21, 22, 42, 146
　エーロゾルの　141
　気体吸収の　146, 175, 177
　空気の　123
　雲の　44, 142, 183
光冠（光環）　130
光球（面）　28, 31, 80
光合成　50
光子　3, 8, 58, 81, 165
光線光学　136
光線射出率　54
光線透過関数　26, 86
光速（度）　2, 229, 235
広帯域バンドモデル　88
剛体回転子モデル　62
黄道傾斜角　33
後方散乱　130, 138, 174
効率因子　126
　吸収の　126, 131, 140
　散乱の　126, 131, 140
　消散の　126, 131, 140

氷の吸収スペクトル　79, 238
氷の複素屈折率　237
黒体　9, 13
黒体放射　10, 28
黒体放射輝度　10
黒体放射スペクトル　11, 28, 85
黒点　31
黒点数　31
後光（御光）　130, 138
コロナ（光冠）　130
コロナ（太陽の）　28
混合（相）雲　42

サ 行

歳差運動　33
サイズパラメータ　112, 125, 132
散光因子　87
散光透過関数　86, 91
3次元放射伝達　22, 171
酸素分子（O_2）　39, 61, 190
　　電子遷移吸収帯　70
　　マイクロ波吸収帯　191, 196
サンフォトメータ　176, 180
散乱　6, 9, 15, 42, 112
　　アルベド　118, 126, 140, 155
　　位相関数　16, 121, 127, 142, 146
　　強度関数　118, 126
　　効率因子　126
　　振幅関数　117, 125, 233
　　振幅行列　117, 233
　　断面積　118, 122, 126
　　非等方因子　127, 130, 155
　　マトリックス　144, 234
散乱角　16, 117
散乱大気の
　　単散乱アルベド　17, 43, 146
　　放射源関数　18
　　放射伝達方程式　144
散乱日射（量）　242

紫外線　1, 28, 69, 175, 206
時角　34
時間変動項　114, 229, 236
磁気双極子　61
指数関数和法　104

自然光　115, 121, 230
自然地表面の
　　アルベド　46, 47
　　赤外射出率　46, 53
　　分光アルベド　49
　　マイクロ波射出率　192
下向き放射の
　　荷重関数　27
　　輝度　23, 84
　　透過関数　27, 86
　　フラックス　6, 24, 86
　　マトリックス　165
質量吸収係数　17
質量散乱係数　17
質量射出係数　15
質量消散係数　15
磁場　227
弱吸収近似　95
射出　6, 10, 15, 56
射出係数　13, 18
射出率　13
シャピュイ帯　71
シュヴァルツシルトの式　25, 84
周波数　2
受動型リモートセンシング　173
主虹　130, 138
シューマン・ルンゲ帯　70
シューマン・ルンゲ連続帯　70
純回転スペクトル　68
消散　6, 15
消散効率因子（ミー散乱の）　131
消散断面積　118
衝突による広がり　74
正味放射フラックス　2, 25, 107, 212
振動-回転帯　59, 64, 66
振動数　2
振動の
　　エネルギー準位　58, 64
　　吸収帯　63
　　自由度　68
　　選択則　64

水蒸気（H_2O）　7, 40, 60, 67, 77, 190, 201

水蒸気の
　　吸収帯　8, 57, 93, 109, 207
　　高度分布　39
　　フィードバック作用　212
　　分子構造　60
　　量（可降水量）　195
　　連続吸収帯　77, 85, 109
水平面フラックス　149
スケーリング因子　100
スケーリング近似　100
スケール化路程長　100
スケールハイト　26
ステファン・ボルツマン定数　12
ステファン・ボルツマンの法則　12, 197
ストークスパラメータ　119, 144, 232
スネルの法則　136, 240
スプリット・ウィンドウ法　187
スペクトル　6

正規化植生指数　51
正常分散（屈折率の）　236
成層圏　38, 206
成層圏界面　39
整反射　46
世界赤外放射基準　245
世界放射基準　244
世界放射センター　245
積雲モデル　142, 155
赤外線　1, 28
赤外分光放射計　186
赤外放射　2, 84
　　温度計　14, 54
　　輝度　84, 186
　　射出率　46, 53
　　フラックス　85
　　冷却率　93, 107
積算（総）雲水量　142, 195, 217
絶対エアマス　37
絶対空洞放射計　31, 244
絶対放射計　244
全球熱収支　202
全強度（偏光の）　232
全散乱光強度　118

262 索引

前進型モンテカルロ法　165
全天日射　242
全天日射計　242
潜熱　45, 203
前方散乱　118, 129, 155
前方散乱ピーク　155

相関 k 分布法　102, 104, 111
双極子モーメント　60, 119
相対エアマス　37
相対（複素）屈折率　114, 239
相対放射計　244
双方向反射関数　47, 147, 184
空の色　124

タ 行

第1種の間接放射効果　224
第1種フレドホルム積分方程式
　　173, 188, 196
対宇宙冷却　108, 208
対宇宙冷却近似　108
大気外日射量　34
大気屈折　37
大気光学現象　130, 133, 139
大気光路　37
大気混濁度　141, 243
大気-地表面系　9, 173, 199
大気の
　鉛直構造　38
　温室効果　199
　循環運動　205
　短波吸収率　199, 211
　長波射出率　199, 211
　窓　8, 78
大気微粒子　112
大気プロファイルモデル　109
大気放射　2, 8, 242
大気リモートセンシング　172
対称伸縮　68
体積吸収係数　140
体積散乱係数　140
体積消散係数　15, 140, 145
第2種の間接放射効果　224
太陽活動　31, 216
太陽赤緯　34
太陽定数　30, 197, 217
太陽放射　2, 28, 144, 202, 241
　エネルギー　7, 28, 197, 202

標準スペクトル　29
連続スペクトル　79
対流圏　38, 206
対流圏界面　39, 206
楕円偏光　115, 231
多原子分子の
　振動-回転帯　66
　選択則　68
多重散乱　7, 114
多分散系粒子　140
単散乱　114
単散乱アルベド　17, 43, 118,
　　126, 140, 146
単純波　115, 230
単色光　4, 20, 84, 144
短波・長波放射ゾンデ　168
短波（長）放射　2, 168

地球温暖化　202, 211
地球軌道　32
地球の有効放射温度　198
地球放射　2, 8, 168, 203
地中伝導熱　45
窒素分子（N_2）　39, 61, 83
地表面アルベド　46, 48, 52, 242
地表面温度　45, 186, 199, 211
地表面射出率　53, 192
地表面熱収支　45
地表面の改変　216
地表面反射　46, 182, 193
地表面放射　2, 46, 203, 243
中緯度冬モデル　111
中間圏　38
長波（長）放射　2, 168
長波放射計　243
調和振動子　63
直接放射強制力　223
直線偏光　115, 232
直線偏光度　118, 123, 232
直達光強度　146
直達太陽光　174, 176
直達日射計　242
直達日射量　220, 242
直下探査法　173

ツーミィ効果　224
ツーストリーム近似　151

ディラックのデルタ関数　146
電気双極子モーメント　61,
　　119
天空光　124
天空走査型絶対放射計　245
電子エネルギー　58, 69
電子遷移　58, 69
電磁波　1, 115, 227
　散乱過程　112
　時間変動項　114, 229, 236
電子ボルト　58
電場　116, 227
伝播波数　117, 229
天文単位　30

透過関数　161
　光線の　26, 86, 94
　散光の　86
　積の法則　91
　単色光の　26
　フラックスの　86
　バンドの　88, 94, 102
等価黒体温度　198
透過マトリックス　162
透過率　20, 153, 240
統計モデル　98
等方モデル　18
等方的　5, 10
等方反射　47
独立画素近似　185
独立散乱　115, 140
ドップラー効果　73
ドップラー幅　73
ドブソンオゾン分光光度計
　　176
ドブソン単位　175
ドブソン法　175

ナ 行

内部エネルギー　58

2原子分子の
　回転遷移　61
　振動-回転遷移　64
　振動遷移　63
　電子遷移　69
二酸化炭素（CO_2）　7, 39
　温室効果　199, 214

索　引

吸収帯　40, 57, 67, 93, 109, 207
　大気濃度　40, 214
　放射強制力　212, 213, 215
　放射冷却率　93, 109, 207
日射　2, 168, 242
日積算水平面日射量　36
2パラメータスケーリング　101
入射角　135, 137, 240
入射光（散乱の）　115, 120, 233
2流近似法　151

熱帯大気モデル　109
熱電堆型放射計　244
熱力学的平衡　12, 83

能動型リモートセンシング　174

ハ 行

灰色体　13, 200
灰色大気の温度分布　205
倍振動帯　68
倍増−加算法　160
倍増法　160, 164
ハギンス帯　71
白斑　31
波数　2
波長　2
波動方程式　229
ハートレイ帯　71
バビネの定理　137
波列　115, 230
反射　46, 136, 238
反射角　240
反射関数　160
反射の法則　46, 235
反射パターン　46
反射マトリックス　162
反射率　46, 54, 239
反対称伸縮　68
半値（半）幅　72
バンド透過関数　88, 90
　光線の　90, 94, 97, 102
　散光（フラックス）の　91
　の積　92
バンドモデル　94, 97
ビーア・ブーゲー・ランバート

の法則　20, 150, 175
光解離　70
光電離　70
非干渉性散乱　115, 140
非散乱大気　25
非弾性衝突　82
非等方因子　127, 146
ピナツボ火山性エーロゾル　180
氷期・間氷期　33
氷晶　42, 138, 170
微量気体　39

ファラデーの電磁誘導則　228
フォイスナー・デュボアの混濁係数　243
フォークト線形　76
フォーストリーム近似　160
不均質大気　100, 105, 164
複素屈折率　7, 79, 113, 125, 130, 235
副虹　130, 138
物質定数　229, 235
物質方程式　228
部分偏光　115, 230, 233
フラウンホーファー回折理論　137
フラウンホーファー線　28
フラックス荷重関数　87
フラックス射出率　54
フラックス透過関数　86
フラックス透過率　152
フラックス反射率　152
プランク関数　10, 12, 14, 18, 25, 28, 186, 194
プランク定数　10
プランクの法則　10
ブリュースタ角　241
ブルーサン　134
ブルームーン　134
フレネル型反射　48, 54
フレネルの公式　46, 136, 240
分極率　119
分光測定　174
分光放射強度　175
分散（屈折率の）　236
分子衝突　74, 81

平均運動エネルギー　59, 82
平均線間隔　97
平行光線　5, 146
平行平面大気　21, 23, 144
米国標準大気モデル　39, 111
並進運動　58
平方根領域　97
平面電磁波　116, 125, 229
平面偏光　232
ヘニエイ・グリーンスティン位相関数　158
ヘルツベルグ連続帯　71
変角振動　68
偏光　115, 230
　円偏光　232
　完全偏光　115, 230, 232
　楕円偏光　115, 231
　直線偏光　115, 232
　部分偏光　115, 230, 233
　平面偏光　232
　無偏光　115, 230
偏光解消因子　122
偏光状態　118, 233

方向余弦　22, 144
放射（定義）　1
放射エネルギー　3, 202
放射加熱冷却（大気の）　108, 170, 207
放射加熱冷却率（定義）　25, 107
放射観測マニュアル　177
放射輝度（定義）　4
放射強制力　210
放射計の基準（スケール）　244
放射源関数（定義）　15
放射収支　45, 203, 205
放射照度（定義）　6
放射束密度（定義）　5
放射−対流平衡の温度分布　207
放射−対流平衡モデル　206
放射伝達の相似則　157
放射伝達方程式　16, 22, 144
放射フラックス（定義）　5
放射平衡　197, 203, 206
放射平衡温度　198, 208
保存性散乱　17
ボルツマン因子　59, 66

ボルツマン定数　10, 59

マ 行

マイクロ波　1, 14, 190
マイクロ波リモートセンシング　190
マクスウェル・アンペールの法則　228
マクスウェル電磁波理論　125
マクスウェル方程式　227
窓領域　8, 77
マルクムスモデル　99

ミー係数　125
ミー散乱　113, 125, 146
　位相関数　127
　角度係数　125
　角度分布　128
　強度関数　126
　効率因子　126, 131
　振幅関数　125
　単散乱アルベド　126
　断面積　126
　直線偏光度　127
　非等方因子　127, 130
　理論　125
水雲の
　光学現象　130
　光学特性　41
　リモートセンシング　183
水の吸収スペクトル　79
水の複素屈折率　237

水分子　60
ミランコビッチ仮説　34

メタン（CH_4）　39, 57, 201, 214, 216

モンテカルロ法　151, 165

ヤ 行

有効半径　142, 183
有効放射温度　198
誘導分極　119
ユンゲ分布　141, 178

4流近似　160

ラ 行

ライダー　174
ライン-バイ-ライン法　89
ラーデンブルグ・ライヒェ関数　96
ラングレー法　177
ランダムモデル　98
ランバート反射　47
ランバート面　47
乱反射　47

離散座標法　158
離心率　32
立体角（定義）　3
リモートセンシング　27, 172
粒径分布関数　140, 177

累積分布関数　103
ルジャンドル関数　125, 149

レイリー散乱　6, 113, 119, 146
　近似　128, 132, 134
　の位相関数　121, 123
　の光学的厚さ　123, 146
　の断面積　122
　理論　119
レイリー・ジーンズの放射則　14, 194
レギュラーバンドモデル　97
レーダー　128, 174
連続吸収帯　8, 70, 78

路程長　20
路程長スケーリング　100
ローレンス・ミー散乱　125
ローレンス・ミー・デバイ散乱　125
ローレンツ線形　74, 96, 98
ローレンツ線の等価幅　96
ローレンツ半値幅　74
ローレンツ・ローレンス公式　122

ワ 行

惑星アルベド　154, 197, 211
惑星位置略算式　33

欧文索引

A

absolute cavity radiometer 244
absolute sky-scanning radiometer 245
absorption 6
absorption bands 7, 56
absorption cross-section 56
absorption lines 41, 56
absorptivity 13
adding method 160
aerosol 41
amplitude functions 117
AMSU 196
Ångström 2
Ångström index 141
Ångström turbidity factor 141
anomalous diffraction theory 170
asymmetry factor 127
atmospheric radiation 2
atmospheric windows 8, 77
AU (astronomical unit) 30

B

Babinet's principle 137
band models 94
band transmission function 88, 90
beam emissivity 53
beam transmission function 26
Beer-Bouguer-Lambert law 20
BDRF (bi-directional reflection function) 47
black body 9
blackbody radiation 10
Boltzmann constant 10
Boltzmann factor 59
Brewster angle 241
brightness temperature 14

C

Cabanes correction factor 122
Chappuis bands 71
chromospheres 28
circular polarization 232
climate sensitivity factor 212
clouds 42
collisional broadening 74
collisional transition 81
combination bands 68
complex index of refraction 113, 235
conservative scattering 17
continuum absorption 78
cooling to space 108
corona 28
correlated k-distribution method 102, 106
Curtis-Godson approximation 101

D

degree of linear polarization 118
depolarization factor 122
diffuse solar radiation 242
diffuse transmission function 86
diffusivity factor 87
dimmer 78
dipole moment 60
direct solar radiation 242
dispersion 236
divergence 227
Dobson method 175
DOM (discrete-ordinate method) 158
Doppler effect 73
Doppler width 73
doubling method 160
downward radiance 23
downward radiant flux 6

E

Eddington approximation 151
effective emission temperature 198
effective radius 142
efficiency factor 126
electric energy 58
electromagnetic wave 227
elliptic polarization 231
Elsasser model 98
emission 6
emissivity 13
equivalent blackbody temperature 198
ERB (Earth Radiation Budget) 31
ESFT (exponential sum fitting of transmission) 104
extinction 6

F

faculae 31
far wings 75
FASCODE 90
feedback 211
Feussner-Dubois turbidity 243
flux emissivity 53
flux transmission function 86
four-stream approximation 160
Fraunhofer diffraction theory

266 索　引

137
Fraunhofer lines 28
Fresnel's formula 46, 240
fundamental bands 68

G

Gauss quadrature 158
GEISA 77
global albedo 154
global solar radiation 242
global warming 202
Goody model 99
GPS 174
gray body 13
greenhouse effect 199
greenhouse gases 201

H

half-width 72
half-width at half maximum 72
halos 140
Hartley bands 71
Herzberg continuum 71
HITRAN 77
Huggins bands 71

I

ice crystal clouds 42
incoherent scattering 115
independent pixel approximation 185
independent scattering 115
inelastic collision 82
infrared 28
in-situ measurement 172
integrated absorptance 95
intensity functions 118
ionization continuum 71
IPCC (Intergovernmental Panel for Climate Change) 212
irradiance 6
isotropic 5
isotropic reflection 47

K

kinetic temperature 83

Kirchhoff's law 12
k-distribution function 103
k-distribution method 102

L

Ladenburg-Reiche function 96
Lambertian reflection 47
Langley method 177
LBL (line-by-line) 88
LBLRTM 90
Legendre polynomials 149
lidar 174
light velocity 2
limb-sounding 173
linear polarization 232
line intensity 72
line parameters 77
line's equivalent width 95
line shape function 72
line strength 72
local albedo 154
Lorentz half-width 74
Lorenz line shape 74
Lorentz-Lorenz formula 122
LTE (local thermodynamic equilibrium) 13
LWP (liquid water path) 142

M

mass absorption coefficient 17
mass emission coefficient 15
mass extinction coefficient 15
mass extinction cross section 15
mass scattering coefficient 17
Maxwell's equations 227
mesopause 39
mesosphere 38
microwave 190
Mie coefficients 125
Mie scattering 125
mixed clouds 42
monochromatic beam transmissivity 20
monochromatic radiation 4
Monte Carlo method 165

MSU (microwave sounding unit) 196
multiple scattering 7, 114
multiplication property 91

N

nadir-sounding 173
natural light 115, 230
narrow-band transmission model 94
NDVI (normalized difference vegetation index) 51
near-infrared 183
net radiant flux 6
NIR 51

O

optical airmass 37
optical theorem 118
optical thickness 21
overtone bands 68

P

P枝 (P-branch) 65
path length 20
pencil of radiation 4
photodissociation 70
photoionization 70
photon 3, 58
photosphere 28, 80
Planck constant 10
Planck function 10
Planck's law of radiation 10
plane albedo 154
plane-parallel atmosphere 21
plane polarization 232
planetary albedo 154
plane wave 229
polarizability 119
polarization 230
polymer 78
population 59
pressure broadening 74
propagation wave-number 229
pyranometer 242
pyrgeometer 243
pyrheliometer 242

索　引

Q

Q枝（Q-branch）　65
Quaternary　33

R

R枝（R-branch）　65
radar　174
radiance　4
radiant exitance　6
radiant flux　5
radiant flux density　5
radiant intensity　4
radiation　1
radiative cooling rate　107
radiative equilibrium　197
radiative equilibrium
　temperature　198
radiative forcing　211
radiative heating〔cooling〕
　rate　25
radiative transfer　14
radiative transfer equation　16
radiative transition　81
random models　98
Rayleigh-Jeans' law of
　radiation　14
Rayleigh scattering　119
reference plane　117
reflected solar radiation　242
reflection　239
reflectivity　46
refraction　239
refractive index　113
regular band models　98
remote sensing　172
Renewable Resource Data
　Center　29
rotation　227
rotational energy　58

S

SBUV/2　183
scaled amount　100
scaling factor　100
scattering　6
scattering angle　16
scattering cross section　118
scattering phase function　16
Schumann-Runge band　70
Schumann-Runge continuum
　70
Schwarzschild's equation　25
selection rule　58
self-calibrating cavity radio-
　meter　244
ship tracks　225
similarity principle　157
single scattering　114
single scattering albedo　17
single-scattering approxima-
　tion　147
size distribution function　140
size parameter　112
Snell's law　240
solar constant　30
solar radiation　2
solid angle　3
source function　15
source function coefficient　15
spectral surface albedo　48
specular reflection　46
spherical albedo　154
spherical wave　229
split-window method　187
statistical models　98
Stefan-Boltzmann constant
　12
Stefan-Boltzmann law of
　radiation　12
steradian　4
Stokes parameters　232
stratopause　39
stratosphere　38
sun-glint　182
sun-photometer　176
sunspots　31
sunspot number　31
surface albedo　47
surface radiation　2

T

terrestrial radiation　2
thermosphere　38
translational energy　58
tropopause　39
troposphere　38
two-stream approximation
　151

U

ultraviolet　28
upward radiance　23
upward radiant flux　6
US Standard Atmosphere　39

V

vibrational energy　58
vibrational-rotational bands
　64
VIS　51
visible　28, 183
Voight profile　76
volume extinction coefficient
　15
VTPR　188

W

water clouds　42
Watt　5
wave trains　115, 230
weighting function　26
wide band models　88
Wien's displacement law　12
Wien's law of radiation　10
windows　77
WCRP　29
WIS (World Infrared Scale)
　245
WMO　176
World Radiation Center　29,
　245
WRR (world radiation refe-
　rence)　244

著者略歴

浅野 正二 (あさ の しょうじ)
1944年　東京都に生まれる
1969年　東北大学大学院理学研究科修士課程修了
現　在　東北大学名誉教授
　　　　理学博士

大気放射学の基礎　　　定価はカバーに表示

2010年2月10日　初版第1刷
2018年6月25日　　　第4刷

　　　　　　　　著　者　浅　野　正　二
　　　　　　　　発行者　朝　倉　誠　造
　　　　　　　　発行所　株式会社　朝　倉　書　店
　　　　　　　　　　　　東京都新宿区新小川町6-29
　　　　　　　　　　　　郵便番号　162-8707
　　　　　　　　　　　　電　話　03(3260)0141
　　　　　　　　　　　　FAX　03(3260)0180
　　　　　　　　　　　　http://www.asakura.co.jp

〈検印省略〉

© 2010〈無断複写・転載を禁ず〉　　新日本印刷・渡辺製本

ISBN 978-4-254-16122-9　C 3044　　Printed in Japan

JCOPY 〈(社)出版者著作権管理機構 委託出版物〉

本書の無断複写は著作権法上での例外を除き禁じられています。複写される場合は、そのつど事前に、(社)出版者著作権管理機構(電話 03-3513-6969, FAX 03-3513-6979, e-mail: info@jcopy.or.jp)の許諾を得てください。

好評の事典・辞典・ハンドブック

火山の事典（第2版）　下鶴大輔ほか 編　B5判 592頁
津波の事典　首藤伸夫ほか 編　A5判 368頁
気象ハンドブック（第3版）　新田 尚ほか 編　B5判 1032頁
恐竜イラスト百科事典　小畠郁生 監訳　A4判 260頁
古生物学事典（第2版）　日本古生物学会 編　B5判 584頁
地理情報技術ハンドブック　高阪宏行 著　A5判 512頁
地理情報科学事典　地理情報システム学会 編　A5判 548頁
微生物の事典　渡邉 信ほか 編　B5判 752頁
植物の百科事典　石井龍一ほか 編　B5判 560頁
生物の事典　石原勝敏ほか 編　B5判 560頁
環境緑化の事典　日本緑化工学会 編　B5判 496頁
環境化学の事典　指宿堯嗣ほか 編　A5判 468頁
野生動物保護の事典　野生生物保護学会 編　B5判 792頁
昆虫学大事典　三橋 淳 編　B5判 1220頁
植物栄養・肥料の事典　植物栄養・肥料の事典編集委員会 編　A5判 720頁
農芸化学の事典　鈴木昭憲ほか 編　B5判 904頁
木の大百科［解説編］・［写真編］　平井信二 著　B5判 1208頁
果実の事典　杉浦 明ほか 編　A5判 636頁
きのこハンドブック　衣川堅二郎ほか 編　A5判 472頁
森林の百科　鈴木和夫ほか 編　A5判 756頁
水産大百科事典　水産総合研究センター 編　B5判 808頁

価格・概要等は小社ホームページをご覧ください。